不为繁华易匠心

不为繁华易匪心

中国民居
建筑大师

本社 编

中国建筑工业出版社

前言

　　中国民居建筑研究的发展从中华人民共和国成立前的开拓时期到当下的兴旺发展阶段，经历了近八十多年的历程。从20世纪30年代的《穴居杂考》，到20世纪40年代的《云南一颗印》，以及后期的《四川住宅建筑》、《西南古建筑调查概况》等，都是我国老一辈的建筑史学专家对民居研究领域的引领与开拓，他们的研究史料对我国的民居建筑研究创造了良好的开端。

　　中华人民共和国成立之后，中国民居建筑的研究开展了广泛的测绘和调研，并在前辈们研究的基础之上，在广大民居研究专家的努力之下，形成了一个有计划、有组织的研究团体——中国传统民居学术委员会。从此，中国民居研究不断扩大，不仅深入民居的理论研究，还开展民居实践活动，并团结了国内（包括港、澳、台）和国际上的众多民居建筑研究的专家和爱好者，为弘扬中国优秀的传统建筑文化和传统民居的保护与发展研究，奠定了坚实的基础。

　　从1988年11月第一届中国民居学术会议在广州顺利召开到2018年12月第二十三届中国民居建筑学会年会，中国民居学术会议已经走过整整三十年的历程。三十年里，在各位民居专家的积极参与下，民居学术会议为中国民居研究的学科发展、人才培养和我国的民居遗产保护实践以及农村建设实践都作出了卓越的贡献。为了弘扬我国民居建筑文化，为今后青年民居建筑研究人员树立学习榜样，鼓励传承和持续发展我国优秀传统文化，2010年至今，中国民族建筑研究会在民居建筑研究学术界有影响或有资深研究的专家中，对长期、持续从事传统民居的研究和实践（20年以上），有独立学术性著作（包含编著第一作者）或有获奖（省部或学会级）的民居建筑有关的实践作品的中国民族建筑研究会、民居建筑专业委员会会员，进行了专家提名和民居建筑专业委员会的讨论，共评选出了16位杰出的民居建筑专家，并授予其"中国民居建筑大师"的称号。他们分别为：王其明、朱良文、李先逵、陆元鼎、单德启、黄浩、业祖润、陈震东、黄汉民、李长杰、罗德启、张玉坤、王军、戴志坚、陆琦、魏挹澧。

　　曾经年少芳华，而今双鬓如霜。中国民居建筑大师，几十年来，不忘初心，始终坚守在民居建筑研究领域，为我国民居建筑的研究、发展和保护作出了卓越的贡献，是后辈们所敬仰和学习的楷模。

　　中国建筑工业出版社自中国民居研究会成立之日起，便与之相伴，不但见证了中国民居建筑研究的累累硕果和中国民居建筑事业的传承发展，更在中国民居建筑大师们的带领和影响下，不断地深入该领域的探索和拓展，与中国民居建筑领域的专家和学者们结下了深厚的友谊，出版了众多学术研究著作，为我国民居建筑研究和发展提供了重要的学习和研究资料。

　　今年，第二十三届中国民居建筑学会年会又回到了华南理工大学召开，再次回到首届举办年会的城市，既是对三十年来中国民居建筑研究成果的阶段总结，也是再次出发的一个新的起点。回顾几十年来的风风雨雨，回敬老一辈中国民居建筑大师在艰苦岁月中的砥砺前行，我社将迄今为止被授予"中国民居建筑大师"称号的16位民居建筑专家的主要研究成果做了汇编整理，推出《不为繁华易匠心　中国民居建筑大师》一书。以此，对为中国民居建筑事业的研究和发展作出卓越贡献的专家研究成果、核心思想进行分享，对他们坚守匠心的精神予以发扬，更希望能够借此对现代年轻一代的中国民居建筑专家、学者，以及即将踏入该领域的莘莘学子给予鼓励和指导。

　　不忘初心，方得始终。坚守匠心，砥砺前行，才能无愧于时代，无愧于初心。感谢从事中国民居建筑领域的专家和学者长期以来对中国民居建筑研究和保护的坚守，让中国建筑工业出版社能够在历史的潮流中不断学习和进步，为中国建筑事业的发展贡献更多有价值的学术资料和研究成果。

　　三十年相伴，百余年相随，千余年守恒……不为繁华易匠心，不舍初心得始终！愿我们能够初心常在，在老一辈民居建筑专家的带领下，不断继承发扬，开拓创新。

王慧明

王其明

1951年毕业于清华大学建筑系，1956年考取国家导师制建筑理论及历史学位研究生，导师梁思成先生。北京大学考古文博学院中国建筑历史专业博士生导师、中国民族建筑研究会专家、传统特色小镇住宅技术研究中间成果审查会议审查专家、北京示范胡同环境整治专家评委会评审专家。

从事民居建筑和历史村镇街区研究情况：自1958年从事北京四合院住宅专题研究，完成《北京四合院住宅调查分析》论文，并在学术会议上发；1959年开始，从事浙江民居专题研究，完成《浙江民居》研究专题。《浙江民居》论文在新中国首次召开的国际性学术会议，即1964年北京科学讨论会上发表，引起国内外学术界较大的反响，许多国家建筑权威刊物全文转载；美国某大学建筑系用为教材。

著作、民居村镇保护和有民居特征的建筑创作获奖作品：《浙江民居》、《中国居住建筑简史　城市·住宅·园林》、《北京四合院》、《北京胡同环境整治方案》。

调研浙江民居时期的照片

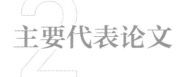

1 主要出版著作及论文发表情况

王其明. 圆明园附近清代营房的调查分析，建筑师第20期。

王其明. 北京四合院住宅调查研究. 全国建筑历史学术会议发表论文，1959.

王其明. 浙江民居. 北京科学讨论会论文集，1964.

陆翔，王其明. 北京四合院. 北京：中国建筑工业出版社，1990，3.

王其明. 北京四合院//京华博览丛书，中国书店.

刘致平著，王其明增补. 中国居住建筑简史——城市·住宅·园林. 北京：中国建筑工业出版社，1990，10.

刘致平著，王其明，李乾朗增补. 中国居住建筑简史——城市·住宅·园林. 台北：台湾艺术家出版社，2001，9.

王其明. 北京四合院//中国建筑（024）. 锦绣出版，2002，3.

王其明文，张振光摄影. 北京四合院. 北京：中国建筑工业出版社，2016，12.

王其明. 北京四合院民居调查工作漫记.《汉声》民间老北京的四合院.

2 主要代表论文

北京四合院住宅概说

北京四合院的大部分建造在封建社会的末期，经历了半封建半殖民地时代，现在又随着人民革命的胜利，走向社会主义社会，分析和整理一下它的产生背景和在这些巨大社会变迁中的变化，对于我们理解建筑与它的社会基础的关系问题，有莫大的益处。

北京四合院的型制可以说是我国封建社会、礼法、宗族制度几千年来对于居住问题的看法的一个总结、一个具体的物质表征。它强调尊卑，强调主从，强调内外，不仅从建筑所处的位置上有严格区分，就是开间、进深、高度，甚至细微到一些做法，细节上也要把尊卑上下分别开来，这可以很清楚地说明它的产生时代的社会基础。当生产力向前迈进了一步的时候，旧的社会基础开始动摇，生产关系有所转化，在旧中国传统的封建势力并没有完全消灭，只是又加上了半殖民地式的官僚买办阶级和资产阶级。这个时期表现在四合院住宅方面就是利用新技术改善它原有在功能方面的缺欠，例如安装卫生设备、电灯、自来水、暖气等。更进一步增强剥削阶级的享乐程度，四合院住宅在这种社会生产关系未曾彻底改变、剥削阶级仍然存在的时期里，好像仍是很适合的，显露不出什么大的矛盾，由于四合院的组合形式比较有机，再增加上近代的功能设备反而给剥削阶级以更舒适的享乐可能，因之容易使人错觉到四合院是富于韧性的，可以适应社会生活的变化。事实上，当真的社会基础改变之后，四合院与人类的社会生产关系的矛盾就无遗地暴露出来了，居住建筑与人的生活紧紧地连在一起，某种性质的社会生活方式就要求有某种与它性质相适应的空间来满足要求，而组成这个空间的建筑也就只有为这种社会的统治者服务的本领，更确切一点说，北京四合院的住宅只适应于以家族为中心的封建的有剥削的社会的统治阶级的生活方式。所以在我们理想居住建筑具有连续性的同时，必须注意到它的阶级特点，必须认识清楚它与时代的社会性质和生活的密切关系。当生活的改变和缓时，它可以随步跟上来；当社会生活发生本质的巨大变化时，就要产生剧烈的矛盾，甚至是难以调和的。例如，试想当我国全面实现人民公社化之后，住宅的组成单位就将起极大的变化，厨房在住宅中的地位将大大降低，新的住宅设计就将有很不同的考虑角度。四合院住宅的房屋从功能上讲并没有什么突出的成就，远不如近代建筑对功能的考虑精细和科学，四合院设计的主导思想更是如前所说的与今日社会的发展方向背道而驰，并且有浓厚的迷信色彩。从近代科学技术的发展和人类对于居住日益提高的要求上来看，四合院的适应性也有很大的局限性，与近代都市高度复杂的市政设施要求建筑较集中有很大的矛盾，建筑物本身的布置方法与近代居住建筑中的功能设备效率方面也有矛盾，基本上我们对四合院的居住方式是否定的，不过四合院的居住方式是一个经过了很长的历史时期摸索出来的成果，在某些建筑手法或准则上还是有许多卓越的成就的，某些装修的花纹、雕饰，可以做为艺术品来欣赏，能够说明它的历史时代，可以看出我国劳动人民的双手是异常灵巧的。在前一节中我们对于北京四合院住宅中的某些建筑手法和施工用料精神提出了几点可资探研的问题，我们对于这部分遗产首先是要打碎它，分析、提炼之后才能考虑到吸取。照盖四合院或者采用某些装修花纹等，绝对不是我们继承这部分遗产的正确方法与方向，只有在彻底了解了它之后，才能谈得到继承，我们所做的工作很不够，所做的结论有待于进一步的推证，欢迎各同好们与我们共同讨论商榷，以期得出一个正确的结论来，能对我们祖国的伟大社会主义建设提供具有积极作用的建议。

浙江民居

建筑工程部建筑科学研究院建筑理论及历史研究室，几年来在浙江省对民间居住建筑进行了大量的调查研究工作，已经写成一本专著，准备出版。作者曾经参加这项工作，本文是根据该室研究的成果写成的。

民居大多是在经济条件限制相当严格的情况下，就地取材，因地制宜，运用传统的地方做法修建而成的。与中国的宫殿、庙宇等按官式做法修建的大型建筑相比较，民居在布局上更为紧凑而实用，工料上力求节省，装修上朴素简洁，能以其简单的结构和材料，尽可能地满足生活居住的要求。

浙江是中国东南沿海的重要省份之一，位置在东经118°～123°，北纬27°～31°之间。在历史上，比之中国其他大部分地区，经济和文化都有较高的发展。全省气候温和湿润，物产丰富。全年平均气温为16～19℃，冬季很少见到霜雪，最冷月平均气温4～7℃，夏季最热月十三时平均气温为32.1℃。年平均雨量在1500～2000毫米之间。由于多山多水，地形富于变化，所以浙江民居类型很多，经过长期的实践，积累了丰富的经验，在适应气候、地形和农副业生产上的不同要求下，灵活处理空间，巧妙地利用地形，运用地方材料和传统的作法，在适用、经济、美观方面，都达到了相当高的水平。

在浙江各地，我们参观了上千幢的民居，其中做过详细测绘记录的百幢以上。本文从这些资料中选出七个实例来介绍：

（一）吴兴（原名湖州）甘棠桥七号，木工范杏宝住宅

范宅由前后两幢组成，原为两户使用。中部为厨房，后部以生活间为中心，有机地组成了卧室、浴室、楼梯间等；楼层的卧室布置也很紧凑。其中值得注意的是前部在10.00米×3.60米的地段中修建的小楼，其中楼层空间的利用十分紧凑。如在屋顶低矮的一端布置低床，西墙挑出部分做起居用，山墙面小披檐下的空间做贮藏，楼梯栏杆横放，既便于攀扶，又可晾挂衣物，其上再搁板存放用物。这些手法都表现了高度技巧。整个体形由于适应内部功能，采取出挑、出披檐及各种屋面的合理组合，运用砖、木、白灰墙面等的不同色彩和质感，形成了纯朴自然的外貌（图1）。

（二）东阳木工赵松如住宅

在不足8.00米见方的地段内修建了两层楼房。底层以起居室为中心布置卧室、厨房，用灵活的半分隔的木板做隔断。西向为了防晒而设外廊，在廊外种蔓生攀缘性植物，组成绿篱以遮阳。厨房内用设计极为精巧的壁龛与推拉窗组合，关上窗扇即可露出壁龛，开窗时即将壁龛封闭。为了争取使用空间，楼层南面的卧室出挑。利用了砖、木、灰墙等的不同材料的色彩和质感对比；楼层的凹凸变化，实墙虚廊的对比，使外观有变化而又互相协调（图2）。

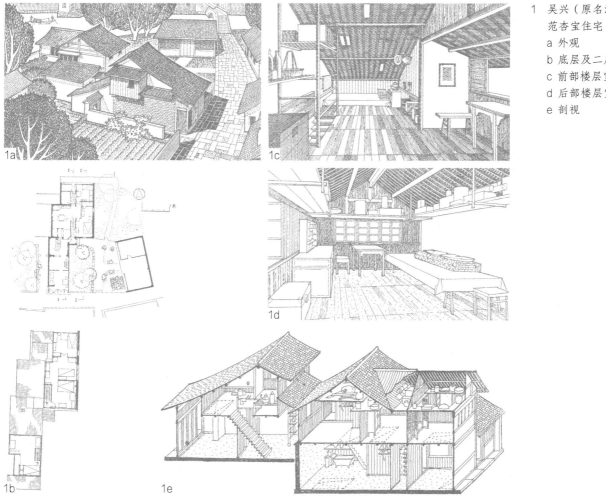

1 吴兴（原名湖州）甘棠桥
范杏宝住宅
a 外观
b 底层及二层平面
c 前部楼层室内
d 后部楼层室内
e 剖视

1a
1b
1c
1d
1e

不为繁华易匠心

（三）吴兴南浔镇李宅

宅主务农，在河旁树丛中自建住宅。最大的特点是根据生活的要求布置各种房间，利用阁楼贮存杂物。外墙封闭，内留一小天井通风采光。土墙、木架、竹椽、草顶等经过精心的组合。住宅各部分的体量富于大小变化，高低错落，外貌简朴别致；能与自然环境相结合，居住环境优美（图3）。

（四）杭州上天竺长生街32号茶农金宅

宅分前后两部。前面临街底层做休息室和店面，楼层做卧室。值得注意的是后部的两翼平房，一做贮藏，另一做厨房及生活间。两翼内隔墙仅砌矮墙，使室内外空间打成一片。两翼间有1.00米×4.00米的一个狭长小天井采光，气流从小天井进入，通过北墙顶的高窗出去，使室内无烟而又荫凉。厨房外空地设石桌凳，是夏日傍晚乘凉或进餐的好地方。运用了大小体量的建筑、不同高低的屋顶和用石、木、竹编抹灰等材料做外墙，外观丰富多变化（图4）。

2 东阳赵松如住宅
　a 外观
　b 底层、楼层平面
　　及剖面
　c 室内
　d 外廊
3 吴兴南浔镇李宅
　a 外观
　b 平面
　c 屋顶平面及剖面
　d 内景
4 杭州上天竺金宅
　a 外观
　b 底层平面
　c 二层平面及剖面
　d 后部剖视
　e 后部室内

2b　2c　2d
3b　3d
4a　4b　4c　4d　4e

（五）杭州上满觉陇13号

地处村内丁字路口，后靠土台。底层做起居室、厨房、楼梯间。二层做卧室，室外即可直通土台。这是不拘格局，能充分利用地形的住宅的很好的例子（图5）。

（六）黄岩黄土岭虞宅

位于村头的山坡上，住有十一户农民，原是一所当地惯用的称为"五凤楼"式的住宅。后来为了满足住者的需要，在西北角加了一间小楼，南面厢房外，结合地形加了一幢三层楼房。因选地位置和房间的组合适宜，宅内保持了良好的通风和采光，南面的房间视野开阔。增建房屋的重重出檐、披檐和原来各种秀美的屋顶组合协调，使建筑用具轻巧的外貌；木外墙与高大敦实的石基墙，形成了优美的对比；这些都是因为民间工匠们掌握了熟练的技巧和

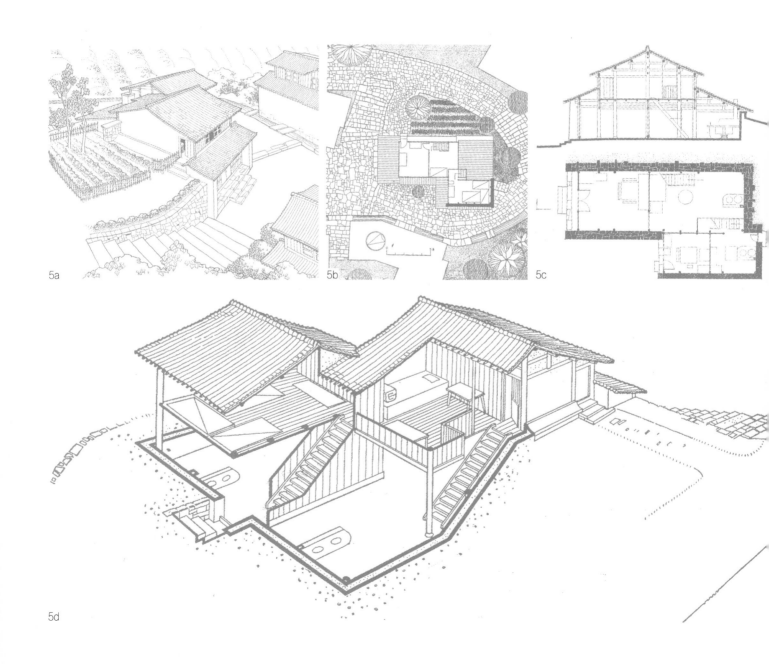

5a

5b

5c

5d

不为繁华易匠心

具有高度的艺术修养才创造出来的结果（图6）。

由于住宅能巧妙地和自然地形结合并具有优美的造型，所以它成为村头和公路转折点上一个极好的风景点。

（七）东阳水阁庄叶宅

这所住宅原来是一个地主的住宅，是带天井的二层楼房；底层除过道外，共由13间房屋组成。这种形式的住宅当地称为"十三间头"。它的特点是用地面积大，以高大的厅为室内活动中心，以宽敞的天井为住宅内的室外活动中心。宅内木装修很多，在厅里柱头、梁、枋、天棚及门、窗、隔扇上，大量使用了木雕。应该指出的是：这种类型的住宅内部用前廊及过道，组成"廿"形的交通网。沟通全宅交通。在一些更大的住宅中，以"十三间头"为基本单元，向左右或前后，可连续组成成片的大住宅群。如东阳县城东明、清两代的大官僚卢氏的住宅，就是

6b

6c

5　杭州上满觉陇13号
　　a　外观鸟瞰
　　b　楼层平面
　　c　底层平面及剖面
　　d　室内剖视

6　黄岩黄土岭虞宅
　　a　南面外观
　　b　底层平面
　　c　剖面
　　d　东面外观

7　东阳水阁庄叶宅
　a　前廊木装修　　　　　　　　c　剖面及立面
　b　底层及楼层平面　　　　　　d　东阳卢宅鸟瞰（主轴部分）

7b

7c

7d

用这种"十三间头"的单元组成的。它共有九条轴线，在其中的主轴线上，由前后平行排列的九个"十三间头"组成，再加上一些门楼、牌坊以及入口处的石狮等建筑小品等，组成有不下千间房屋的大住宅群。

　　从上面所举的七个实例，结合更多的调查资料，提出以下几个问题，加以探讨：

（一）从现实生活出发的建筑布局

　　设计者和居住者对住宅设计都有一定的原则和要求。设计必须从居住者的现实生活出发，合理安排平面与利用建筑空间，以满足生产生活上方便与舒适的要求。

　　浙江民居是由"间"、"廊"、"弄"、"披"、"敞厅"等基本单体，按生活和副业生产需要组成的。

　　地主官僚的传统住宅，往往以厅堂为主，对称地布置房间；以天井为中心布置各种建筑，组成院落。在厅堂、大门等处加以各种装饰，以增加他们所追求的豪华气氛。

　　各地广大劳动人民的住宅，则是从现实生活出发，以期达到经济、舒适、尽可能的美观，不求格律，能合理、经济地设计自己的住宅。如上所举吴兴范宅、李宅，东阳赵宅、杭州金宅等皆是。又如杭州黄泥岭木工汪宅，依靠邻居的山墙，做了一坡屋面的住宅，面积仅30平方米。以生活间为中心，布置了卧室、厨房、工具间等；利用坡顶下较高处的下部空间做贮藏；室内用竹席半隔断，在宅外用乱石铺地一块，设石凳，做户外操作或夏日乘凉用。用这些手法，极经济地修建了适用的住宅，妥善地安排了生产和生活的需求。

（二）最大限度地争取和利用空间

　　在住宅内争取更多的使用空间，是建筑设计者应该重视的一个重要方面。浙江民居是木梁柱构架体系承重的，所以内部空间划分自如，有利于空间的充分利用，而且还有开大面积门窗的可能性。

　　浙江民居中可以看到多种争取使用空间的手法，主要有下面几种：

1. 利用山尖

　　浙江雨多，民居都是坡屋顶。我们知道，如坡顶建筑的跨度增加一倍，山尖部分的体积可增加三倍。跨度越

　不为繁华易匠心

大，山尖空间的利用意义也就越大。将山尖空间增加一定的高度，即发展为阁楼，作贮藏用，有时也作居住用。如果山尖部分过低，也有做成部分阁楼的。

2. 出挑

浙江民居常用出挑的方法争取使用空间和丰富外观艺术效果。有在檐下出挑各种檐箱的。如出挑高约80厘米的"檐口栏杆"或"出窗"，可做长条桌用。挑出高约50厘米的"低出窗"、"靠背栏杆"、"美人靠"等，可做椅子用。自楼板挑出，则可扩大楼层空间或做大贮藏柜用。

3. 其他

利用腰檐及披檐下的空间存物；在土或石做的厚墙上挖砌壁龛或做壁柜；或利用不同材料墙壁的厚度差做龛；或把橱柜凸出墙外，或在室内悬吊放物架。此外，如前述东阳范宅楼梯做横木扶手，既便于攀扶，又可晾挂衣物等。上述种种手法表明浙江民居是在千方百计地争取更多的使用空间，以满足各种功能的需要。

（三）空间的分隔与联系

浙江湿热气候的特点，促使在民居中大量使用小天井、敞厅、廊和室内的灵活隔断等手法，从而使得宅内空气流通，居住舒适。

较大的住宅中，完全不设门窗扇的敞厅和天井相通，位于全宅中心，面积较大，在此做日常生活或做某些副业。有些住宅的敞厅，则设有可拆卸的门扇，供冬日安装保暖。

在较小的住宅中，堂屋常起到敞厅的作用。

外廊既是交通线，又是操作家庭副业和生活活动的地方，有时设廊棚、靠背栏杆等与街道或庭院分隔，使廊成为半室内空间。

内外隔断用通长的隔扇窗，可拆装的活动门等，都能起到加强内外联系的作用，造成良好的采光通风效果。

内部隔断也是很灵活的。有的部分房屋只做半截墙壁，或一两面完全开敞，使室内外相互沟通，如前所举杭州金宅厨房即是。有的用竹席、木板及其他轻质隔断，仅作上、下或部分分隔，既有利于通风采光，也使室内造成宽敞开朗的气氛。有些灵活隔断，在必要时可拆移或改变室内布局。

（四）遮阳、通风和防潮

在气候湿热的地区，解决住宅中的遮阳、通风和防潮是一个十分重要的问题。在浙江和邻近各省的民居中解决遮阳、通风的方法大体是类似的。住宅中布置小天井作为通风采光口，同时也用以排泄雨水。用敞厅和出檐深远的前廊遮阳和加强通风。高围墙既能遮阳又能防阻外部噪音。外墙上做美丽的漏窗花墙，用以通风。前述的室内半隔断和大面积的门窗，都能使室内空气流通。楼层屋檐遮阳不足，又采用腰檐造成底层阴影。如前所举东阳赵宅，在西面布置圈房等附属建筑物，另外设廊，廊外用绿篱遮阳，这也是好的做法。所有这些，都收到遮阳通风的效果。不过，由于有些天井过小，所集雨水过多，有些外墙不开（或少开）窗，使内室内过于阴暗潮湿，卫生条件不好，这些都是经常存在的缺点。

浙江多雨潮湿，所以防潮是一个十分重要的问题。民居中常常是把室内地坪升高（比室外）15厘米以上，一般都做砖石勒脚，柱下做柱础。在天台的一些年代较老的住宅里，在柱下还有用木楯[①]的。有些地区为了防止柱子受潮，往往将柱和墙隔开一段距离，在这段空间内，也常做贮藏用。

---

①　楯是在柱脚之下，石础之上垫隔的一块厚木板。由于板的纹路和柱的纹路成正角，可防水分上升。楯若腐朽，可以抽换。

（五）巧妙地利用地形、节约土地

中国民居的共同特点之一是能充分利用地形，节约土地。浙江民居能结合各地的特点，本着节约用地的原则，向山地向水面争取空间，也即是当地居民常说的"借天不借地"、"寸土必争"，巧妙地运用山地或河网，设计出了很多优秀住宅。有的根据自然地形、垂直等高线或平行等高线，或就台地随地势的高低，布置建筑。滨水地区或临街背水，或把建筑挑出水面，或跨溪枕流修建房屋，尽量使住宅与水面结合起来。临街则用骑楼将商店、道路、休息的需要组合在一起。

这些建筑不仅节约了土地，满足了采光、通风、交通及便利生活等功能上的要求，而且能与自然地形结合，造成了优美的形体。劳动人民在设计这些建筑时的匠心，给予我们深刻的启发。

（六）充分运用地方材料

民居中另一特点是能最充分地采用地方材料。浙江民居中大量地采用了土、石、竹、木、青瓦、砖等地方性材料。

浙江民居是木梁柱构架系统承重的，外墙仅做围护用。

夯土墙或土坯墙的运用最为广泛。为了防止雨水冲刷墙身，常用条石、块石、卵石或砖做基础勒脚；用石灰、草泥抹墙面；墙头用小披檐。很多地区大量采用空斗砖墙，砖比现在的普通砖要小而薄一些。有的不加盖砖也可砌两三层楼房高度。大型石板墙运用也很多，天台用竖砌，绍兴用横砌，石板相接用卯榫，石板用木杆固定在两柱间的梁上，这样做同时也是为了防潮。

常用抹灰的竹篾编墙做隔断。

黄岩、温岭一带，也有用竹篾编墙做外墙的，并用大块的石墙做墙裙。

（七）高度的艺术效果

民居的艺术表现手法和宫殿、府邸、寺观、园林等不同，我们从中可以看到多方面的艺术成就。

1．外观造型

民居的造型是立足于符合功能需要而又经济合理的平面与空间布置的基础上的，很少矫揉造作、弄虚作假。常用各种相互错落重叠的屋顶，腰檐和整齐外露的排架，表现凹凸变化和阴影的各种出挑的栏杆、出窗，表现虚实明暗的廊子、敞厅等手法，造成异常丰富的外观。

从民居中我们看到了民间匠师很善于运用对称、均衡、节奏、对比等建筑构图法则，并常常表现出多方面的才能。

2．不同材料的色彩和质感

利用材料的本色，经妥善处理而达到美的效果。如丽水云和镇的民居，利用卵石做墙基，和大型版筑墙的色彩质感对比；山墙挑出的砖砌墀头部分和青瓦屋顶，在顶部造成一种独特的气氛。

天台柏树巷民居，在排列整齐的薄石板墙上，用凸出的门框和雨篷，使之造成阴影，陪衬出石板挺峭的感觉。上部留有通风口的单砖立砌墙，和石板墙又形成一种对比。

天台有些民居用块石和砖的墙身，用白灰抹边线，墙头稍加花瓦墙，十分协调。

宁波慈城镇民居，是靠粗糙的石勒脚和细白光洁的外墙以及楼层挑出深棕色的木栅栏等三条色带组成，加上凹凸变化，使外观丰富协调。

温岭民居外墙用嵌在梁柱间的竹编墙，下部墙裙用石板、白墙、框架构成愉悦的对比效果。

3．朴素简洁、丰富活泼的特色

民居是依靠简洁的形体、地方材料和传统结构构造，使用朴实、经济的手法，达到很高的艺术效果的。一般民

不为繁华易匠心

居（特别是中、小型民居）少用甚至不用装饰，如用少量装饰，也往往用在最惹人注目的地方，如大门头、重要的山墙面、主要门窗等部位作重点处理。另一方面，利用结构构件本身进行装饰，只是就结构构件的外形，略加艺术处理，这样就更合理而富于表现力。

为了适应当地的气候特征，住宅内大量采用了透空而灵活的装饰构件，如屏、灵活隔断、竹编门障、大花窗、窗栅、门栅、栏杆等，做到隔而不断，既隔热又通风的效果。

东阳木雕具有悠久的历史传统和独特的艺术风格，早已在建筑中广泛运用。它的特点是密切与建筑相结合，丰富和提高建筑的表现力；题材丰富和具有多种多样的表现方法。无论从技法上、构图上、艺术效果上，都表现了民间匠师勤劳、智慧和创造的才能。

有些过去地主官僚的住宅里，不分主次，运用了大量的木雕、砖雕和石雕的装饰，大量堆砌，"头满珠翠"，只表示了俗气的富贵，却没有收到美的效果。

杭州下天竺民居的山墙面，用一道披檐把下部的土墙和山尖的薄木板墙联系起来。这样的披檐既符合功能的要求，又取得悦目的艺术效果。

天台后洋陈路民居，用白粉刷勾出山墙顶部和漏窗、雨搭的轮廓，手法十分简单，但效果突出，而且十分经济。

用绿化来改善小气候并以美化庭院是中国民居中优良传统之一。一般都在天井内种植树木花卉。较小的天井中，也常布置盆景，设水池布置假山，点缀院内景色。有的院内，绿化景物背后有带漏窗的粉墙衬托，景色更加别致。

有的院内用整齐的条石，或用不同色彩的卵石镶嵌成各种图案来铺砌地面，都有助于增强院内美好的气氛。

广大的民居，在适用、经济的原则下，对一些往往被认为是无关紧要的地方，进行艺术处理。如前举的丽水云和镇民居的土墙用砖挑出墀头；有的在墀头上稍加装饰；有的在屋脊和脊两尽端的燕尾上做花饰；有的在墙上做花瓦墙以便于与邻墙相接；若屋檐上加女儿墙的，便在瓦垅出水口处留一排流水的砖洞，当地称为百格笼，使它们对外观起着一定的美化作用。一般的漏窗、花墙的图案，都是经过精心设计的；有的在建筑边缘或窗口加上一条醒目的白粉。以上种种做法，不仅是加强该部位的装饰，而主要的是能增强整体的统一，取得完整的艺术效果。

以上的分析介绍说明：在中国经过长期生活考验和不断改进的广大民居中，蕴藏着广大劳动人民的智慧和世世代代积累下来的丰富经验。它是我们今天住宅设计吸取创作素材的重要借鉴。从民居中我们可以学到很多优秀的设计手法和技巧，也能从我国劳动人民的创作思想和创作态度上获得有益的启示。

今天，亚洲、非洲、拉丁美洲的一些新兴国家，在取得了独立之后，或迟或早地都要解决广大人民的住宅问题。我们当然不应该拒绝接受外国在住宅建筑的技术上和艺术处理上对我们有用的经验。但是我们不能忘记，我们都是有悠久文化传统的国家，生活习惯、经济条件、传统的喜好和某些西方国家有所不同。因此，从我们自己的传统民居中，认真地调查研究和吸取其中可以为今天人民生活服务的积极因素，以便创作出更加适合我们生活习惯，更加适合于利用地方材料和人民喜闻乐见的艺术形成的居住建筑，是我们建筑师的一项意义重大任务。浙江民居的研究，就是这项工作的一个开端。现在我们又在进行福建和其他省份的民居调查研究。不久以后，我们希望能拿出更多的研究成果来，在我国的社会主义建设中起有益的作用。

圆明园附近清代营房的调查分析

一、营房的历史背景

在圆明园的附近，可以见到许多组与普通农村住宅不同的建筑群，虽然已经塌毁破坏，但是仍然可以辨认出这是经过计划的建筑群，这些就是清代的八旗营房（图1）。

清代实行八旗制度，用镶黄、正黄、正白、镶白、正红、镶红、正蓝、镶蓝八色分名军旗。其中镶黄为第一旗，是皇帝和觉罗的军旗，与正黄、正白合称"上三旗"，其他称"下五旗"。为了保卫皇室、镇压人民，在京都及各首要都会设八旗驻防。"国初因欲镇压汉族，使满、蒙士兵各挈眷、择要地，与汉人分域而居，不相杂厕……"（杨度著《国会与旗人》）。"兵士之别为营者，刚建营房……圆明园八旗护军各盖营房，拨给士兵居住。屯居各处驻防皆如之"（《大清会典》）。这些士兵是世袭的，他们挈带家眷住在营房中，靠拿"钱粮"度日，故和一般的兵营有些不同。

清代自雍正皇帝以来都喜欢居住在圆明园，雍正二年自城内护军营拨来一部分建立了圆明园八旗护军营，保卫圆明园。后来又由内务府两黄、正白组戒"包衣三旗"，作内勤杂务工作，统由圆明园印房管理。包衣三旗在成府东，清华、燕京两大学之间。

辛亥革命之后，清朝皇室统治势力被消灭了，随着是各处"旗人"的极端穷困。居住在各旗营内的居民本来都依靠"钱粮"生活，到这时候更是贫穷潦倒到极点，于是营内大部分房屋历年失修，多渐倒塌，有许多地方就在空地上种了庄稼。但是在颓垣断壁中，麦苗地里，从访问居民口中，我们仍然得知了当时营内的建筑和生活情况。

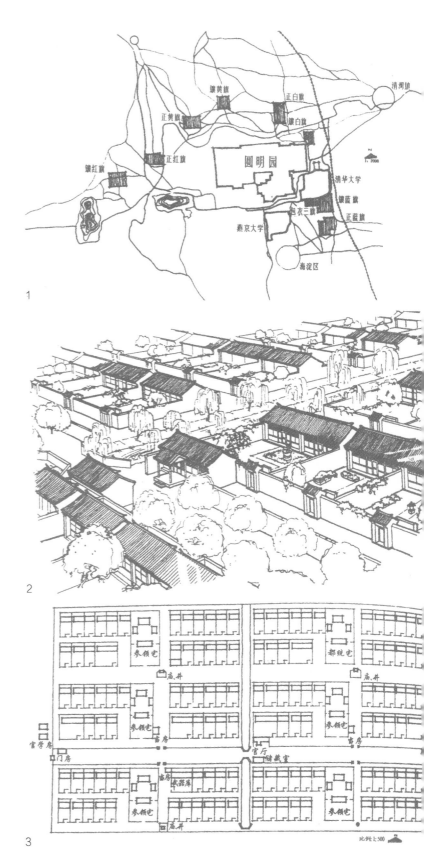

1 圆明园八旗营房全图
2 清内务府包衣三旗营房局部复原图
3 清内务府包衣三旗营房总平面图

不为繁华易匠心

二、包衣三旗的原来部署

全营呈长方形，四周及白旗、黄旗之间有夯土地围墙（图2、图3）。东西向的街共有三条，以中间的一条为最宽，是当时最主要的一条街。两侧种植槐树，街中点有政治中心及武器库。东西两端有门，是本营通向外面的出入口。这条街也是白旗与正黄、镶黄两旗的分界。另外一条街在白旗，沿南围墙，还有一条街在黄旗的中部。与此两街成直角的有南北两直街，穿过白旗及两个黄旗。它们与最宽的东西街相交处有四个门，白旗两个，正黄、镶黄各一个，是每个旗通往大街的出入口。这两直街与另两东西街的十字交叉口是庙和井。街之间是一排排的院落。居民称他们的营房为"算盘营"，因为南面为两排白旗房屋，中隔一条横街，好像算盘上面的两排珠和一条横梁，向北是四排两黄旗的房屋，像算盘下边的五排珠，每个院落就相当一个算盘珠。

营房的基本单位是一所一住宅的院落，每所约为一亩三分地。其中是三间坐北朝南本构架有脊瓦房，前面为一南北长、东西短的矩形院子。房后还有小后院。这种房子之外，还掺杂着六所面积等于四个小院落的都统、参领住宅（满语为"夸兰大"、"詹爷"），这种房子分前后院，除北房外，加东西厢房各两间，南四间，其中东边的一间是门道，略呈四合院形制。其南是前院，院中堆有假山，面积相当大。还有以两院落为一所的，把两排北房联在一起，成六间北房。这种房子为护军校（满语"转子"）的住宅。营中每十余家有一处。

在公共建筑方面，有一所"官厅"在正大街与水沟交叉的东边，这是当时都统与诸参领等官吏们办事开会的场所。有一所六间的武器库，存放着春秋演习军操用的武器。还有三间公家储藏室。每旗有一井、一庙。镶黄、正黄旗的井就在庙前，白旗的井和庙分开，都居于大路交叉口处。镶黄、正黄旗之间有一条沟，南部地形略高，这沟是排雨水用的。东西门各有两间门房，西门外有官学房，南北房各两间。其残破情况，当于下文中另述。

三、从古代里坊文献资料中看营房的由来及布置情况

从包衣三旗和看到的正蓝旗小营、镶白旗、正白旗等各营房，使我们很容易想到古代的里坊。在文献记载上，早于春秋战国时代孟文子说他"唯里人所命次"（《国语·鲁语》），不肯随便迁移改换住房。可知当时已有分配给民居的许多小院所组成的里。据记载汉长安则"……有九市、百六十里……八街九陌……"。北魏时"……其郭城绕宫南悉筑为坊，坊开巷，坊大者容四五百家，小者六、七十家……"。最晚从汉代开始，有计划的大都市住宅区就是以一个个里坊组成，也就是很类似现代所提倡的邻里单位或住宅区。在北宋汴梁不用坊，大约是因为水道穿城而过，"河街"、"桥市"在汴梁发达，坊的制度不适用于这样以水道为干线的商业繁盛的城市。辽燕京、金中沿用唐之旧制，都有民坊。而元建大都时，也分城区为五十坊，这种坊较古代范围为大，制度也不一样，明清间变动更大。

古代里坊的组织情况也可由文献上见到，如《洛阳伽蓝记》中记有"……里开四门"，《隋书炀帝本纪》中有"……民坊各开四门，临大街并为重楼……"，《长安志》有"……每坊皆开四门，十字街各出曲门，皇城之南，东西四坊以象四时，南北九坊取则周礼王城九达之制，每坊但开东西二门，中有横街而已，盖以宫城直南，不欲开此街泄气以冲城阙。横布栉比，街衢绳直，自古帝京未之有也……"。由上面可以看出当时的里坊是四面有围墙，墙内有十字街，有四门通外面。且据史料记载，晚上到一定时候，敲鼓关门，不许普通人出入。在圆明园附近的营房都有夯土围墙，有的是四门（正白旗、正蓝旗），有的是二门（包衣三旗、镶白旗）。在包衣三旗的官厅旁有一个"点亭"，亭内有一个铁铸的"点"，每晚打点后，东西门关上不许出入。两门各有门房，有人看管，还与古代的里坊制度相像。

古代的坊内层层管制，组织很严密。如《风俗通》记载："五家为轨、十轨为里、里者止也，五十家其居止也"。《周礼》中有"五家为比，使之相保，五比为闾，使之相爱，若国有大故，则卿大夫各守其闾以待政令"。还有《洛阳伽蓝记》中有"里开四门，内置里长二人，吏四人，门士八人"等。包衣三旗营房内固然有它自己的八旗营兵制度，名称上与以前不同，但是由营房的平面来看，在每一条窄胡同内，每十家就有一所六间联房的较大院子，是当时的"转子"（相当于保甲长）住的。每八排房子，有两所大房，为当时"夸兰大"、"詹爷"所居。情形仍然与古代没有大差别，且凡是大住宅都是临大街的，与白居易诗"谁家起甲第、朱门大道边"的情形，也有相似的地方。

由于营房与里坊有许多很相似的地方，或者可以说圆明园附近的八旗营房是沿用了里坊的规制。因为当时营房内的护军及其家属都不劳动，仍然保持城市居民的生活习惯，而不是农村的一部分，所以原来为城市一部分的坊，仍可搬到乡村来解决护军们的居住问题。

四、营房居住空间的布置有些方面仍然合乎现代标准

这样的一个营房，也可以说是相当于现代所提倡的一个邻里单位。

下面从几个方面来比较：

居住方面：因为当时这些房子是清朝造给护军住的，所以按规定除官吏所住外，都是一样的三间北房，如果一家有父母、儿子和媳妇，则中间作为客厅、两侧为卧室，是很适合居住的。现在的情况也多半是如此。在约225平方米×370平方米的总面积上，约住600人，每人平均有130平方米的活动面积，这是相当高的水平。这种房子没有厨房，但是有11平方米×15平方米的院子（前院）可以任意搭棚，如果人口过多，也可以自己添建。这样的一个院落，一般处理得很舒适，种一棵果树，搭一架葡萄。夏天一家人坐在院内纳凉、聊天。也有的摆上一盆荷花或金鱼，成为一个小小的花园，又是与自然结合的室外起居室。北部的小后院，可以堆放杂物，同时房子又可以两面开窗，通风、光线一切都相当合理。

从营房的部署我们也可以看到，从中国的市镇计划到单组建筑处理中的普遍性规律。以每一所院落为基本单位，由十几家组成一小单位，再由这些小单位组成一个营，以至成为一建筑群。而每一个体，又组成居住区单位。在我们多次的访问中，我们体验到环境处理上的成功。当我们从树丛中间、顺着曲折的小径，走到正白旗的基石上，前面展开的是一条宽舒的大路。路的两旁覆着荫郁的古槐，槐树的后面隐约露出一排排整齐的瓦房。向前走过去，到十字路口，就是一口井。井前路旁是一座官厅，小小的三间房，前面出一间抱厦，却显得非常庄严，与环境恰当地配合在一起。再向前走，在路的尽头，两棵古槐之间，现出红色的围墙，墙内几株古柏，虽然只是小小的一座关帝庙，但能使人深深感到幽美安静的意味，以此做个点缀的重点。从这里我们可以看到轴线的巧妙处理及在规划中又是如何的丰富。

公共设施方面：由于营房的特殊需要，而设置了它的公用设施，如居于全营中心的官厅及储藏室。这个"官厅"是"詹爷"、"夸兰大"等开会办事的地方，也就是统治阶级活动的中心，居于最体面的、重要的大道中心，与人民关系很少，如有事需要通知居民时，就由"转子"转告。居民除了有特殊事情外是不到这地方来的。这种中心如改成现代文化教育的用途时，仍可应用同样的部署。各旗在其中一个"詹爷"房子的旁边都设有两间小房，这是发放钱粮的地方，称"当房"。居民与它的关系最大，每月初一来领钱粮，因之它设在每旗的大路边。这样的房子如扩充一点，改为现代的商店或托儿所，也是比较适合的。

在纵横两条大路相交处，有一座小庙（关帝庙）。在中国，每一乡村有一小庙，这几乎是一种规律，就是在古代坊中，也是有庙的。"大兴城中寺观林立、多者一坊数寺。"在农村中往往以庙为文娱中心、社交中心。营房中的庙，虽然未必一定是文娱中心，但是在庙前有石台，有井，前面种树，也是很好的休息场所。而且庙的建筑比例很

不为繁华易匠心

好，虽然很小，但是做法完全仿大建筑，而且用琉璃瓦剪边。

东西两门，为通向外面的出口，各有一门房，晚上打点后，就再不准出入。正黄旗、镶黄旗的人如要出营，必须从自己的"稍门"出到大路，再出东门或西门。晚上由每户轮流值班、巡夜、打更，守卫严密。当年旗营内的人出远门需要登记，不准私自迁移。这些护军是没有迁移、转业自由的。

营外西大门旁有书房四间，很小的院子，这就是官学房。当时来这儿上学的小孩很少，有钱的请先生在家里教，自己一家请不起先生的，也有合起来请一位先生的。只有没有钱的孩子才上官学房。近代的邻里单位是以小学和运动场为中心的，而这座官学房的校舍，以现代标准论是太不足了。

另有一个特点足以引起我们的注意：全营之中没有一个商店。这在现时看来是很奇怪的，但当时，吃、穿、杂用等各种货色都有货郎终日叫卖，挨门挨户地走，许多日用品和食物，都可以在自己的家门口解决。古代的坊中也不设商店，主要的采购都要上市去，而近代住宅区中商业服务设施却是不可少的。

工程设备方面：在中国古建筑群的规划设计中，最重排水。正黄旗、镶黄旗中间的沟，是总的排水沟，雨水由沟泄到清华园的河中。居民用水有四口井，分布于营的四部分。每户无下水道、污水随地乱泼，垃圾煤渣用来填洼地。如果用新式的给水、排水方法，这样的住宅排列是很经济的。

五、居民生活变动，营房衰落残破的现状

清代居住在营内的旗兵是一群被剥夺了一切自由的被奴役者，每月靠着分得统治者剥削来的一点点油水过活，他们游手好闲，无所事事，只每年春秋两季操练及皇帝出城时派些人去"站道"而已。他们的生活非常贫乏，枯燥，没有什么娱乐。这些没有任何生气的可怜虫失去了做官高升的奢望，习惯于寄生生活，所以不重视读书，学校也就不占重要地位。但是当辛亥革命后八旗兵制撤销，营房内的情况就大为改变了，多数人搬到别处去谋生，在十余年极端穷困的时期，营房因无力修葺，或因拆卖，房屋破坏得十分厉害。全营在体形上改变尤大。断壁残垣，使人难得看出当日整齐的面貌。现在住在这里的居民，大部分为清华、燕京两校的工友，因为营的位置刚好在两校之间，所以就自然地担当起这样一个工友宿舍的任务。同时，因为社会制度的改变，新的生活内容、新的生活要求也促使营房这个建筑群随之而改变。由于群众要求，又由于生活所迫，有些人就在住房的后面开后窗，或在门口挂个招牌，卖日用品，做点小生意。后来，就渐渐在最大的一条街上有了商店，现在已有两家油坊小铺。由于上学的孩子多了，西门外的官学房四间小屋已不够用，最初占用了官厅，扩充为学校，现在大部分小孩在清华、燕京的附中、附小或成府的小学校上学了。在文娱方面，原来毫无娱乐可言，所以也没有大的建筑场地可以利用，现在这里的居民，时常到清华、燕京校内来看电影，这是他们唯一的娱乐。营内没有小型广场，现在有许多小孩仍在街上玩；不过这里的居民一般说来还是比较贫穷的，车子往来也很少，所以还没有发生吵闹及危险事故。这营房已经不能独立地解决营内居民的生活需要，事实上它已成为两所大学的职工宿舍了。无疑问地，这样一个里坊式的邻里单位，是不能应付我们现在的乃至于将来的生活需要了。还需要加入更多的内容，才能满足新的更多方面的生活需求。

六、总结

包衣三旗营房的体形和平面布置，是我国人民几千年来解决居住问题方法的延续。是根据我们民族的生活习惯而产生的，有着它一定的民族形式，也是为一般群众所习惯的和易于接受的。是值得我们学习、吸取并发展的。例如：居住环境的基本体形可以借鉴于它，房屋朝南，通风采光都很好；每家有自己的庭院，凡是略有能力的住户都可以把自己的院子布置得很好，从这一事实来看，说明住户很喜爱庭院。原来营房中的大宅位置居中，可以将它的

位置设置在邻里中心；街道上有计划地种树，在适当的位置上加以小型建筑物点缀等。而且它的建筑密度以及道路系统，都接近于现代的标准，道路分布经济合理且便利于水电等近代设备的装置。就是在这样民族形式的基础上，如何加上新的内容，新的设施以满足现代生活的需要，这将是今后建筑的努力方向。

（本文发表于《建筑师》第02期。）

紫禁城宫殿建筑与《建筑模式语言》

美国著名建筑理论家克里斯托弗·亚历山大（Christopher·Alexander）等人所著的《建筑永恒之道》（The Timeless Way of Building）《建筑模式语言》（A Pattern Languaqe）等建筑理论丛书，以一系列崭新的观点来分析建筑领域的问题，用"模式语言"为设计人提供了一套解决矛盾的工作方法。多少年来建筑规划、设计习惯用一种比较抽象的方法来处理问题，甚至有很多人认为建筑设计很难捉摸，没有绝对的是与非。

据知，克·亚历山大是一位长于数理的建筑师，出身于剑桥数学世家，不满足于习用的建筑规划，设计方法，认为规划、设计应该有比较确切的根据，他与一些志同道合者做了大量的调查、研究分析工作后，写成了这一套建筑理论丛书，在建筑界引起很大震动。

我偶然读了《建筑模式语言》，直觉地感到书中的某些"模式语言"几乎就是从中国建筑中提炼出来的。在论证中如果用中国建筑为例证可能要比书中所举的例子更生动、更准确、更具说服力。当然中国的历史背景与西方的差距很大，建筑性质不尽相同，所以不是每一条都合适。下面我只举出八句"模式语言"来与中国建筑中最具权威的紫禁城宫殿建筑进行比较，为它做些诠释。

这里要说明一下中国建筑是"宫室本位"，宫室中最高的是帝居，那么紫禁城宫殿建筑做为中国建筑的代表应该是无可非议的。因为它既是中国民间建筑精华的集中，同时也是引导民间建筑发展的标志。"语言"中的一些论点可能符合中国建筑的通性。因为是讨论紫禁城宫殿建筑，所以就用紫禁城宫殿建筑来代表了。

首先要介绍一下这本书的写法，《建筑的永恒之道》是为使用"模式语言"提供理论和说明。《建筑模式语言》则是描述了城镇、建筑、构造等各种详尽的模式。前者解释原理，后者是它的实践与渊源。两本书本来要互相渗透，平行发展，要齐头并进地阅读，才能融会贯通全部的新思想，在这里我并不是要运用它，我只是想展示一下紫禁城宫殿建筑与"建筑模式语言"中的若干条的主张，惊人的一致。

一、模式95建筑群体

引言：一幢建筑应该是一个建筑群体，它由一些较小的建筑或较小的部分组成，通过它们表现其社会功能。不然的话，它就毫无生气。

核心（解决问题的方案）：因此，绝对不要盖大的整体式的建筑物，只要有可能，把你的建筑设计改变为建筑群体，使它的各部分都能表现它实际的社会内容，在密度低的情况下，一个建筑群体可采用小建筑群的形式，各建筑物之间，用拱廊、小道、桥、共用花园及墙连接起来。在密度高的地方，只要把单个建筑物各重要部分突出出来，并使之各具特色，但仍是这个三维结构一部分，就可以把它看作一个建筑群体。

紫禁城宫殿正是一个建筑群体，一个很大的，非常丰富的建筑群体，它几乎完全符合"模式语言"的规定，它由大大小小的许多建筑群体组成，每个部分都有它自己的功能，重要建筑十分突出，不同功能、处于不同位置的建筑有不同的处理手法，庑殿、歇山、悬山各具特色，而共有的坡顶与琉璃瓦又使得建筑群体感明显和谐，用廊、小道、桥、共用花园、墙连接各组群广泛运用。不用多说了，这一模式在紫禁城宫殿中表现得淋漓尽致了。

作者不喜欢一大块的整体建筑，他认为整体的、高大的楼房缺乏个性，他说："整体式建筑使人产生一种心神不安的感觉，工作人员千人一面，每层房子都是一样的，人们有蜂窝里的蜜蜂的感觉，使人忘记了住在里边的是人……只有当这个建筑是一个建筑群体时，人们才能得以充分认识该建筑物中人的身份。"

他举了例子——哥特式教堂，他认为教堂虽然也是一个很大的建筑，但它有尖塔、走廊、中殿等各个部分，反映了听众、唱诗班、弥撒仪式等社会团体的需要，因而堪称建筑群体的范例，他认为非洲茅屋也富有生活气息，因为它是建筑群体而不是一幢大建筑物。那么，我们的紫禁城建筑组群该是多么称他的心！

二、模式98内部交通领域

引言：在许多现代建筑群体内，方向不清的问题很尖锐，人们弄不清楚他们自己的方位，结果他们受到很大的精神压力，迷路产生恐惧，一种好环境使人不需劳心费神就一清二楚。

核心：因此，巨大建筑物和小建筑群体的布局应能做到：人们经过一系列区域，每一区域都有一个入口，随着人们通过入口，从一个区域走到另一个区域时，这些入口一个比一个小，最后达到某一个地点。规划这些区域时，务必使其中每一个都便于命名，这样你只要告诉一个人经过哪几个区域就能告诉他往哪里去。

紫禁城内每个院落都有入口，有与之相称的大门，门上都有匾额，标明名称。只要略具认图能力的人，看一下平面图就能顺利地找到要去的地点。因为组群中主要建筑都是坐北朝南的，通路都是横平竖直的。方向、方位十分清楚，真的让人用不着劳心费神。

三、模式99主要建筑

引言：一个建筑群体没有中心，犹如一个人没有脑袋一样。

核心：因此，对于任何一个建筑组群，都要确定其中哪幢建筑物发挥主要的作用，是该建筑群的灵魂，然后把这幢建筑物形成主要建筑，使之处于中心位置，高于别的建筑。

这条模式语言简直就像是给紫禁城宫殿做的分析总结。三大殿建筑组群中，太和殿是主要建筑，是该群体的灵魂，处于主要位置——中轴线上，面临大广场，高于其他建筑。条条都符合这条模式语言，而且比他要求得更加全面，组成这个组群的每个单位建筑都在各个方面烘托出主从关系。从所居位置、体量大小、屋顶形式，台基高低，装修水平等方面，无不是根据其重要程度而定。太和殿高踞三重白石台之上，用重檐庑殿顶，殿身十一开间，通高35.05米，它的主要建筑地位表达得无以复加，其他组群中也都是主体建筑十分明显，正殿总是居主要位置，高出其他建筑。三大殿群体又明显地成为其他组群的主要组群。

四、模式105朝南的户外空间

引言：如果空地朝阳，人们利用它，不朝阳，人们不利用它，在除沙漠以外的所有气候条件下，情况都是如此。

核心：因此，始终使建筑物坐落在同它相连的户外空间的北边，而使户外空间朝南，别使建筑物和室外空间有阳光的部分留下一道很宽的阴影。

这几乎不用再多说什么了，中国建筑的主体总是坐落在院子的北侧，院子都是朝阳的。紫禁城中多少院落，莫不是主体建筑坐北朝南，前面是有阳光的院子。书中举的例子是旧金山美国银行大楼的广场设在楼的北面，吃午饭的时候广场上空无一人，人们情愿在有阳光的南面的街道边上吃他们的夹肉面包。被访问的人中没有一个人喜欢背阴的院子。这个"真理"我们从古以来就已认识到了，在此就用不着我——列举紫禁城中的每个院子了。

五、模式106户外正空间

引言：户外空间若仅仅是建筑物之间"留下的空地"，通常是不能利用的。有两种根本不同的户外空间，"负空间"和"正空间"。建筑物盖起来留下的户外空间，形状不规则的是负空间，形状明显而固定，面积看起来有界线的是正空间。

核心：因此，使建筑物周围或建筑物之间的全部户外空间成为"正空间"。使每一空间都有某种程度的围合，在每一空间周围都设置翼楼、树木、矮墙、篱笆、拱廊和柳下小径，直到它成为一个整体。

中国建筑的庭院有明显的边界，形状固定，完全符合"正空间"的定义。紫禁城中的众多庭院也莫不如此，也许有人会想起三大殿建筑之外所留下的空间未免有些"负空间"之嫌。分析一下，太和殿面前的宽大广场周边有建筑物围合，这个户外空间绝对是"正空间"，而且是极为有用的空间，帝王临朝时摆设仪仗、百官跪拜等均在此进行。此院与后边有明显分隔，是一完整的"正空间"。中和殿、保和殿的院子形状略差，即除去建筑物以外留下的空间不太规矩，但在周边有建筑物围合，且因面积颇大，在三重台的地面上仍属有用的空间。至于宫中其他建筑组群无不是有成形的院落，完全属于"正空间"，有用的空间，即或是箭亭的前面也有一个供习射的可感觉出来的广场，一个有用的"正空间"。

六、模式107有天然采光的翼楼

引言：现代建筑物的形状往往不考虑自然光，它们几乎完全依赖人造光。但不采用自然光作为照明的主要来源的建筑物是不适合于白天住人的。

核心：因此，把每幢建筑物都分成若干翼楼，使它们大致同建筑物内部的最重要的自然形成的社会群体相适应，使每幢翼楼都成为长条形，尽可能地狭窄——绝不使其宽度超过25英尺。

作者引用了若干人们确实需要阳光的证据，指出那循环不已的阳光在某种程度上起着维持人体生理节奏的决定性作用，而大多的人工光线造成人与其环境的分裂，因而扰乱了人的生理机能。中国建筑正是此条模式的充分体现，用若干长条形建筑组成任何功能的建筑组群。试观紫禁城中的建筑物，除了亭、阁之外，几乎都是长条形的房屋，都是自然采光的。紫禁城建筑可以为这一条语言做出最完美的诠释。

七、模式112的过渡空间

引言：建筑物，在它们内部和街道之间如有一个优美的过渡，比之径直通向大街的房屋来，要安静得多。

你是怎样走进建筑物的，会影响你走进建筑物后的感觉，如果这个过渡太突如其来，你会感到似乎还没进屋，而屋内也不能称其为室内。

核心：因此，要在街道和前门之间，造成一个过渡空间，使连接街道和入口的路径通过这个空间，利用光线的变化、音响的变化、方向的变化、表面的变化、高度的变化，也许还要通过能改变封闭程度的大门，但重要的是利用景物的变化，把这个空间标志出来。

通往紫禁城的过渡空间的丰富程度可以称得上世界第一，远远超过了这条模式语言所涵括的内容。北京城的中轴线与紫禁城中轴线贯穿，因而可以把从永定门开始就视为进入紫禁城的过渡的开始，经过桥、牌楼、高大的正阳门、平平的中华门（大明、大清门），走过低矮的千步廊夹峙的长长的路到达天安门、金水桥、狮子、华表给人深刻的印象，天安门之内紧接着端门，而后是午门遥遥在望，左右是通脊连檐的朝房，非常肃穆庄严。进了午门内金水河的桥指向太和门，院子不大，进入太和门宽阔的大院子，正面是矗立在三台之上的太和殿，高大崇伟，逢仪礼大典时院内旗罗伞扇密布，文武百官按品级列队跪拜，达到了整个紫禁城宫殿的高潮。这个过渡空间应该是举世无双的了。它正是利用空间的变化，通过改革封蔽程度的门和景物的变化，把这个过渡空间造成如此的丰富、有感染力。

这是从最大处说起的，至于紫禁城内每个建筑群组都不是突如其来地进入主房的，都有一定的过渡，例如东西六宫的每个院子，进门处都有带门的屏风墙一堵，平时门不开，由左右绕行，这可以称是一种最简单的过渡吧！

八、模式116重叠交错的屋顶

引言：除非建筑物层层往翼楼端部降低，而且屋顶形成重叠交错，不然，很少有建筑物在结构上和社会功能上是完整的。

核心：因此，把整个建筑物或建筑群看作是屋顶的系统，把最大、最高和最宽的层顶盖在建筑物最重要的部分。当你开始具体布置屋顶的时候，你就能够把所有较小的屋顶与这些大屋顶重叠交错而形成一个稳定的自持系统，这个系统同屋顶下的社会空间的层次相一致。

读到这里，不能不令人惊异了，这句模式语言对于紫禁城宫殿屋顶的运用是那么合适，不用在多赘言了。而且紫禁城内建筑物屋顶的运用有比模式所提要求更高明的办法。它的屋顶系统不仅是表现在最主要建筑，用最高、最大、最宽的屋顶，而且在屋顶形式上、用料上、色彩上都体现出来，都与屋顶下的社会空间层次相一致。庑殿顶、歇山顶、悬山顶、硬山顶有明显的等级差别，重檐的比单檐的级别高，有脊的比卷棚的级别高。黄琉璃瓦顶的高于绿色或其他色琉璃瓦顶的。琉璃瓦顶的又比灰色瓦顶的高级，筒瓦顶的又高于一般布瓦顶的。整个紫禁城宫殿建筑的确可以看出或是屋顶的系统，从屋顶的形式、大小、用料、颜色可以看出它下面的建筑空间层次。它们共同组成一个稳定的自持系统，充分地表现了中国建筑群体之美、功能上的合理性。

限于篇幅，不能列举更多的"语言"了，像其中的建筑物要狭长，有利于保持内部的清静，有助于形成基地的户外正空间（模式109），以及提倡只要有可能就建游廊、长廊等把空间连接在一起，在建筑物边缘上有遮盖的地方部分在里，部分外露。他认为廊在建筑物之间的相互作用方面起着至关重要的作用，廊要低、半开放，部分嵌在建筑物内部等（模式199、166），无不像是从中国建筑中总结出来的。这部理论著作，是作者们经过很详尽的调查、论证而写出的，我对此书的学习是很肤浅的。只是读时很自然地引起对中国建筑的联想。写这篇短文是企图以中国建筑的代表作——紫禁城宫殿建筑为实例，对原著的论证作个补充诠解，难免断章取义之嫌，不妥误谬之处，敬请指正。

朱良文

朱良文

昆明理工大学建筑与城市规划学院教授、昆明本土建筑设计研究所所长、中国民族建筑研究会专家、住房城乡建设部传统民居保护专家委员会顾问、中国民居建筑大师。

从1981年起开始传统民居的研究工作，先后发表学术论文近百篇，出版学术著作多本，主持相关规划与设计五十余项。

在传统民居的学术研究上，理论方面从1991年起较早地提出了对传统民居价值论的系统研究，先后有多篇论文探讨。实践方面一直立足于云南本土、面向社会实践、关注现实问题，先后呼吁丽江古城的保护，开展傣族新民居的试验研究，编写《丽江古城传统民居保护维修手册》以探索遗产保护的有效办法，进行元阳哈尼族蘑菇房保护性改造实验等，在多方面起到一定的探索示范作用。

自1988年参加第一届全国民居学术会议后，至2008年一直任中国传统民居学术委员会副主任委员，参与历届中国民居学术会议的组织筹划工作并主持其学术活动，曾为中国传统民居学术委员会1988～2008年的学术研究作《民居研究学术成就20年》的总结。

2018年10月，获中国民族建筑研究会授予的"民族建筑事业终身成就奖"。

主要出版著作及论文发表情况

朱良文. 丽江纳西族民居[M]. 昆明：云南科技出版社，1988，1.

Zhu Liangwen. THE DAI[M]. Bangkok：D.D Books，1992.（1995年获云南省高校科研成果二等奖，1996年获云南省自然科学三等奖）

朱良文. 丽江古城与纳西族民居[M]. 昆明：云南科技出版社，2005，6.（2006年获第十四届中国西部地区优秀科技图书二等奖）

朱良文，肖晶. 丽江古城传统民居保护维修手册[M]. 昆明：云南科技出版社，2006，4.（2008年获第一届中国建筑图书奖向全国图书馆推荐书目）

朱良文，王贺. 丽江古城环境风貌保护整治手册[M]. 昆明：云南科技出版社，2009，8.

杨大禹，朱良文. 云南民居[M]. 北京：中国建筑工业出版社，2009，12.

朱良文. 传统民居价值与传承[M]. 北京：中国建筑工业出版社，2011，6.

李莉萍，朱良文. 景迈芒景传统民居保护维修与传承手册[M]. 昆明：云南科技出版社，2017，5.

紧急呼吁[①]
——关于保护丽江古城给和志强省长的信

和省长：

我最近带领美国卡内基·梅隆大学建筑系的19名师生去丽江，为他们开设"丽江纳西族民居"课程。同时进行参观考察。在参观中，他们对丽江古城及民居感到极大的兴趣，他们的系主任奥米尔·金博士三次向我伸出拇指说："丽江古城太美了"，今天在返昆的途中又一次说："丽江新旧城分开，保存了这么大一片古城，真难得。古城的街道真美！"

---

① 这是一封于1986年7月17日晚写给时任云南省和志强省长的信，副标题系本次编辑所加。7月15日下午，笔者到丽江地区建委拜访杨克昌主任时，他心急地递给我一份丽江县政府关于打通四方街成立指挥部的红头文件，告诉我个把月内即将行动，问我怎么办？我看文件后也吓了一跳，第一反应："简直是蛮干！"心想只有也必须向上反映，于是在17日晚回到昆明后立即动手写了此信。直到深夜写成，第二天一早将信寄出。谁知8月17日接到省政府办公厅寄来的回函，欣喜若狂；由于和省长的及时批示，"指挥部"被撤销，阻止了对丽江古城"心脏"地段的毁灭性破坏，丽江躲过了一场灾难。此事件若干年后特别是丽江古城被评为世界文化遗产后被记入县志，先后被中央与地方七八家媒体报道，同时作为辉煌丽江改革开放30年的十大事件之一予以宣传。

不为繁华易匠心

近几年来，国内规划界、建筑界专家、学者去丽江考察的越来越多，对丽江古城及民居的评价已有定论，一致认为像丽江这么较完整地大片保留的古城在国内已不多见，真是难得的幸存者，有着很大的价值，一致要求要加强保护。

然而，丽江古城目前遭到极大的威胁：新街像一把尖刀已经插入古城之中；关门口一带中心地区建起了体量太大的建筑；一些平顶建筑不断涌现……这些都破坏了古城的和谐与协调，这些"建设性的破坏"威胁着古城的存亡，建筑界无不为之痛心，连卡内基·梅隆大学建筑系师生都为之惋惜，建议政府要采取措施，加强管理与保护。特别是前天我在丽江某单位听说：现在县领导已决定成立指挥部，负责把古城内的一段新街继续向前打通，穿过四方街。四方街是古城的心脏，心脏一遭破坏，古城的价值将不复存在，那么古城将遭到毁灭性的破坏。

当然，古城经济要发展，交通要改善，设施要不断完善，古城在保护的同时也要建设，但这些必须经过严格的、科学的规划，不能蛮干，要真正虚心听取全国各地专家、学者的有益的意见。我认为丽江古城在建设发展中总

2

1　和志强省长对朱良文信件的批示影印件
2　云南省人民政府办公厅文件影印件

的原则应该有利于古城的保护，而不能破坏古城，具体意见是：新的建设（如道路的拓宽、打通）可以动古城皮肉（非重要的地段），但不能动其心脏（四方街）与筋骨（新华街、五一街、七一街、人民街等）；一些重点建筑与民居（经过多方建议、评定、最后确定）要完整地、分片地保留，这样在点、线、面上都保持古城风貌；新的建筑也要与古城风貌相协调。

作为一个建筑教育工作者，出于对丽江古城的热爱与关心及对祖国建筑遗产的关切，我紧急呼吁省、地、县各级领导要加强对丽江古城真正价值的认识，采取切实措施加强对它的保护，千万不要搞建设性的破坏。否则，丽江这样一座新中国成立后三十多年来在我国难得较完整地保存下来的美丽的古城又将在我们这一代领导者手中遭到毁灭。

和省长：我请求您对这一呼吁的支持，并请及时地制止一些蛮干的行动；同时请省、地、县有关部门与领导能认真研究如何保护丽江古城。

附寄上我前几年调查研究的心得"丽江古城与纳西族民居"一文供您参阅（该文于1983年12月刊于中国建筑工业出版社编辑出版的《建筑师》丛刊17期；另有我们集体研究的专著《丽江纳西族民居》一书已交云南人民出版社准备出版）。

  谨致

敬礼

云南工学院建工系　朱良文

1986年7月17日晚

主要代表论文

把对文化遗产的保护知识交给群众
——编写世界文化遗产丽江古城技术丛书之心得[1]

当前，随着经济的发展、物质的丰富、旅游的促进，人们对精神生活的追求日益提高，对文化遗产的保护已逐渐深入人心；然而也毋庸讳言，对文化遗产的破坏现象仍大量存在，遗产保护工作任重而道远。

2004年初，丽江市古城管理局的领导约笔者商谈，委托我们编写一本关于丽江古城传统民居保护维修的技术性手册，后来又委托我们再编一本关于丽江古城环境风貌保护整治的技术性手册。两本《手册》已先后于2006年、2007年完成并已出版，这里谈一谈我们工作中的认识与方法。

---

[1]　受丽江市古城管理局之委托，2006年、2007年笔者先后分别与肖晶、王贺二人合作并带领研究生完成了《丽江古城传统民居保护维修手册》、《丽江古城环境风貌保护整治手册》两本小册子的编写，后分别出版，效果较好；尤其前一本小册子影响较大，受到省内外多地的效仿，2008年荣获第一届中国建筑图书奖向全国图书馆推荐书目。书虽小，但深感做了一件对文化遗产保护有价值的实事。此篇论文阐述了笔者编写工作之心得，写成于2009年5月，在11月的建筑史学年会上发表。

不为繁华易匠心

一、对遗产保护中一些非理性行为的思考

虽然遗产保护的工作不断深入、成绩不小，但当前各地存在的对遗产的破坏现象也不容忽视。这种破坏现象概括起来来自五个方面：

1. 自然的灾害，非人为破坏；

2. 不懂得价值，无知的破坏；

3. 受利益驱使，野蛮性破坏；

4. 过度的利用，使用性破坏；

5. 非理性修缮，"保护"中破坏。

这五种破坏除第一种外皆属人为破坏。对于前四种破坏现象的实例不胜枚举，不再罗列；对它们的问题解决需分别从规范防范、文物定级、法律约束、保护规划等各方面下功夫。本文仅就我们工作中大量碰到的第五种破坏现象做些深入探讨。这是一种非以往常规所见的破坏；不是衰败破落形式的损坏，而是保护维修造成的破坏；不是露骨明显的破坏，而是细微的隐形破坏；不是不想保存而有意识的破坏，而是真想保护而无意识的破坏；不是表面形式的破坏，而是内涵价值的破坏。总之，可以概括为"保护中的破坏"（图1），也是保护中的一种非理性行为。

当前在对遗产的保护中存在不少非理性行为，例如：古迹修复得越多越好，年代标榜得越久越好，修复规模越大越好，形制规格越高越好，整体布局越完整越好，总体气势越恢宏越好，外部风貌越靓丽越好……在这种审美意识的驱使下，借传统保护之名对已毁的古迹重建日益兴盛，尤其是寺庙建筑；分明是遗留下的明清建筑，却要恢复其始建年代的唐宋风格；凡有文献记载者，修建时必以自己今日的理解取其最高规格与最大规模，为体现"鼎盛"庙宇修复要有皇家气派，土司府修复趋于宫殿化；古迹周边的外围环境失控，过去是房屋紧逼影响视廊，现在则反之在尺度不大的古迹前开辟大广场；至于古街修成了新街，名人故居想当然地"美化"，不论庙宇、亭廊皆以黄色琉璃瓦炫耀，古朴的民居以靓丽的油漆彩绘饰新等更是屡见不鲜。

这些非理性行为，属于对传统保护的盲目性，造成了"保护中的破坏"，它发人深省。分析其产生的原因，除了一部分受利益驱使外（如少数"长官"的追求政绩、"老板"的贪图利润），对大量的群众乃至领导来说仍属于认识上的误区，知识上的缺乏。对此，我们不得不反思一下：作为相关的专业工作者，我们应该做些什么。

二、深入研究，认识价值所在，明确传统真谛

要防止与避免上述这些遗产保护中的非理性行为，必须对各类遗产深入研究，认识其价值所在，明确其传统的真谛。

我们在制定丽江这两本《手册》的过程中，着重研究了下列三方面的问题：

1. 深入研究丽江特质

为了分析问题，我们收集了大量的正反实例。从不少反面实例中发现问题还是较多出在保护的盲目性，不懂丽江自己的传统及其内在的特质，把外地的形式当作自己的特色，用外地的传统来抹杀自己的特质，这对于因具有独特文化形态及内涵而成为世界文化遗产的丽江古城来说无异于"慢性自杀"。为此，我们通过深入调查进一步强调了丽江古城的特质。一是强调自然性：不求工整，但求随意；二是把握尺度感：不求高大，但求得体；三是讲究人情味：不求气势，但求亲和；四是体现平民化：不求豪华，但求质朴。

2. 深入探析传统真谛

要解决保护的盲目性，防止"保护中的破坏"，必须对丽江古城及其传统民居的价值进行认真的研究，找出其

1 "保护中的破坏"示例
2 自然性的退化示例
3 合理性的扭曲示例
4 丽江民居与大理民居的比较

传统的内涵与真谛。针对丽江民居的保护，我们研究提出防止忽视内涵的维修，着重防止：灵活性的丧失、自然性的退化（图2）、整体性的肢解、合理性的扭曲（图3）。就丽江古城的内涵来说，更应涵盖传统城镇形态及其构成肌理、空间特性、街巷尺度，它们的成因与内在含义。

我们也特别研究比较了丽江纳西族民居与其近邻大理白族民居之间形式上的异同与特质的迥异（图4），并详细比较了山墙、门楼、照壁、屋脊等两地形式上的差别。这是为了防止在保护维修中混淆差异而破坏了传统的地域特色，同时强调指出："传统的真谛深藏于各地不同的特质之中"[①]。

3．深入剖析破坏原因

要防止"保护中的破坏"，就必须找到深层的破坏原因。认真研究后我们认为其大部分还是"保护什么""怎样保护"等认识问题，这就不能不从所涉及的相关的人（审美主体）及其追求（审美意识）上找原因。

先就"审美意识"来说，我们分析了当前传统保护中的种种审美意识误区，并概括到假与真、全与残、新与旧三个方面的审美观念加以剖析。通过分析指出：在传统的维修、重建中对年代、气势、规格、规模等方面刻意追求、夸大的审美观念恰恰违反了传统、遗产对"原真性"美的追求；对遗产真假不分的乱修，对传统布局不顾历史真实的追求完整复建，这种虚假的"完美"恰恰不懂得传统遗产中特殊的"残缺美"的价值；传统维修中追求翻新、"美化"、靓丽等浮华的审美观念既有悖于遗产所必需的真实感，也违背了其应有的古朴、沉着、厚重的美感。

再就"审美主体"来说，我们分析了涉及传统保护前前后后、方方面面的各种人——作为决策者的领导和投资者，作为保护主体的老百姓，作为策划与设计者的建筑师，作为操作者与完成人的施工者，等等。对他们各自产生审美意识误区的生成原因作了分析与探讨，其目的就是希望能对症下药，解决传统保护中的深层次问题[②]。

三、浅出普及，推广遗产知识，辨别保护正误

"保护中的破坏"其根源在人，因此"如何保护"其关键也就在于人，最重要的工作方法就是面向各种人进行技术性指导。

以前我们及许多专家、学者对丽江古城做过大量研究，写过论文，出版过著作。这对解决丽江古城要不要保护起过作用，其中也不乏"保护什么"、"如何保护"的相关内容，但不一定能针对今天的现实问题；重要的是这些论文、著作对领导、老百姓、施工者来说，一般很少接触。

我们也曾对丽江古城保护中的问题做过呼吁，有的起到过一点作用，多数不起作用；即使有作用也多半是针对"要不要保护"的问题。

人大、政府先后也出过一些保护条例，从法令上规范行为、限制破坏，所解决的也是"要保护"而不是"如何保护"的问题。

因此，面对当前"如何保护"的现实需要，古城管理局委托我们编写两本技术性的《手册》，我们只有从学术阁楼中走出来，面向大众，针对现实，强调实用性与通俗性——这就是浅出。

经过编写组两年多的努力，第一本《丽江古城传统民居保护维修手册》[③]已于2006年4月出版，并已发到丽江古城各家各户及施工队手中，丽江市政府并下文组织实施，开始发挥技术指导作用；第二本《丽江古城环境风貌

① 朱良文. 深化认识传统 明确保护真谛. 新建筑，2006（1）：12-14.

② 朱良文. 传统保护中审美意识的误区辨析. 新建筑，2007（3）：14-15.

③ 朱良文，肖晶. 丽江古城传统民居保护维修手册. 昆明：云南科技出版社，2006.

保护整治手册》①也于2009年8月出版（图5）。

这两本《手册》在内容上是深入的，它涉及丽江传统民居的平面、结构、构架与墙体、造型与立面、外部装饰、内部装饰、传统民居的功能改造；涉及丽江古城的形态与空间格局、古城景观、古城水系、古城街巷与中心广场、古城节点、景点与标志、古城的商业空间与休闲空间、古城环境设施与市政设施风貌、古城环境绿化。其内容强调现实的针对性。

这两本《手册》在形式上是浅出的，分章节、分项目，图片为主，简要文字说明，以正误对比的表格方式阐明保护要点（图6、图7）。其主旨是便于普及、便于应用，具有可操作性与指导性。

深入研究，这是遗产保护工作的理论基础；浅出普及，这是遗产保护工作的实际需要。没有深入，就没有浅出的可能；而没有浅出，深入也就失去了它的意义。深入浅出，把对文化遗产的保护知识交给群众，这是动员群众主动参与到遗产保护工作中来的最有效办法。

5　两本手册的封面
6　《丽江古城传统民居保护维修手册》内页示例
7　《丽江古城环境风貌保护整治手册》内页示例

5

项目	正确示例	错误示例
	纵横屋顶与照壁的高低组合，使得民居体型非常丰富	这样非传统的门楼、挑阳台与现代材料、山墙杂乱组合，使得体型简陋、传统风貌的现象不准再出现
6

项目	丽江特质	保护要点
水系	（古城中傍河的街道）	古城的水系景观丰富，主街傍河、小巷临渠、门前即渠、房后水巷；古城的水多姿多彩，清晰见底、流淌穿越、与人亲和、最具活力。（这种用混凝土盖板遮盖水面的情况不应出现）古城严禁随意改造水系、覆盖水道、用土砌筑工整单一的堤岸；要尽可能地亮开水面、改善河岸的形态，使其自然而不随意。
7

①　朱良文，王贺. 丽江古城环境风貌保护整治手册. 昆明：云南科技出版社，2009.

不以形作标尺　探求居之本原
——传统民居的核心价值探讨^①

一、对传统民居价值论研究的再思考

任何事物只要有价值，人们就会研究它，并加以利用，对传统民居的研究热潮至今不衰正是如此；但是研究者有时也会陷入茫然。从20世纪80年代初笔者开始接触云南民居之后，常常被云南各地、各民族传统民居的丰富多彩所打动。但直到20世纪80年代末，面对经常碰到的一个问题："你们对这些传统民居那么感兴趣为什么不来住？"竟不知如何回答。现实中更是随着各地建设的发展，大量的传统民居被拆毁。"专家"与群众、领导、开发商之间巨大的认识反差，是传统民居保护艰巨性的根源。经过较长时间思索，觉得有必要理性回答这一问题，于是开始了传统民居价值论的理论研究。

从1991年起，笔者先后在多届中国民居学术会议上发表了《传统民居的价值分类与继承》、《试论云南民居的建筑创作价值》、《试论传统民居的经济层次及其价值差异》等论文，后分别刊于《规划师》、《中国传统民居与文化》等书刊。其基本观点：不能把大量的传统民居等同于文物；它具有不同于文物的三种价值：历史价值、文化价值、建筑创作价值；不同的民居其价值不尽相同，应区别对待；最重要的是要继承传统精华，为今后的建筑创作所利用。

近十年来，人们对传统民居的保护意识有所增强，新民居探索无论在城市房地产开发或新农村建设中都有所发展，人们对传统价值的认识似乎有所提高。然而实践中又出现了一些盲目复古、拆真建假、混淆地域传统差异、保护维修中的破坏等另一类问题，其实质是对传统价值的认识只重外表形式，不谙内在真谛。2005年10月，笔者在海峡两岸传统民居学术研讨会（武汉）发表的"深化认识传统，明确保护真谛"（《新建筑》2006年1期）一文，即是基于此的有感而发。

时至今日，对传统民居的研究无论在广度、深度、学科的交叉上都在不断发展，特别是新农村建设的迅猛推进更把传统民居的继承问题推向前沿，然而人们对于传统民居的保护、价值利用、继承与发展的认识仍然不尽一致，传统民居在发展中某些新功能能否进入、新民居外表形式与传统"像与不像""似与不似"等常成为议论的焦点，传统民居的价值如何继承、什么是其最根本的价值取向等问题尚值得探索。再三思考，本文拟从居之本原出发来对传统民居的核心价值做一点探讨。

二、从民居的本原谈起

所谓民居乃民之居所，传统民居如此，现代民居亦如此，即民之居所，本原是居。居的需求包括物质与精神两个方面，物质需求第一，精神需求次之。笔者参照美国心理学家马斯洛关于环境需求五个层次的论点，也提出关于居之需求的五个层次（图1）。笔者从不反对精神文化对住屋形式的作用；但对住屋形式起决定作用的还是物质需求，一个适应环境的、便于生活的居所。

---

① 这是在对传统民居价值论的多年思索后，面对新形势，特别是新农村建设、新民居探索中所出现的新问题，于2009年8月所写的一篇探索传统民居核心价值的论文、该文在第十七届中国民居学术会议（2009年10月、开封）上曾作为主旨报告之一，后刊载于《中国名城》2010年第6期，并收录刊载于《中国民居建筑年鉴（2008-2010）》（中国建筑工业出版社，2010年9月）。

在对云南一些边远少数民族的传统民居研究中可以发现，越是经济落后的地区，原始宗教信仰在住屋营造中所起的作用越大，从择地、选材到神柱设置、上屋脊、贺新房等，都有一套祈祷仪式；认真分析这些仪式，实质无非是为了祈求居之平安。在经济发达地区的今天，随着物质生活的富裕，人们对居所室内的休闲、娱乐、社交等空间需求增多，对室外园林、健身、交友空间等需求亦增多，这也是居之精神享受功能的扩大，实质还是为了满足居之享乐。上述两者的核心都是居，这是从传统到现在、到未来所有住居之本原。

正如我国当代的建筑创作在经过改革开放后二十多年的探索，在各种建筑思潮熙熙攘攘的碰撞之后，有人提出需要冷静地回顾一下建筑的本原一样，我们对传统民居的研究，今日回归一下居之本源，甚有必要。探求居之本源，亦即探讨传统民居的核心价值——最根本的价值取向。任何事物都在发展、运动、变化之中，传统民居的实体无法永久保存，这是必然的；能够永远传承的只有其核心价值（图2）。这正如任何社会都不可能一成不变，但西方社会的"民主、自由、平等、博爱"、中国社会的"和而不同""仁义礼智信"等核心价值观可以传承久远。

三、传统民居的核心价值探讨

从居之本原出发探求传统民居的核心价值，不在屋的外表之形，而在居的内在之理。概括来说，传统民居的核心价值可以从以下四个方面来探索：

1. 在自然环境中的适应性

我国各地的山水地形、变化的地貌、南北气候等不同的自然环境是造成各地传统民居形态、材料、构造各异的主要因素。就云南来说，自然环境多样，一些高寒山区的木楞房，元江等干热地带的土掌房，版纳等湿热地区的干阑式竹楼，滇中、滇西地区的合院式民居等无不因其不同的自然环境而产生相应的形态，并因地制宜、就地取材而使用不同的材料与构造，因而形成各具特色的不同的民居类型（图3）。

再就传统民居的"民族性"来说，虽然这主要反映在各民族不同的文化上，但其实质也是因其民族所居之地域环境的不同所致。例如，在版纳之湿热地区，傣族、布朗族、僾尼人（哈尼族分支）民居皆为干阑式竹楼；而在墨江、元江等干热地带，傣族、僾尼人、彝族民居皆为土掌房（图4）。可见，自然环境仍然是决定性因素。

可以说，各地保存至今的传统民居都是适应自然环境才得以传承下来的产物，这种适应性源于其生态性与自然性。

2. 在现实生活中的合理性

现实生活中的"理"主要表现于前述的"居"之物质需求与精神需求两个方面。人们对居之物质需求包括居住需要相应的生活空间（房间），合理的组合关系，良好的使用条件（安全、朝向、通风、采光）等；而精神需求反映在人们精神信仰的场所、元素，人文、伦理的礼仪，秩序，精神享受的空间、环境等。对这两方面的需求，不同民族、不同地域、不同经济地位、不同生活习俗的人群其要求是不完全一致的，不同时期、不同的经济水平其要求也是不完全一致的。然而，各地、各时期能够为当地百姓接受并传承下来的传统民居，都是从其时其地现实生活的需要及可能出发，以相应的材料、技术、经济手段，相应的平面与空间形式及相应的造型、装修打造而成的符合居住生活之"理"的成功类型，它们合地域气候之理，合民族习俗之理，合经济水平之理，合时代变化之理。

3. 在时空发展中的变通性

时间推移、时代发展，人们的生活在发展，人们生活之居所也必然发展，这是永恒不变的定律。"传统民居"这一概念本不是一个静态的固有物体，而是一个动态的建筑属类。我们所说的某地、某民族的传统民居，并非指其最原始的居所（洞穴、树居之类），而是指其我们所知所见、发展到某一时期相对成熟、较为典型的某一种住屋，它本身就是发展的产物（图5）。

不为繁华易匠心

变通性是传统民居最大的特性之一，即随着时间的变化与空间的变化，传统民居也在不断地变化。同一地方的民居，随着时间的变化，居住的人口增多，生活发展、设施改善，这样要求居住使用空间及设施增加，民居也在不断地改造、扩建、重建；同一时期的民居，随着空间的变化，因建造地点的地形、周边环境、朝向等情况不同，使得同一类型的民居在具体处理上变化多端，极富智慧。这样的一些变化在各地都是经常不断的，然而它只要符合渐变而不是突变、微变而不是全变、变后可通（即行得通、能满足变的要求）这三个条件，则当地的民居传统就可以在变中延续下去，逐渐形成具有当地传统精神与传统形式的被后人认可的"传统民居"（图6）。

4. 在文化交流中的兼容性

民居为人所使用，而人在社会中因各种原因的流动而造成了经济及文化的交流，它对各地民居必然产生一定的影响，形成在某些形式、材料、装饰、构造上接纳外地影响的变化，此即各地传统民居中普遍存在的文化交流现象。而且随着经济越发达，这种文化交流越多，影响越深。

传统民居在文化交流中通常具有兼容的特性，即既"兼"又"融"。"兼"者即兼收并蓄，能吸取、容纳别地的文化，接受其影响，将其民居中一些有价值的形式、材料、装饰、构造吸收到本地民居之中；"融"者即融汇于我，在吸收外地好的东西时能结合自己的条件加以改造、不失去自己传统的特色。云南接受了中原民居的庭院文化影响，结合本地低纬度条件，形成地域特色鲜明的"一颗印"民居；丽江纳西族民居吸取了大理白族民居的平面形式，但结合自己的山水地形条件，形成富有自己特色的民居造型。这些皆是传统民居中文化兼容的佐证。

各地的文化交流是客观存在、无法阻挡的。故步自封、不兼不融，则自己无法发展、无法前进，最后容易被时代淘汰；盲目吸收、

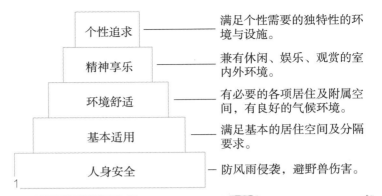

	满足个性需要的独特性的环境与设施。
个性追求	
精神享乐	兼有休闲、娱乐、观赏的室内外环境。
环境舒适	有必要的各项居住及附属空间，有良好的气候环境。
基本适用	满足基本的居住空间及分隔要求。
人身安全	防风雨侵袭，避野兽伤害。

住屋形式 地域	彝族	纳西族	傣族	哈尼族
宁蒗	木楞房	木楞房		
丽江		合院式		
昆明	合院式			
墨江	土掌房		土掌房	土掌房
西双版纳			竹楼	竹楼

1　居之需求的五个层次
2　傣族民居在不断发展，但其核心价值在传承
3　云南几种不同的传统民居
4　云南几个民族传统民居与地域的关系比较
5　傣族史诗中关于住居的发展传说示意图
6　传统民居的渐变与突变实例

只兼不融，则将丧失自己的特色，自我消失，成为别地的附庸；只有兼而融之、不失自我，才能使自己不断发展，不断前进，傲然挺立。能够在今天被人们重视、称赞、研究的各地传统民居，多半都是文化兼融的产物。

综上所述，可以将"适应、合理、变通、兼融"（环境的适应、居住的合理、发展的变通、文化的兼融）作为传统民居的核心价值。

四、从核心价值来看传统民居的保护与发展

通过对传统民居核心价值的探讨，笔者对以下三个问题有了进一步的认识：

1. 从居之本原来认识传统民居

民居的本原是居，传统民居是从古至今人们居住在其中的一种建筑类型，它是"鲜活的"、正在使用的房屋，而不是"古董"，因此不能把它与一般的文物等同看待。虽然有极少的传统民居因保留了重要的历史信息，或因历史事件、名人故居等而被划定为文物古迹，但我们所指的传统民居是大量的、人们至今还在使用的居住场所。不要以那极少的文物建筑（虽然其过去也是民居）来代表"传统民居"，使得对传统民居研究的问题混淆、重点模糊。故而，笔者认为传统民居具有不同于文物的三个价值。

民居的发展是绝对的，大量传统民居的消失也是不可避免的，历史如此，现在更是如此，我们的研究者无法"螳臂当车"。因此，对传统民居要保护的实体只能是极少数（对其要认真地保）；而对于大量的传统民居，重点只能是研究其价值，保存其资料。我们更应把研究的重点放在价值的继承上，为新民居的探索服务。

2. 从核心价值来看传统民居的保护

对待传统民居的保护只能区分层次，不同对待。

对于已被确定为世界文化遗产、国家级重点文物保护单位的极少数传统民居（应该称其为文物建筑），是重点保护的对象，应该认真保护，应加大保护力度，加大国家保护资金的投入，加大保护的立法与执法，加强保护的技术措施与技术指导。

对于各地优秀的传统民居（有的已被确定为"重点保护民居""保护民居""历史建筑"）、历史街区、古村落等，应该尽量地保护；但保护的目的不是把他们当作一种供品，而是要重点展现其"适应、合理、变通、兼融"的核心价值所在。这部分民居既然至今仍作为居之场所，那么在保护中就应允许做满足现代生活基本需求的改造（当然要讲究技巧），否则是不人道、非人性的，也违背了居之本原。

对待各地一般传统民居的保护应该是一种动态的保护，在力求保护其传统风貌的同时，应允许其合理利用（如改作商店、茶室、餐厅、小型博物馆等），合理改造，合理发展。

3. 新民居的探索应体现传统民居的核心价值

新民居要继承传统，但不以形作标尺，而应体现传统民居的核心价值，表现在：

在环境上体现环境的适应，传统民居的生态性与自然性也是现代住居的探索方向。

在功能上体现居住的合理，新民居探索应把满足现代居住的物质需求与精神需求作为前提。

在技术上体现发展的变通，适应时代的发展，尽量运用新材料、新技术、节约能源，而不单纯拘泥于对传统民居的形式模仿。

在形式上体现文化的兼融，"现代本土建筑"的创作方向应该在各地新民居探索中大力推行，新民居应该既是现代的，又具本土特色。

继承传统民居的核心价值，将其运用于新民居，探索具有地方特色的现代新民居，这应该是我们传统民居研究者的追求与终结目标。

不为繁华易匠心

主要工程项目

李白墓园扩建规划及其碑园设计

规划设计时间：1996年（规划）

　　　　　　　1997年（设计）

建成时间：1999年

设计主持人：朱良文

设计组成员：毛志睿、梁正荣、项玉兰、辛炜、和丽琼

项目设计说明：

1. 墓园扩建规划说明

我国唐代伟大诗人李白从26岁起至62岁终老曾先后七次到当涂（现安徽省马鞍山市当涂县）寻幽揽胜、题诗吟咏，在此留下了53首不朽诗篇（如《望天门山》等），最后于唐宝应元年（公元762年）在当涂病逝。李白墓初葬于当涂龙山，唐元和十二年（公元817年）按李白生前遗愿迁至当涂青山西麓现址；史载一千多年来李白墓共修葺了13次。

李白墓园位于当涂县城东南10公里，依山傍水、环境幽雅，但原墓园存在一些问题：规模太小（仅1.88公顷，现中区局部），内容太少，与其地位不符；布局较散，缺乏中心；游览路线不明确，空间序列较乱。本扩建规划将南部新增用地作为前部空间，并改从其入口，将全园空间规划为三部分：

（1）前区——起了解认识作用，从入口至原墓园前，包括入口广场、牌坊、照壁壁画、太白碑园、眺青阁、中心活动区雕塑等。

（2）中区——起瞻仰、纪念作用，即原墓园区及旁边的青莲湖。规划对原墓园前段做了改造，增加南向正门与两侧碑廊，使其空间围合、完整、情绪集中。

（3）后区——起回思、抒情作用，即原墓园以北、以西地区，规划有诗赋吟诵区、太白林、揽胜区等。

全园突出对李白的纪念性，围绕李白在当涂的行踪与诗歌做文章；建筑沿用皖南民居风格，园林借鉴江南私家园林手法，牌坊、壁画、雕塑等力求体现唐代风韵。该扩建规划无论从规模上（由1.88公顷扩大到4.12公顷）或内容上（由三个景点扩充到十个形成体系较完整的景区），无异于一个新建园林规划。现除了后区局部外，全园已按规划建成。

2. 太白碑园设计说明

该园功能为陈设国内、省内书法名家书写的李白诗词碑刻108幅。全园模仿江南私家园林手法，在平整、狭小的场地内营造曲折的趣味空间；以水庭为核心，沿用地周边围以碑廊；入口作厅，主体为台榭，点缀数亭，辅以少量草地、灌木、叠石。该园已按设计建成。

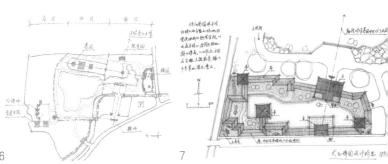

1　入口牌坊
2　入口照壁壁画《李白在当涂》
3　前区中心景区
4　李白墓
5　李白墓园规划总平面图
6　李白墓园扩建规划构思草图
7　太白碑园设计构思草图

不为繁华易匠心

8　太白碑园入口
9　碑园内庭空间
10　碑廊1
11　碑廊2
（墓园及碑园照片皆为马鞍山市博物馆李军摄）

当涂县护城河总体规划及详细规划

规划设计时间：2009年6月～2010年1月（总规）
　　　　　　　2010年1月～2010年7月（详规）
规划实施情况：2011年～2017年大部分项目建成
设计主持人：朱良文
设计组成员：王冬、姚家宁、肖晶、周明、林琪、陶永洲、何伟、完松、张琳琳、潘艳红、徐志艳、邢国庆、叶涧枫、马跃、乔琦

规划设计说明：

　　当涂县护城河系当涂老城墙东、北、西三面外围约5.3公里长的防护性河流，河宽100～200米，南端紧邻长江支流姑溪河。随着当涂城市的不断发展，古城墙多已废（仅西北角及北部一段保留着原城墙土埂），而护城河依然完整存在（水质较差），并成为当涂县城中心区域的一条兼有排涝功能的景观性河流。规划综合考虑其在生态环境、文化特色、休闲功能、城市形象等多方面作用，根据其两岸与现有城市道路相距数十至百来米宽的用地范围，在不同区域设置相应的项目及内容。通过整治与净化水体、创造高品质滨水环境来激发地区及城市的经济活力，实现当涂县社会、环境、经济三大效益的统一提升。总体规划依据功能定位在用地范围内设置了17个项目，提出了"河宽水清、绿地浓荫、姑孰风韵、休闲佳境"的护城河新形象，在突出生态文化、体现姑孰地域文化的同时，展现当涂的现代文化。总规完成后接着完成了湿地公园、姑孰园、姑孰广场、群众文艺园、体育休闲园、会所休闲园、北部休闲园、生态园、民俗园、娱乐中心、艺术创意园、江南河鲜园、西部休闲园等13个项目的详细规划与部分建筑方案设计。现大部分项目已按规划实施完成，并发挥了效益。

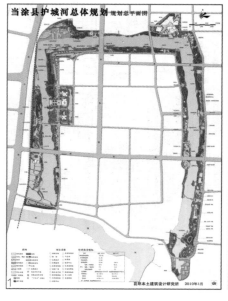 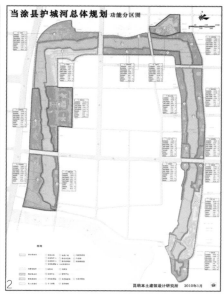

1　总体规划总平面图
2　功能分区图

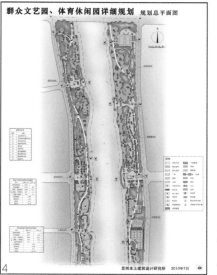

群众文艺园、体育休闲园详细规划 规划总平面图

"姑孰园"规划方案

3 已建成的龙舟广场及水幕演艺场夜景
4 群众文艺园及体育休闲园详细规划总平面图
5 姑孰园设计手稿
6 整治后的护城河东部南段风貌
7 已建成的群众文艺园
8 已建成的会所休闲园文化长廊
9 已建成的民俗园——太平府文化园
10 已建成的休闲园街景空间

元阳阿者科哈尼族蘑菇房保护性改造

设计与建成时间：2015年

设计主持人：朱良文

设计参与者：陈晓丽、程海帆

获奖情况：住建部第二批田园建筑优秀实例一等奖（最佳乡土文化传承）（2016年）

项目设计说明：

元阳县阿者科村是世界文化遗产红河哈尼梯田遗产区中5个重点申遗村寨之一，也是第三批公布的中国传统村落。该村难得较完整地保存了传统的草顶蘑菇房风貌。针对村民普遍想改善居住条件而拆掉蘑菇房的严峻现实，设计者利用当地提供的一栋蘑菇房做工作点的机会，自己投资做保护性改造的实验。改造工程以低造价、乡土材料、本土技术、当地村民施工的办法，一方面进行结构加固、防漏、防潮的处理，另一方面进行内部功能改造、改善室内采光、完成底层利用，同时严格保护外部传统风貌。特别是以房屋局部下挖的精细设计解决底层牛栏层高较低（1.7米）、不便利用的问题，取得很好的效果。改造工程获得当地领导、村民及学界的认可，促进了当地蘑菇房的保护。

1　蘑菇房保护性改造工程外貌（李夏　摄）
2　阿者科村全貌（程海帆　摄）
3　底层原牛栏改成酒吧

不为繁华易匠心

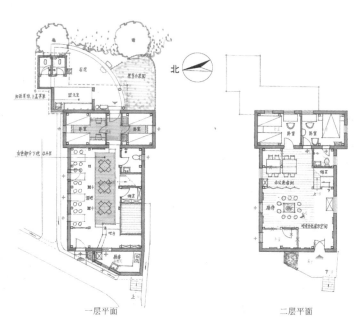

一层平面

二层平面

三层平面

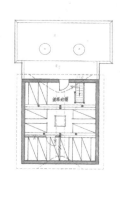

4 原昏暗的二层改造后全貌
5 改造后的二层哈尼文化空间
6 三层原粮仓改成青年旅社
7 改造后的二层主卧室、
8 改造方案的现场设计图

李生達

李先逵

　　1966年毕业于重庆建筑工程学院建筑系建筑学本科专业，1982年该校建筑历史及理论专业研究生毕业，获工学硕士学位。1984年至1986年赴欧洲留学。历任重庆建筑大学建筑系副系主任，校研究生部主任，图书馆馆长，副校长及建筑学教授，博士生导师，国家一级注册建筑师。原任建设部人事司教育劳动司副司长、科技司司长、外事司司长。曾任中国城市规划学会理事、全国注册建筑师管委会副主任、中国联合国教科文组织全委会委员、英国土木工程师学会（ICE）资深会员、中国建筑学会副理事长、中国民族建筑研究会副会长、中国文物学会传统建筑园林研究会副会长。

　　从20世纪80年代初就把民居建筑和城乡聚落历史街区村镇研究、民族建筑研究、中国建筑文化研究作为主要课题方向之一，特别是对四川重庆和西南少数民族的聚落民居，以及干阑式建筑的源起演变及地域民族特色进行了较为广泛的调研考察和研究。长期在高校从事建筑规划专业教学工作，讲授中外建筑史并在国内高校率先开设本科乡土建筑设计课程和研究生建筑风水环境论课程，指导硕士、博士研究生三十多名。长期担任中国建筑学会与中国民族建筑研究会民居专业学术委员会副主任委员。此外，还配合政府有关部门组织并指导城乡民居聚落建筑文化评审项目，如平遥、丽江、宏村、西递、都江堰、云南三江并流地区等申报世界遗产工作，中国国家级历史文化名镇名村的评审工作，担任专家评审组副组长。主持参与和指导城乡历史街区名镇名村项目保护发展规划设计与编制，以及新农村新民居规划设计工作，如《吉林长白朝鲜族自治县风貌保护规划》、《吉林长春满族乌拉镇风貌保护规划》、《河南安阳社旗古镇保护规划》、《重庆国家历史文化名镇白沙镇保护规划》、《四川泸州新农村农房规划设计》、《湖南通道县中国历史文化名村横岭侗族村保护规划》、《贵州镇宁县中国历史文化名村高荡布依族村保护规划》、《山东齐河大清河风景区规划》、《山东庆云旧城改造规划》等。

主编和参编《中国民居建筑》三卷本、《传统民居与文化》第五辑、《土木建筑大辞典》、《建筑设计资料图集——民居篇》、《四川藏族住宅》等专著多部，发表各种学术论文近百篇，代表性著作有《干阑式苗居建筑》、《四川民居》，以及论文《论干阑式建筑的起源与发展》、《贵州干阑式苗居建筑文化特质》、《西南地区干阑式建筑类型特征及文脉机制》、《古代巴蜀建筑的文化品格与地域特色》、《中国民居的院落精神》、《巴蜀古镇类型特征及其保护》、《中国园林阴阳观》、《川渝山地营建十八法》、《历史文化名城建设的新与旧》、《中国建筑文化三大特色》、《中国山水城市的风水意蕴》、《中国人居环境的改善与进步》、《城市建筑文化创新与文化遗产保护》、《地中海巴尔干民居地域特色》等。主持执笔撰写向联合国提交的《1996~2000年中国人居国家报告》并带队参加在纽约召开的"2001联合国人居大会"。

主持国家发改委课题《新型城镇化过程中民族建筑及村落保护利用研究（2015）》、《"十三五"期间少数民族地区特色镇转型升级策略研究（2016）》；主持国家民委课题《少数民族特色村镇保护与发展"十三五"规划（2015）》、《少数民族特色村镇保护与发展技术导则》。

主持国家自然科学基金项目《四川大足石刻保护研究》，包括大足宝顶山石窟圣寿寺香山场总体保护规划，获四川省科技进步二等奖。主持《建筑学专业体系化改革》获国家教委高校优秀教学成果二等奖。主持设计《达州电力影剧院》等工程项目四十余项。

1 主要出版著作及论文发表情况

著作

李先逵. 干阑式苗居建筑. 北京：中国建筑工业出版社，2005.

李先逵. 四川民居. 北京：中国建筑工业出版社，2009.

李先逵. 诗境规划论. 北京：中国建筑工业出版社，2018.

李先逵. 主编. 传统民居与文化. 第五辑. 北京：中国建筑工业出版社，1997.

李先逵. 执笔人：纽约联合国人居二大会中国人居发展报告（1995-2000年）. 北京：中国建筑工业出版社，2001.

发表论文

李先逵. 贵州的干阑式苗居. 建筑学报, 1983 (11).

李先逵. 苗族民居建筑文化特质刍议. 贵州民族研究, 1992 (2).

李先逵. 苗族民居室内空间特色. 室内设计, 1991 (1).

李先逵. 建筑生命观探新. 建筑师, 1988 (34).

李先逵. 论干阑式建筑的起源与发展. 四川建筑, 1989 (2).

李先逵. 风水观念更新与山水城市创造. 建筑学报, 1994 (2).

李先逵. 古代巴蜀建筑的文化品格. 建筑学报, 1995 (3).

李先逵. 中国园林阴阳观. 古建园林技术, 1990 (2).

李先逵. 四合院的文化精神. 建筑, 1996 (2).

李先逵. 建筑史研究与建筑现代化. 重庆建筑工程学院学报, 1991 (2).

李先逵. 西南地区干阑式民居形态特征与文脉机制. 规划师, 1991 (1).

李先逵. 地中海巴尔干民居地域特色. 传统民居与文化（第四辑）. 北京：中国建筑工业出版社, 1992.

李先逵. 建筑学专业体系化改革探索. 高等建筑教育, 1990 (2).

李先逵. 中国建筑的哲理内涵. 古建园林技术, 1991 (2、3).

李先逵. 中国山水城市的风水意蕴. 四川建筑, 1994 (2、3).

李先逵. 中国民居的院落精神. 统民居与文化（第五辑）. 北京：中国建筑工业出版社, 1997.

李先逵. 建筑 文化 教育. 华中建筑, 1997 (2).

李先逵. 创造新干栏 更新山城风貌. 华中建筑, 1998 (2).

李先逵. 建筑文化与创作. 建筑学报, 2001 (8).

李先逵. 中国人居环境的进步与发展. 人类居住, 2002 (3).

李先逵. 民居文化代有弘扬. 小城镇建设, 2001 (9).

李先逵. 中国建筑文化三大特色. 建筑学报, 2001 (8).

李先逵. 梁思成是我国建筑界的五个第一人. 古建园林技术, 2001 (3).

李先逵. 城市环境建设问题与对策. 建筑学报, 2002 (1).

李先逵. 历史文化名城建设的新与旧. 城市规划, 2004 (3).

李先逵. 当前中国城市建设现代化转型及发展趋势. 建筑学报, 2006 (12).

李先逵. 追求和谐城市文化本质特征回归. 建筑学报, 2007 (12).

李先逵. 城市文化的创新与保护. 南方建筑, 2008 (1).

李先逵. 巴蜀古镇类型特征及其保护. 小城镇建设, 2010 (4).

李先逵. 川渝山地营建十八法. 西部人居环境学刊, 2016 (2).

李先逵. 城市文化是城市建设的灵魂. 城市伦理与城市文化（第三辑）. 北京：中国建筑工业出版社, 2013.

李先逵. 城市文化寻根与创新. 西部人居环境汇刊, 2015 (2).

四合院的文化精神

在中国院落式民居中北京四合院具有典型的代表意义。尽管一组四合院民居包含着若干房舍和院子，但用一个"院"字即可概括一切，它成了整个建筑群的总名词，是一个独立的建筑名词称谓。诸如"张家大院"、"李家大院"，都不是指称某一个具体的院落，而是泛称内含院落形态类型的整组建筑。由此可以看出，这种泛称是被高度抽象而形成的建筑类型专用名称，它正是我们说的四合院的"院落"所透视出的文化精神的集中表达，有着十分丰富的文化意义。

建筑的本质在于空间，四合院的本质在于院落。而不同的院落形制和形态，又体现了不同的建筑文化特色。西方民居也有院落式，但在院落文化意义的表达上远不及中国四合院文化鲜明和超凡。所谓建筑文化精神，就是通过某种建筑形态或建筑现象，所蕴含的思想意识、哲理观念、思维行为方式、审美法则以及文化品格等。从这样的建筑文化学观点出发，探讨四合院文化精神对于正确理解并继承这笔优秀的建筑文化遗产是有重要意义的。

概而言之，中国四合院文化精神表现在以下诸方面：

一、院落构成的阴阳法则

阴阳哲学作为中国哲学之母贯注于中国文化发展的始终，阴阳思维浸透于诸多事物的创造中，建筑文化自不例外。在四合院构成和空间组合上，阴阳法则倍受尊崇。首先，院子在形态上是由四周房舍相围合，外"实"内"虚"构成一对阴阳关系。其次，组合依据"门堂制度"，在轴线主导下次第排列门屋和正堂，再配以两厢，而"门堂"这一主一次又是一对阴阳关系，在等级上有严格讲求。东西厢的配置亦成第三对阴阳关系，以横轴线贯之。而在纵横轴线交织控制院落关系之中，纵为主，横为次，形成第四对阴阳关系。

四相空间乃以阴阳法则而定。《易经》云："太极生二仪、二仪生四相，四相生八卦。"一组院落中，按空间层次性质可以分为：室内空间是太阴空间，檐廊空间是少阴空间，院落空间是少阳空间，室外空间是太阳空间。从院落方位来看，除了院落围合的东南西北"四正"的组合安排外，还有院落四角空间的利用和安排，如布置耳房、天井或厕贮、门道等，成为"四维"的布局。因此，这"四正四维"亦构成院落空间一对阴阳关系，在整体上即可以认为院落空间是一个序列布局完整的八卦空间。

在内外空间层次演进上形成阴阳组合关系。每一级组合成为一个递进层次，形成一个层级的阴阳关系。如北京四合院外封闭内开敞，以东南宅大门区别内外，为界定领域之第一层次。垂花门为界定主客之第二层次。中院正房为界别"前堂后寝"，即界定私密之第三层次。内院后房多内眷闺阁，为界定性别之第四层次。后罩房杂役灶厨，为界定主仆之第五层次。不同性质的内与外反映出鲜明的东方儒家文化特质。

一倍法的应用，即二进制法则扩展院落，如细胞分裂。"院"作为空间母题是一个基本单元，每扩展一次即增加一个院落，扩大一倍空间。以院成组，以组成路，以路成群。

重虚的设计。阴阳哲学从某种意义上说是"虚"的哲学，故有水的哲学之称。四合院实的部分即房舍，多用规定做法，而院落设计却千变万化，在使用功能上和环境配置上亦乃全宅之重心，故设计上精心考虑。四合院的情趣精粹乃在于此。因此，理解院落构成"重虚"原则是理解中国建筑的关键所在。

二、院落空间的气场原理

堪舆学说主张"生气乃第一义"。故有"气"为中国文化之精要。四合院大小庭院均可视为功用各异之大小气场，门廊甬路则为气流要道，相互连成一气，主院落乃中心气场，令住居充满生气与活力。气场原理重在三点。

一是藏风聚气。院落大小与房舍高低是关键，院落形态比例谐调对内向聚集的藏风聚气十分重要。过于空旷失去亲和力，住居环境质量欠佳。南方院落天井紧凑，藏风聚气性能好，但必须"通气"，有所吐纳。气场原理应与当地气候环境相配合，反映出不同性质的藏风聚气。

二是通天接地。院落上通天，纳气迎风，下接地，除污去秽，使居住环境中不断新陈代谢，循环流转，吐故纳新。其中蕴含深刻设计哲理就是院落气场要强化沟通天地阴阳之气的功能。如"天井"一词的文化意义就形象地被表达出"通天"的设计意念。

三是气口循环。堪舆学说认为"门乃气口"，控制着气流的导引和循环。中国门窗的设计意念更强调其通气"虚"的一面，使整个四合院通过院内交通路线形成气流网络。

三、院落布局的序列关系

无论巨宅大院空间组合多么复杂，院落布局都有明确的内在规律，直接表现在轴线的序列关系上。

系统完整是第一个特征。大型四合院深达数进，若干院落，各地院落式民居体系和模式也不尽相同，但其共同特征是系统性强，构图完整，组合有序。如北京四合院的三院递进，广东民居的"三堂二横"，云南民居的"四合五天井"等。

主从明确是第二个特征。在全院大系统中必有一个主院落即中心院落，宽大敞亮，气势庄严。纵横轴线各路各进的子系统中也有自己的主院落，各形成不同层级结构的主从关系。其中反映东方文化特质的"择中观"起着指导作用。主院落有很强的综合功能，是家庭公共社交场所的重要活动空间。

轴线层级结构是第三个特征。纵轴线上一个院子就是一个层次，一个层次就有一种空间性质，一种空间性质就具备一类空间形态。一些山地四合院这个特征在竖向空间变化上更为丰富生动。横轴线上层次级别稍次，称跨院或套院、别院。两相比较，更强调"纵深意识"，体现含蓄内向，深藏不露的文化气质和民族性格。

四、院落功能的伦理观念

传统四合院作为家庭社会伦理观念的物化产品，可以认为其构成功能就是宗法社会服务的工具。四合院就是一个伦理规范解说的具象空间模型，院落空间在性质上就是伦理空间。《黄帝宅经》云："夫宅者，乃阴阳之枢纽，人伦之轨模"。这是住宅的哲学定义，也是中国院落与西式院落的根本分野之处。

首先讲尊卑等级秩序。也就是讲"礼"。所谓"礼别异，卑尊有分，上下有等，谓之礼。"尊崇礼教成为院落功能布局设计的指导思想和基本原则。大礼"天地君亲师"设正堂，长辈住上屋，晚辈居厢房，女流处内院，佣仆置偏处，各得其位，不能逾矩。

其次重仪礼规范。四合院中实际上用于礼仪活动的面积超过用于起居生活的面积。主院落主要用途也是为进行礼仪活动而设。院落便常成为房主身份等级、社会地位的标志。院落亦因对外礼仪功能之别有多种多样的布局和配置，如轿厅、花厅、女厅等不一而足。重礼仪规范还要"求正"。体现出"清静以为天下正"的风范。一是形式上的"正"，二是格调上的"正"。

再次要有和乐精神。中国文化也是礼乐文化，伦理中有严肃一面，也有和乐一面。家居所谓"天伦之乐"。四合院的"四世同堂"是传统大家庭追求的大团圆理想。世界上大概没有像中国四合院那样的伦理乐园了。四合院组群中若干院落十分有利于大集体小自由的居住方式，为和乐精神的调剂提供了便利的空间条件。

五、院落形态的弹性特征

院落式民居遍及四方，分布地域之广为其他任何民居类型所不及，其中一个重要原因在于院落形态的弹性特征，使之变化演绎无尽。

广泛适应性。它不但适应各种不同的气候条件和地形条件，也适应不同使用功能和不同民族风俗习惯。北方四合院空间疏朗，纵向延伸，利于冬季纳阳。南方四合院或天井院空间紧凑，尺度亲切，横向拓展，天井变化多端，利于南方高温湿热气候通风纳凉的要求。山地院落民居如四川的"重台天井"或"台院式"，一台一院，一院一景，变化丰富。黄土高原地坑式院落又别具一格。而新疆维吾尔族"阿以旺"民居，其院落就是一幅民族特色浓郁的民俗生活风情画卷。

形态的多样性。阴阳构成之院落正应验了《易经》"一阴一阳之谓道"的哲理，一个院落即为一道。"一法入道，变法万千"。房舍有形，可以标准化，院落无形，可以自由化。四合院其妙就在于院落空间形态的变化上。犹如下围棋，看虚下实，着眼点在于虚的态势布局。四合院设计之着力点也就在于院落空间设计上。像《红楼梦》大观园中各种院落的描写真是各具风采，境象无穷。

有机交融性。院落空间具有双重性，既内向聚合，又外延开敞。它通过门、窗、墙、廊等建筑要素使相对独立的院落互相联成一体，空间流动，开合收放，以主院落为"做眼"穴位中心，形成一个完整有机的互渗互溶的院落空间体系。

六、院落环境的生态意义

相对于外部环境来说，一组院落也是一个相对独立的生态环境体系。人们居其内，要代以为继，必需要有良好的生态条件。在晋中、徽州、景德镇等地遗存的不少明代院落式民居都表现出院落生态功能的地方特色，不少优秀处理手法值得借鉴。

自成天地的"小宇宙"。一个院落式民居就是一个自成体系的"小天地"。住居既然是"阴阳之枢纽"，其自然属性必为生态环境良好的"吉地"，方供人之所居，因这里是天地阴阳交合之灵气聚合汇集之处。这是中国"天人合一"的住居观。而院落恰是首选的最佳形式。从建筑风水观点论，一组四合院平面总体布局同风水模式如出一辙，前低后高，中轴对称，左青龙、右白虎，前列照壁池堰，北京四合院门厕布置更依先天八卦之说，实有"宇宙图案"之写意。这在本质上反映出人们意欲创造一个仿生的"人为自然"，亦如造园"虽由人作，宛自天开"，使四合院住居既是一个小社会，又是一个小自然。

引入自然的绿化意识。一般四合院都有良好的庭院绿化，但这种花木培植更重要的文化内涵在通过自觉地引入自然，实现对"天人合一"理想的追求。这种生态观应该说是东方住居文化的独创。一方天井，半壁隙地，几株兰草、三二梅枝，便有"咫尺天地"，尽得春色。主院落更是绿化生态重点，植乔种果，花木扶疏，盆景假山，生机

不为繁华易匠心

盎然，优雅宁静，充满生活情趣。至于私家花园山池林苑，意境尤升一层，生态绿化意义臻至美学艺术境界更非一般可论了。

　　小气候调节。院落生态环境系统使四合院内形成一个相对稳定的小气候区。院落纳阳是十分充裕的，方便生活也利于绿化，亦为健康之日照所需。大小院落与纵横廊道交通构成良好空气循环系统。绿化改善生态环境质量。明暗沟排水系统，水井水池之设，调节湿度又利于防火。由是，生态必需的阳光、空气、绿化和水等诸要素都有相应措施予以调节自控。各地院落式民居这方面手法之丰富巧妙，令人叹服。难怪有人把四合院称之为巨型人居空调器的健康住宅。虽然在技术条件有限情况下它也有许多未尽人意之处，但这种居住模式在小气候调节方面的确颇有独到之特色。

七、院落艺术的素描品格

　　总的来说，中国四合院的建筑艺术是一种黑白艺术，具有中国水墨画意趣和质朴的素描品格。四合院艺术表现力集中体现在全景画展示，光与影的交织和简约朴实的装饰装修方面。

　　全景展示的连环画手法。什么是四合院立面建筑艺术?它外观封闭，仅高墙嵌一大门。应该说真正的四合院立面艺术表现是它的主院落全景360°展开面。围合成院落的各幢房屋朝向院子的一面如同连环画一般组合起来，站在院子当心环视，你就犹如在欣赏一幅水墨民居生活习俗风情长卷画，也像在观看京剧的折子戏，一幕幕意味深长。这是最精彩、最典型的四合院建筑艺术的表现力。而它又是以白描的手法达成的。它的另一个艺术特色，即两两互为对景，门堂对景和东西厢对景均相映成趣。

　　光影交织黑白互补。四合院多因材施用，不事豪华，多以本色，淡雅清新。借助于光与影的互动效果造成院落艺术素描特色。东坡诗《花影》云："重重叠叠上瑶台，几度呼童扫不开，刚被太阳收拾去，却教明月送将来"。此把光影艺术以喜剧手法表现出来，可见意境陶醉，情趣盎然，动静互变，生气勃发。也难怪为什么夏夜一家人喜聚坐院中赏月纳凉谈天了。

　　装饰简约朴实。北方四合院装饰多集中在墀头、屋脊、门窗及垂花门等处。南方院落民居硬山屋顶多、马头墙造型装饰别具一格。砖石木"三雕"和泥灰"二塑"是民居常用装饰手法，亦多素色为主，深浅浮雕黑白光景效果极佳。装饰题材多为神仙民间故事和动植物，民俗生活气息浓烈。书香门第或殷实人家，院中置匾额题对，家训格言，尤具教化功能，所谓"齐家有道惟修已，处世无奇但率真"。此某民居门联，却也是院落艺术尚朴气质的写照。

　　传统四合院文化精神是多方面的，我们以上分析，归纳出院落构成的阴阳法则，院落空间的气场原理，院落布局的序列关系，院落功能的伦理观念，院落形态的弹性特征，院落环境的生态意义，院落艺术的素描品格这七个方面也仅仅是举其大要者。我们的目的，是想探寻继承优秀建筑文化遗产的一种方法，即通过表面的建筑形式挖掘设计语言内涵的表达和哲理思维的体现，以期获得真谛的启示，汲取有益的建筑营养，贡献于今天的中国现代建筑创作。也许这样的理解会更有价值些。

中国建筑文化三大特色

摘　要： 创造中国特色建筑理论，探索中国特色现代建筑之路，应当认真研究中国传统建筑文化精华加以汲取。中国建筑文化有三大基本特色，一是深沉高迈的文化哲理，对建筑名称包含强烈文化意义，从哲学高度理解建筑本质，应用阴阳数理哲学表现艺术美学精神，创造独具一格的礼制建筑；二是重情知礼的人本精神，坚持以人为出发点的设计原则，亲近人的尺度营造空间环境，注重建筑环境的教化功能，强调建筑组群有机整体性，表现了"院落文化"的群体意识；三是"天人合一"的环境观念，人居环境应与自然环境相协调适应，广泛应用堪舆学说指导建筑选址规划，创造富有地域特色的山水城市，崇尚"中和美"的环境美学观，创造了极富特色的自然式中国园林艺术，把"意境美"的追求作为人与自然相和谐的最高审美理想。中国建筑师应加深中国建筑文化修养，融入时代精神创造新的建筑理论。

关键词： 中国建筑文化　特色　理论创新

在当今丰富多彩的中国现代建筑创作舞台上，凡严肃且负责的中国建筑师都无不在思考探索具有中国特色现代建筑之路。这是一条艰辛的路。它需要把传之欧美的现代建筑文明同源之本土的传统建筑文化精神有机地结合起来，进行富于个性特色的创新。改革开放以来，随国门打开，当代西方现代建筑各种思潮理论、流派如洪水般涌入，虽然仍需要更深入地熟悉，"食洋"求化，但至今已不觉新鲜了。相反，在"食古"的另一方面，由于相当长的一个时期，对中国文化传统采取历史虚无主义的态度，否定传统文化的余波未尽，暗流潜行，尤其在不少中青年建筑师中，崇洋甚于鉴古。在当今的建筑创作中，之所以欧陆风盛行，盲目模仿、抄袭西方现代建筑风格大行其道，原因固然复杂，但鄙薄中国传统文化，不重视研究自己本土历史建筑文化的思想倾向，却是一大重要原因。此外，在如何学习传统建筑文化精神上也存在模糊的观念，认为传统建筑作为一种古典的形式已经过时，提继承发扬传统的创作不能体现时代精神等。不少对传统理解的片面性在于只看到外表形式的学习，而没有体会到更实质的学习是在对建筑本质内涵的认识。也就是说，对中国建筑传统的认识应该从建筑文化学的观点，从建筑观的高度，从建筑哲学原理的把握上去加以阐释和理解。从这个角度分析，笔者认为相比西方古典建筑文化而言，中国传统建筑文化应当有以下这样三大基本特色，需要我们认真加以新的审视，以吸取其合理的营养。

一、深沉高迈的文化哲理

从艺术本质来看，建筑艺术如同音乐艺术一样，富于抽象的寓意性，以特有的符号语言表达一定的情绪和感受，所以，它们属于一种象征主义艺术，用这样的象征手法来映射人类的思想意识。如西方古典主义建筑中，用罗马式风格表现庄严，用希腊式风格表现公正等。虽然其中也反映出一定的文化意义，但较之数千年一以贯之的中国传统建筑文化的底蕴来，却是失之浅表。由于中国文化哲学的早熟，使之对于传统建筑文化的灌注和培育则比其他建筑体系显得格外的悠久、自觉、深刻、成熟，因而中国传统建筑体系的文化哲理更加突出，更具普遍性。从宫殿、寺庙建筑直至普通民居、小品园林，莫不充满丰富多彩而又深沉高迈的哲学意识，其建筑形态表象背后蕴含着深层次的思维理念、心理结构以及人生观和宇宙观的体验，从而更加深刻地体现着建筑的本质。言其中国建筑文化博大精深，实为历史的验证，绝非夸张之辞。正如英国伟大的哲学家李约瑟博士所指出的，中国建筑精神在于："皇宫、庙宇等重大建筑自然不在话下，城乡中不论集中的，或是分布于田庄中的住宅也都经常地出现一种对'宇宙图案'的感觉，以及作为方向、节令、风向和星宿的象征主义。"这的确颇有见地。

中国建筑文化哲理的表现是多方面的，举其大要可列陈数端。

第一，在对建筑的名称上，就可看出强烈的文化意义。如称建筑群中位于主体位置、形体高大的建筑为"殿"或"堂"。据《释名》则有："堂，犹堂堂显貌也，殿，殿鄂也。"这是将形容词名词化，以之命名这种高大壮丽的建筑，可说是形神韵皆备，这名称本身就已含有某种文化意味，其象征意义不言而喻。不似西方建筑，直呼其名为教堂或神庙那样直白。又如"馆"这种建筑类型，据《说文》："馆，客舍也。"从食、从官，为宾客食宿之处。初始本义，即"客官居所"，如招待所，因而有欢迎、公共用途之义。后加延伸义，则赋予社会学意义，"馆"字便大行其道，用于学馆、公馆、会馆，以至现代的图书馆、旅馆、博物馆等。这个"馆"字便含有迎接、开朗、活泼、公用的含义，使这类建筑性格特征展露无遗，其文化意蕴也溢于言表。

第二，对建筑这一客观对象的定义理解，中西的观念也大异其趣。关于"建筑"的意义，在西方建筑学中，不知凡几，不同学派有不同的说法，诸如"建筑是庇护所"、"建筑是艺术和技术的总和"、"建筑是凝固的音乐"、"建筑是空间的艺术"等。这些说法固然都有一定的真理性，但究其建筑哲学的高度，都不及中国的定义别开生面、独树一帜，令人耳目一新。据可能传至汉代的古籍《黄帝宅经》，其中有一句十分特别的话云："夫宅者乃阴阳之枢纽，人伦之轨模。"意思是建筑（住宅）是介于天地间阴阳之气交汇聚集之处，是人类社会家庭生活准则的空间存在模式。这句话前半句说的是建筑的自然属性，后半句说的是建筑的社会属性。这是多么全面的大建筑观的定义。这是建筑的哲学定义。这是站在整体辩证的高度，以宏观把握的视野道出了建筑更本质的文化哲理内涵。从现代建筑文化学的观点来看，建筑作为社会文化的最庞大的物化形式和空间载体，既是时代特征的综合反映，又是民族文化品格的集中体现。归结到一点，它最终应是建筑所有者思维观念的哲学表达。建筑的本质，可以说是用独特的"住"的建筑语言，表述营造者的艺术精神和文化哲学观念，以及他们对人生观、宇宙观的把握和理解。应该说，中国建筑文化对于建筑的哲学定义更明确、更深刻地揭示了这一点。

第三，应用阴阳数理哲学的方法指导中国建筑的营造，以体现中国建筑的艺术精神，从而成为传统建筑文化的象征主义美学原理。被誉为中国哲学之源的三千年前的周易哲学奠定了中国数理哲学的基石。《易·系辞上》："通其变，遂成天下之文。极其数，遂定天下之象。"从中可以看出，"数"与"象"关系之密切。诸如"奇数为阳，偶数为阴"，"天数为阳，地数为阴"等河图洛书中神秘数字的组合所表达的文化哲理都对本身就离不开数字尺度的建筑产生了极大的影响。建筑本身就是一种"象"。以数取象，以象喻理，以理成境，这些原则都强烈地灌注于建筑营造设计之中，达到和谐有序，情理相融的艺术感染力。如住宅作为"阳宅"采用"阳数设计"，先秦典籍记载建筑等级要求，以横向三、五、七、九开间的奇数展开，高度尺寸也按等级以奇数决定。帝王大朝金銮殿号称"九五之尊"，则取阔九间、深五间为建筑最高规格。唯一例外按偶数设计的是藏书楼，如文津阁、天一阁，取开间六、层数二。则依据《易·河图》"天一生水，地六成之"的思想确定设计原则。至于北京城市规划，天坛布局与个体设计其应用数理象征主义手法更是达到极高成就。可以说从总体到细部，从建筑型制到构造作法，莫不表现出一种具有深刻寓意的数理关系，从而成为一种极具特色的古典模数理论。"美在和谐，美在规律"，中国建筑艺术精神理性的浪漫和律动中和美的要义也就蕴含在这里。

第四，独特的礼制建筑是中国建筑博大精深文化哲理的最集中体现。如明堂、辟雍、坛庙、宗祠等，其源起悠远。这种建筑形制具有极为强烈的政治性、思想性和纪念性，集中反映了宗法礼仪、意识形态、哲理观念，不但在使用上包含着重大政治社会内容，而且要求有更高的艺术形式加以表达。没有这样的礼制建筑，甚至"国不将国，君不将君"。因此，这类建筑的哲理精神显得更为鲜明和突出。它不仅把社会伦理人生哲学作为设计主题，而且更将其上升到把宇宙时空的自然哲学观作为重大的设计主题，同时还使这二者相互结合达到极为神圣、至高无上的境界，在地位等级上超越其他任何建筑类型，有的甚至高于帝王的宫殿。使这种建筑类型成为名副其实的哲学建筑，这可以说是中国建筑文化史的一大特色，也是世界建筑史的一大奇观。

这类礼制建筑，每一种形制都具有特殊的含义，在传统哲学之母阴阳哲学观指导之下，充分应用象征主义数理设计的方法，创造尽善尽美的艺术形式，追求群体空间有机统一的整体境界，达到社会教化熏陶的目的。这种设计意念，经历代匠师千锤百炼，在设计手法、构图原理、造型模式、艺术表现上，日臻成熟规范，充满了既理性又浪漫的艺术精神，展现了中华东方文化的无比智慧和独创性风采，同时也展现了建筑的强烈个性和艺术魅力。三千年前周代《礼记》载明堂形制："明堂之制，周旋以水，水行左旋以象天，内有太室象紫宫，南出明堂象太微，西出总章象玉潢，北出玄堂象营室，东出青阳象天市。"这种喻义天象的艺术构思在世界建筑史上可谓独树一帜。至于"左祖右社"建筑型制，更是作为立国之标志，天下之象征。还有京城四周的日坛、月坛等五坛制度，以及遍及神州的五岳五镇四渎建筑，都是天下不可复二的特殊礼制建筑。在这方面，北京的天坛建筑群尤其是其典型的代表作。天坛以"天"为主题，充分表达中国人的"天园地方"古典自然哲学观，其数理构图比例、群体组合等方面手法和技巧达到炉火纯青、出神入化的境界。祈年殿作为"时间的建筑"，环丘台作为"空间的建筑"，整个天坛就是一座反映东方宇宙时空观的哲学建筑。这种大手笔使这座建筑成为唯一的天下独步之作，被中外识者赞誉为"完美无暇"的古典建筑精品。

二、重情知礼的人本精神

从某种意义上说，与西方文化相比，中国传统文化更重视以人为本，一切从人的主体出发，体察人与自然和其他事物的关系，以及人与人相互的关系，使之成为有机统一的整体。重亲情，讲人伦，知礼仪，劝教化，倡理性，凡事中庸有度，不事张狂，成为其文化特点。即使信奉宗教，也主张相互并存，宽容兼行，少有宗教迷狂，不知节制。因此，对中国传统文化的认识，在本质上可以认为是一种人伦文化，人本文化。而中国传统哲学则是一种伦理哲学，人性主义哲学。不像欧洲中世纪封建社会古典文化是神的文化和神的哲学。虽然这种文化在中国历史上漫长的封建社会中不可避免地存在着历史局限性的内容，是为当时的统治阶级服务的。这是不言而喻的。如人伦，在封建时期肯定是封建的人伦关系。但这一原理用于新时期，则应有新时期的人伦关系内容，这也是不言而喻的。中国传统文化哲学重情知礼的人本精神渗透在中国的几千年社会生活之中，建筑作为社会生活的文化容器，必然在各个方面强烈地体现这种精神。不仅是宫殿、寺庙建筑，尤其是居住建筑更是如此。从建筑布局、功能使用、空间环境，到构造尺度、装饰装修、家具陈设等等莫不浸染着人本主义的精神追求。这种人本精神在设计理念上集中表现在以下诸点。

一是以人为出发点的设计原则。在平面布置和功能使用要求的安排上，十分注重使用对象相互关系的决定作用，并成为一条设计基本原则，也就是"人伦之轨模"的设计原则。即是说建筑设计最根本的是要反映人与人之间相互的确定的规范关系。建筑就是人际关系的空间模式。如作为封建统治中心的皇宫，不仅要采用庄严、壮观的构图手法来突出皇权至上的设计主题，更重要的是要遵从礼制名分，尊卑等级，反映封建宗法社会的思想理论基础。北京故宫布局就是这样的范例。在设计构思上故宫分前朝后庭两大部分。外朝属阳，天子公事之用置于前，设三大殿，空间处理宽敞、通达、宏伟。内庭属阴，寝室生活之用，置于后，设二宫，及后妃六宫六寝，空间处理则紧凑、亲密、精细。在一般住宅四合院中人伦关系反映在平面布局上更是十分严格。长辈住上房，哥东弟西，女眷居后院不迈二门，如此等等。其功能关系就是人际关系以及各式人等在其中的活动规律。而现代建筑理论同样强调人的活动分析，主张最大限度地关注人，着眼于人在建筑中的行为方式，要研究建筑心理学、行为学等。应该说，研究人的心理行为以指导建筑设计，在中国建筑文化尤其是丰富多彩的民居建筑中，有许多体现人生亲情和人情味的设计内涵是可资借鉴学习的。

不为繁华易匠心

二是以人为本的空间环境尺度。中国建筑总的来说均以近人的尺度营造形象、空间和环境，显得亲切平和，以阴柔之美的艺术感染力见长。即或是高大壮丽的宫殿、寺观，尺度虽有扩大，但也有所节制，把握适度。不是以超乎寻常的夸大尺度使人在建筑面前感到渺小得似乎并不存在。不像西方哥特建筑或罗马穹顶教堂建筑那样，尽其无比的尺度夸张，追求疯狂的高直空间和宏大飞升的穹窿，目的只在营造神的空间和气氛，无视人与空间的亲和力，只是让人在这种空间中压抑听任神的驱使摆布，实现宗教对人心灵的震慑。中西建筑美学观不同尺度的应用就在这空间环境人与神体验的区别。因此，可以说中国建筑空间尺度是以人为本，而西方建筑空间尺度是以神为本的。

三是建筑环境的教化功能。讲修养、重教化、广人文是中国传统文化倡导的一条准则。在营造建筑环境中这条准则也得到广泛的应用。众所周知，无论寺庙修行或家居修身养性，应用对联、匾额等装修手法，把人生哲理、传统美德、儒教家训等同建筑结合起来，形成强烈的人文环境，达到教化的目的。各地传统民居形形色色的装饰图案，如砖木石三雕、陶灰泥三塑、油漆彩画等，讲求"鹿鹤同春"、"喜雀闹梅"、"遍地呈福"等图案象征生活美满、吉祥如意等寓意，莫不表达礼乐并行、情理通融的人生追求和耕读文化的生活乐趣。在满足建筑物质功能的同时，刻意强调建筑精神功能的重要意义，有时甚至后者更重于前者，成为中国建筑人本精神的一大特色。

四是建筑组合整体有机的群体意识。中国建筑在观念上从来是整体重于布局，群体重于个体。在营造方法上，院落围合重于室内分划，有机统一重于单体表现。所谓一座建筑常常指的是一群建筑的组合体。如民居中常以某院代表这一组群若干个院落，诸如"王家大院"、"李家大院"等称呼，都是若干幢单体的组合，是一个"群"的概念。院落是建筑群体组合的基本空间单元和母题。庞大的建筑组群都由院有机衍生而成。同西方院落不同，中国建筑院落的构成和功用常被赋予极为丰富的人文内涵。因此，要懂得中国建筑，必须要懂得中国建筑的"院落精神"。"院落"是中国建筑的灵魂和精髓。中国建筑文化即"院落文化"。这种"院落文化"也就是中国建筑人本精神群体意识的体现。虽然它源自家族血缘政治的产生，富于封建宗法的色彩，这是客观社会因素的消极影响，但就群体组合有机统一整体的设计意念和方法上，却有着丰富深厚的文化内涵和民族精神。中国建筑组群设计变化万千，群体艺术魅力无穷，空间环境丰富多彩，达到了极高的水平和境界，有着取之不尽的经验、技巧和智慧，还需要我们加深认识和理解，进一步挖掘开拓这一文化遗产宝库。

三、"天人合一"的环境观念

以周易为肇始的阴阳哲学被称为中国传统哲学之母，与西方古典哲学相比，最本质的差异莫过于中国哲学"天人合一"的思想。所谓"天"，即是客体存在的宇宙、自然及其规律。所谓"人"，即主体存在的社会、人生及其规律。在中国传统文化观看来，这二者是相互依存、相互影响、相互促进的，具有同构同源的特征，有共同的规律性和哲理性。因此"天人合一"又有"天人同构"、"天人感应"等各种说法。用现代观点来理解"天"这个客体和"人"这个主体，无论它们是多么的不同，但在发展规律上是和谐一致的，在哲学的高度上是统一相通的。应该说这是十分合乎现代科学观和辩证法的道理的。中国古代哲学的这一理论观点显示了东方文明的睿智。它对于今天的世界认识人与自然的关系极启迪意义。不少西方学者鉴于后工业化的负面效应，对不尊重自然与生态而产生的环境污染和破坏痛加反思，而将目光转向东方文化哲学寻求出路，这绝不是偶然的。中国传统建筑文化中"天人合一"的环境观念，大致反映在如下几方面：

第一，强调人为营造应与所处自然环境相协调适应。人居环境不仅是指建筑本身，而且还应包括这个建筑内外空间及其周围自然环境。建筑应成为这个大环境的有机组成部分，纳入其中，与之和谐而统一，与之适应而共存。这一环境观念早在三千多年的周代就十分明确。据其时的《诗经·斯干》所载，在描写周姬王妃子的宫殿如何建在山下水边大自然的环抱中，就抒发出"秩秩斯干，幽幽南山"的赞叹诗句。历代文人墨客的诗词文章描写建筑与环境关系的作品不可胜数。如《岳阳楼记》、《醉翁亭记》、《滕王阁赋》等更是其名篇佳作，流传千古。以致建筑与文学结成不解之缘，赋予了多少建筑构思和建筑美学的灵感与创作的激情。像赖特设计的著名的流水别墅那样表现建筑与自然环境的谐和，早在中国魏晋时期的山水画中，不少点染的山居村舍莫不如此，只是我们未有慧眼识真而已。

第二，堪舆风水学说的广泛应用。对古代堪舆学说的研究自改革开放以来，突破了学术禁区，它的神秘面纱已逐步揭开。作为一种古典的前科学，如何正确对待这份传统文化遗产也渐为人们认识理解。堪舆学说源远流长，伴随农业文明发展，不可避免地会包含有那个时代封建迷信内容。当我们以唯物史观的方法，以现代科学观点加以审视，去其糟粕、取其精华，采剥合理的内核，就会发现不少有价值的蕴涵值得认真研究。堪舆学从建筑选址相地，建筑环境配置，到与周围山川自然环境协调的宏观把握，以至家居陈设等局部关系，所有建筑空间环境各要素无所不包，互有对应，构成一个庞大的"天人合一"人居环境观照体系。从现代科学观分析，不少论者认为"堪舆理论实际上是地理学、气象学、景观学、生态学、城市建筑学等一种综合性的自然科学"，同时也是一门包括心理学、行为学、社会关系学等内容的人文社会科学。从大建筑学观点看，堪舆学说就是古代城市规划学，它同中国营造学、园林学一起构成了中国古代三大建筑理论。遗留至今的许多寺庙、陵墓、民居等古建筑，如北京的潭柘寺、十三陵、陕西的黄帝陵、乾陵等例证不胜枚举，它们多是在堪舆理论的指导下选地建成的。还有许多历史文化名城和村镇聚落等众多实例，都的确给我们展示了无比丰富的特色鲜明的营建佳作，其建筑环境与自然环境的结合，其人文环境自然化，自然环境人文化的大手笔仍然是令人陶醉，感人至深的。这方面也许还有不少未可认知领悟的经验手法和哲理内涵，需要有志者去科学客观地探索研究。

第三，山水城市的创造与发展。在世界城建史上，中国的山水城市是独具门类、别有风格的。中国的传统城镇以至乡村聚落几乎无不与"山水"有着密切的关系。许多历史文化名城，如桂林、苏州、杭州、常熟、重庆等大多是山水城市。虽然它们营建的理论基础是堪舆学说，但其指导思想都是"天人合一"的阴阳哲学原理。从小规模的田舍村庄，以至于在更大的聚落范围内形成具有浓厚人文意蕴的山水城市。孔子有云："仁者乐山，智者乐水"，赋予山水以人的感情，山水中寄托了人生意义，山水城市也就是最理想的人居环境之所。山、水、城具有共生的生态关联自然性，共存的环境容量合理性，共荣的构成要素协同性，共乐的景观审美和谐性，和共雅的文脉经营承续性这五大特征。这些特征同当今所提倡的城市可持续发展理论是十分相类的。

我国著名的科学泰斗钱学森先生倡导创建21世纪中国新的山水城市，这是对传统山水城市的发展，是极富战略远见的。他提倡把中外城市文化结合，把城市园林与城市森林结合，在人居环境现代化的同时，要更加自然化，使城市、建筑、园林三位一体共同发展，使山水城市环境更富于个性特色和地方民族特色。要创造这样的富有中国特色的现代化山水城市，我们就应该更加深入地研究中国的各地不同的山与水，研究传统中国山水城市形成及其特征，研究在保护继承山水城市文脉的基础如何更好地创新。

第四，崇尚自然的环境美学观。在中国传统文化的艺术精神及审美心理结构中，在崇尚天道自然的思维模式影响下，中国人很早就把自然山水风景作为审美的观照对象。山水美的文学修辞和艺术见解早见于先秦古籍，至孔子就概括出"天地有大美而不言"的评价。在魏晋山水画论中更是达到高度的成熟，山水环境之美普遍成为绘画的主题。而西方绘画中将自然环境作为审美的题材那只是文艺复兴以后的事。而这比中国山水画来说已是迟了近千年。因此，中国建筑环境美的自然观也因山水美学的发达积累了相当深厚的文化底蕴。这种环境美学观的本质特征则在于"中和美"的谐调。在大地的自然景观中，山是形形色色的，水是千变万化的，其美也是多姿多彩的，可以有各种不同的选择和观赏评价的角度。但在传统儒道文化培育下，把最美的山水赋予"中和之美"的特性加以推崇。如概括山以五形，以木山为佳，水以多曲，以冠带形为丽。"中和美"的核心在于"和"。"美在和谐"，这才是美的真谛。以现代语言，美是真善美的统一。在传统文化里，美是礼乐的统一。《论语》云："礼之用，和为贵，先王之道斯为美"。因此，必

不为繁华易匠心

须礼乐适度，互有制约，才会成为中和之美。礼乐之论常"比德山水"，有什么样的山，就有什么样的水，就有什么样的人。自然景观中的山水是"乐而和的"的。故此建筑之美要与环境之美求得"和"，才能达到"乐"的目的。这种中和的建筑环境美在气质上则追求平和、宁静、淡泊、雅致、含蓄、自然而不造作，奇异而不张狂，"以理节情"，"以情晓理"，"情理交融"。凡人工环境，也求"虽由人作，宛自天开"。这样的环境美学最集中的体现便是中国的自然式园林艺术。其审美情趣和哲理的表达与西方几何式园林直露的美当是不可同日而语的。此外，中西园林比较的另一个重大的美学区别还在于环境经营中意境的创造。中国建筑艺术与园林艺术最高的美学理想是"意境美"的追求，给人以只可意会不可言传的审美情趣，并同时给以人文的熏染，提高艺术修养，从自然的意境美达至人的精神境界的升华，直抒胸臆，得到最大的精神享受，的确达到了"大美不言"、"物我两忘"的崇高境界。

观今宜鉴古，务虚当求真。在设计原理和设计意念上，我们对中国建筑文化的基本特色作了概括粗浅的探讨。其目的也是在于对待传统文化的继承发扬方面，不看重表象的形式，而看重内涵精神实质的体察，求其心领神会，得到文化艺术修养的提升，为在新的时代创造和建立中国特色的建筑理论探寻新路。中国建筑师有了更深厚的中国文化气质修养，自然就会有中国特色气派的现代建筑创作出来，这是我们所企望的。

主要工程项目

大清河生态治理工程

大清河的生态治理工程为还绿于民、还景于民、还河于民、还福于民的重点民生工程。即：

坚持民生为本：群众的需求始终是规划工作者考虑的首要因素，要把还绿于民、还景于民、还河于民的放在首位，通过打造环境优美、生态怡人的碧水绕城景观，供群众观赏游玩、休憩休闲、健身娱乐，满足群众对优质活动场所的需求，提升群众幸福指数。

坚持文化为根：讲好本土故事，发掘乡土文化，传承自己的城市文脉，突出齐河地域特色和城市个性特征。城市是一个生命体，历史文化就是城市的灵魂，一个有历史、有地域文化特征的城市才能展现自身独特的魅力，才不会千城一面，把齐河建设成为既有传统城市文脉，又有现代化时代特征的个性之城、特色之城凸显文化之美、城市之美，是城市规划者的不懈追求。

坚持碧水为脉：以大清河为开篇，以晏泉湖、玉带湖为后续，打造碧水绕城景观营造滨水而居的城市环境，提升城市形象和品位，形成优美宜居的城市风貌。

坚持生态为魂：坚持以生态文明理念引领城市建设，把生态文明、水文特色、神韵融入齐河城市建设之中，树立全新的生态价值观，完善生态文化基础设施，着力建设一批独具特色的生态地标，让群众共同享受生态文明。

大清河生态治理工程是以城市文脉传承为灵魂，以生态环境建设为载体的一个范例；落实习总书记和中央新型城镇化记住乡愁的一个典型；贯彻"天人合一"的规划理念，复兴和弘扬八景文化的全国首创案例；通过这个实践创新了在全国同类城市中开创五个第一的创新精神。

1 大清河规划总鸟瞰图   7 齐州八景之济水左饶
2 大清河规划要素   8 齐州八景之泰山南峙
3 齐州大清桥   9 齐州八景之文庙古槐
4 齐州齐州塔   10 齐州八景之隐城蜃气
5 齐州八景之寒沙栖雁   11 齐州八景之渔舟唱晚
6 齐州八景之官堤荫柳   12 齐州八景之长岭东环

	历史自然景观要素				历史人文景观要素			
	天景	地景	水景	生景	建筑	胜迹	风物	设施
诗文中的历史景观要素	日月 烟雨 晓霏	山麓 洲岛 长堤 沙石滩	河沼 泡涧 溪滩 濑池塘	杨柳 槐荷 竹松 桃 杏 芦苔	白鹭 水鸥 鸿雁 野鸭 鸟鸦 鲤鱼 渔人	亭 斋 堂 楼 阁 台 桥	泰山 济水 文庙 古城	宴会 诗会 茶会 酒会 文人	古道 驿亭 茶舍 埭子 路牌
规划设计手法 新增				蝴蝶 声雯	轩、廊			
	因借	恢复	恢复	恢复	再现			

贵州省安顺市镇宁自治县城关镇高荡村保护与发展规划

高荡村是有着600多年历史的布依族山寨，该村具有典型的第三土语区布依族村寨的特点，传统民居与古寨风貌特别是石头古建筑保存完整。

目前高荡村尚未列入国家级历史文化名村，保护工作迫在眉睫，村庄的保护与发展受到地方政府的高度重视，此次少数民族特色村寨的保护与发展规划将加强高荡村特色文化的保护并推动旅游产业的发展。

高荡村完整保留着传统布依族村寨的山水田林景观，村民仅在先民开垦和遗传下来的有限土地上耕耘，使生态环境得到良好的保护。布依族村民对自然资源的保护意识，对当今某些过度开发生态资源以取到经济利益的行为具有重要的启示意义。高荡村的保护发展将为今后研究民族特色古村寨的保护创造一个科学可借鉴的新模式，为其他相同情况的古村寨提供一套完整的保护规划体系。

保护高荡村的各类历史文化资源，传承布依族的历史文化传统，彰显布依族文化特色，协调保护与发展的关系，建立完整的民族特色古村保护体系，把握贵州民委"少数民族特色村寨保护与发展项目"试点项目的机遇，成为新旅游文化场所。

高荡村保护策略：

1. 加大村落空间的研究力度，理清传统村落作为民族特色文化遗产保护的价值。
2. 以改善古村落基础设施为契机，改善民生条件，推进传统村落的自发建设。

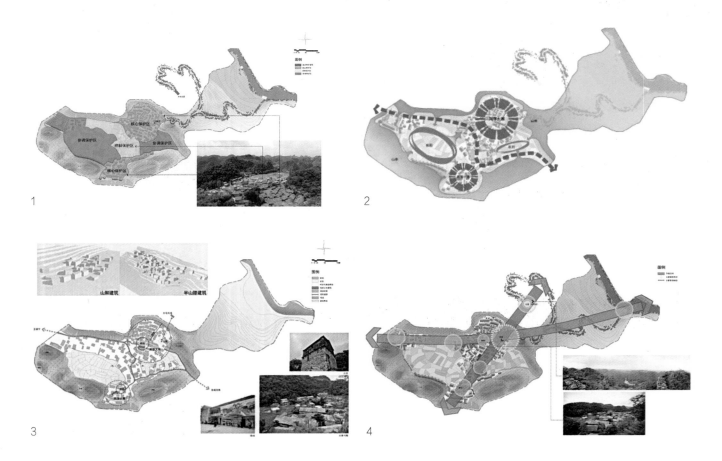

3. 村落保护重点在于围绕村落格局、生活活动空间和建筑群体中有价值的重点空间与历史建筑编制综合保护规划和政策，切实维护人们对于传统村落空间普遍的归属感和认同感。

4. 从发展的角度切入保护工作，建立传统村落特色产业发展，通过特色产业的发展引进新的保护力量。理性对待古村落发展与保护的矛盾，在发展中化解保护的矛盾。

高荡村保护措施：

针对村寨现状问题与特色价值，制定适用于高荡村保护发展的保护措施，主要有：原真性的保护，坚持新旧有分有合共同发展；整体性保护；对建筑分期分类保护；保护重点；环境整治；建筑改造；破旧房屋的处理；实体保护与非物质文化保护相结合八个方面。

1	村寨风貌保护规划图	5	道路系统规划图
2	村庄结构空间分析图	6	建筑檐口改造
3	村寨空间布局分析图	7	破损墙体修复
4	景观视廊规划图	8	寨堡格局分析图

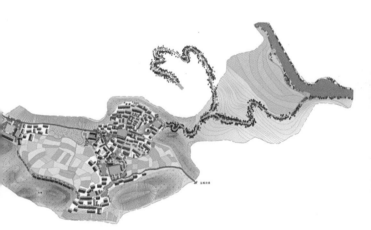

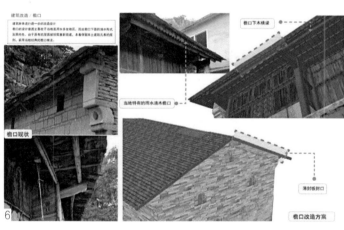

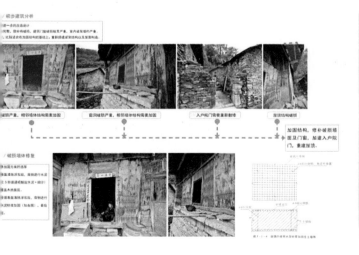

湖南怀化通道侗族自治县横岭村保护与发展规划

横岭村为国家级历史文化名村，横岭村的保护与发展受到地方政府的高度重视，少数民族特色村寨的保护与发展规划将加强横岭村特色文化的保护并推动文化产业和乡村经济转型的发展。横岭村寨是侗族人民顺应自然、与环境和谐共生的传统聚居生活方式的代表，也是近千年来侗族人民对于自然资源可持续利用和土地良性使用模式的突出例证。

在对横岭村的保护规划中以保护侗族物质文化遗产与非物质文化遗产为主，物质文化遗产的保护主要是通过村寨环境因素的保护、整体格局的保护、建筑风貌的保护。非物质文化遗产的保护，主要以实体保护和非物质文化相结合，使非物质文化通过空间载体和文化产业传和发扬。

在保护规划中采取：原生态保护，坚持新旧分离；整体性保护；对建筑分期分类保护；突出保护重点；环境整治；破旧房屋的处理；实体保护与非物质文化保护相结合的方法。

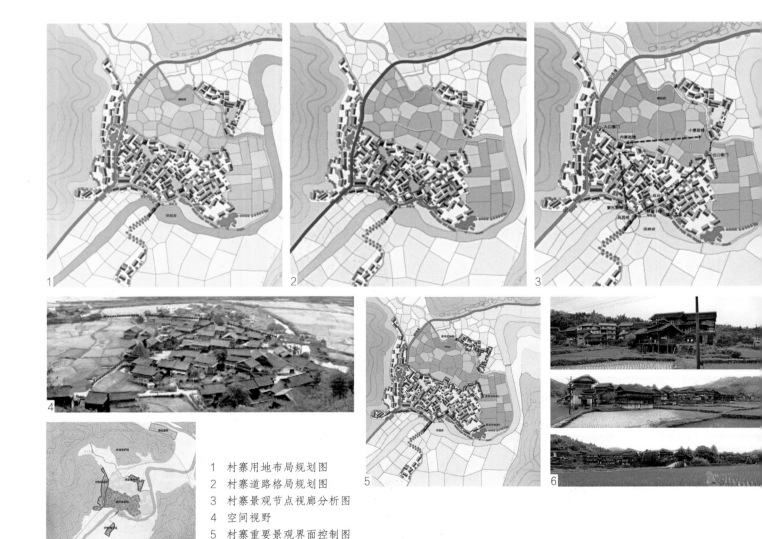

1　村寨用地布局规划图
2　村寨道路格局规划图
3　村寨景观节点视廊分析图
4　空间视野
5　村寨重要景观界面控制图
6　观赏面天际线
7　村寨风貌保护规划图

不为繁华易匠心

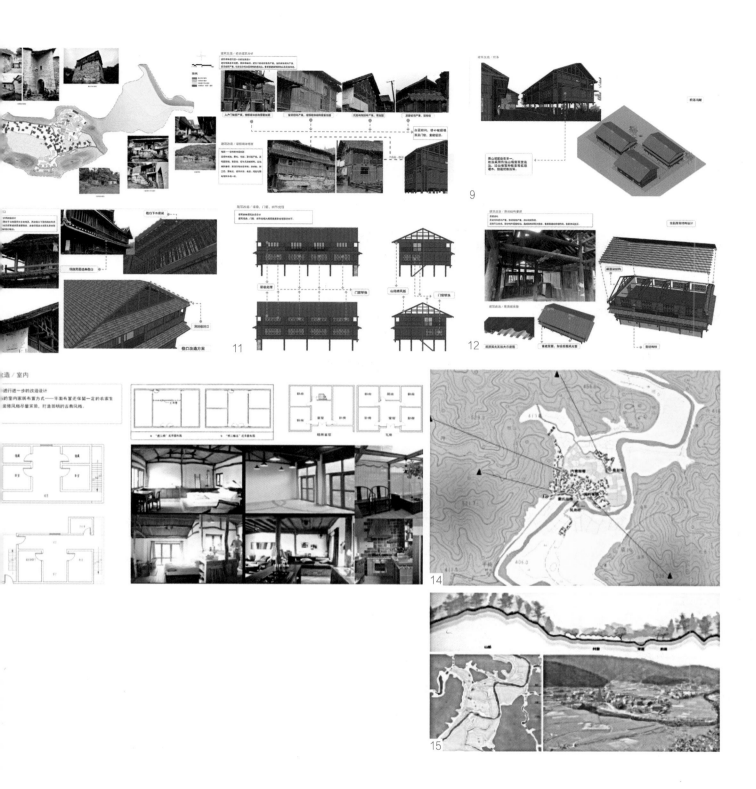

8 建筑风貌分类图
9 院落布局规划建议
10 房屋檐口的处理
11 房屋立面修复建议
12 屋架结构重建、屋顶采光窗的处理和整体房屋构架结构改造
13 房屋内部空间改造
14 山口与鼓楼对位关系图
15 山水环境分析图

陆元鼎

华南理工大学建筑学院教授、博士生导师，全国一级注册建筑师，中国民居建筑大师。

曾任中国建筑学会第八、九届理事（1993~2000年）；中国建筑学会建筑史学分会副会长（1988~2002年）；中国文物学会常务理事；中国文物学会传统建筑园林委员会常务理事；中国文物学会传统建筑园林委员会传统民居学术委员会主任委员；中国建筑学会建筑史学会民居专业学术委员会主任委员；中国民族建筑研究会副会长；中国民族建筑研究民居建筑专业委员会主任委员；广东省文物管理委员会专家组成员；中国圆明园学会理事、学术委员；《中国美术全集·建筑艺术全集》编辑委员会委员；《小城镇建设》杂志学术委员会委员；《华中建筑》名誉编委；《新建筑》名誉编委；《古建园林技术》名誉编委。

从1955年开始从事传统民居研究，先后发表民居论文和出版著作多部，并从事民居学术团体组织活动。1988年组织召开第一届中国民居学术会议后，在上级学会的支持下筹备组织成立了民居学术团体，二十多年来组织召开了十八届中国民居学术会议、八届海峡两岸民居学术会议、两届民居国际学术会议，使民居研究队伍不断扩大。

1993~1995年，国家自然科学基金项目《客家民居形态、村落体系及居住模式研究》，任主持人。1995~1997年，广东省高校人文社会科学规划重点项目《岭南建筑艺术及其发展研究》，任主持人。1997~1999年，国家自然科学基金项目《南方民系民居与现代村镇居住模式研究》，任主持人。2000~2002年，建设部科技项目《岭南现代城镇住宅小区环境生态研究》，任主持人。

1 获奖情况

陆元鼎、杨谷生，《中国美术全集·建筑艺术篇·民居建筑》，获1989年首届全国优秀科技图书部级奖一等奖，1993年又获国家图书奖荣誉奖。

1993年10月，获建设部村镇建设司颁发的"全国村镇建设优秀科技人员荣誉称号"。

陆元鼎、魏彦钧主持《广东民居系列研究》，获1994年广东自然科学奖三等奖和1994年广东省高教科技进步奖二等奖。

广州市从化太平镇钱岗村广裕祠修复保护工程，2002年完成，获联合国教科文组织亚太地区2003文化遗产保护奖第一名杰出项目奖。

陆元鼎主编，《中国民居建筑》三卷本，华南理工大学出版社，2003年。2004年获全国第十四届中国图书奖，广东省第七届优秀图书一等奖。

广州市番禺区练溪村保护更新工程，2005年完成。2011年获广东省岭南特色规划设计银奖。

潮州市饶宗颐学术馆工程（有民居与园林特色），2006年完成。2007年获广东省优秀勘察设计二等奖，2011年获广东省岭南特色建筑设计铜奖。

2 主要出版著作及论文发表情况

大百科全书

《中国大百科全书·建筑园林城市规划卷》，北京：中国大百科全书出版社，1988，5．撰写山东曲阜孔庙、河南登封嵩岳寺塔、河南开封佑国寺塔、广州怀圣寺塔等条目。

《中国大百科全书·美术卷》，北京：中国大百科全书出版社，1990，12．撰写战国中山国王墓，宋永昭陵，清东陵等条目。

著作

陆元鼎，杨谷生著．中国美术全集·建筑艺术篇·民居建筑．北京：中国建筑工业出版社，1988．

陆元鼎，魏彦钧著．广东民居．北京：中国建筑工业出版社，1990．

陆元鼎，陆琦著．中国民居装饰装修艺术．上海：上海科学技术出版社，1992．

陆元鼎主编．中国传统民居与文化（第一辑）．北京：中国建筑工业出版社，1991．

陆元鼎主编．中国传统民居与文化（第二辑）．北京：中国建筑工业出版社，1992．

中国著名建筑师——林克明．副主编、责任主编，科普出版社，1991．

陆元鼎主编. 民居史论与文化. 广州：华南理工大学出版社，1995.

陆元鼎，陆琦著. 中国建筑艺术全集21卷·宅第建筑（南方汉族）. 北京：中国建筑工业出版社，1999.

陆元鼎主编. 中国客家民居与文化. 广州：华南理工大学出版社，2001.

陆元鼎主编. 中国传统民居营造与技术. 广州：华南理工大学出版社，2002.

陆元鼎主编. 中国民居建筑（上、中、下三卷）. 广州：华南理工大学出版社，2003.

陆元鼎总主编. 中国民居建筑丛书（18卷）. 北京：中国建筑工业出版，2009.

陆元鼎，陆琦著. 中国民居建筑艺术. 北京：中国建筑工业出版，2010.

发表论文

民居建筑部分：

陆元鼎. 南方地区传统建筑的通风与防热. 建筑学报，1978（4）.

陆元鼎，魏彦钧. 广东潮州民居. 建筑师. 北京：中国建筑工业出版社，1983，2（13）.

陆元鼎. 广东潮汕民居丈杆法. 华南工学院学报，1987（3）.

陆元鼎. 中国广东潮州民居（日文）. 日本东京日本民俗建筑学会刊物《民俗建筑》（FOLK HOUSE）1988，5（93）.

陆元鼎. 中国民居的特征与借鉴. 中国传统民居与文化（第一辑），1991，2：1–7.

陆元鼎. 广东传统民居设计与丈竿法. 中国：中、日传统民居学术研讨会论文集. 中国建筑学会、日本建筑学会主办，1992，11：1–3.（北京）

陆元鼎，楚剑. 深入民居研究，推进我国民居建筑文化的继承与发展. 华中建筑，1993（4）.

陆元鼎. 粤东建筑的特质. 台北：台湾中华海峡两岸文化资产交流促进会主编. 台湾海峡两岸传统建筑技术观摩研讨会论文集，1994，5：89–116.

陆元鼎. 中国传统民居的类型与特征. 民居史论与文化. 广州：华南理工大学出版社，1995，6：1–4.

（朝鲜文）陆元鼎. 中国民居现状研究. 韩国建筑学会刊物《建筑》，1995，12（韩国汉城）.

陆元鼎. 抢救民居遗产，加强理论研究，深入发掘传统民居的价值. 华中建筑，1996（4）.

陆元鼎. 中国传统民居研究的回顾与展望. 华南理工大学学报，1997，1.

陆元鼎. 广东潮安象埔寨民居平面构成及形制雏探. 华南理工大学学报，1997，1.

陆元鼎. 中国民居建筑的研究与发展//台湾中华民俗艺术基金会主编. 台湾《海峡两岸传统民居建筑保存维护观摩研讨会》论文集，1997，4（台北）.

陆元鼎. 传统民居特征及其在现代建筑中的借鉴与运用//台湾中华民俗艺术基金会主编. 台湾《传统民居与现代生活探讨研讨会》专辑，1997，4：12–27（台中）.

陆元鼎. 从民居到民系研究. 建筑百家言. 北京：中国建筑工业出版社，1998.

陆元鼎. 中国民居研究十年回顾. 小城镇建设，2000（8）：63–66.

陆元鼎. 广东省粤闽赣三省客家民居比较. 日本东京艺术大学主编. 中日共同研讨会《中国南部客家民居比较研究》论文集，2001，3：89–94（东京）.

陆元鼎，魏彦钧. 粤闽赣客家围楼的特征与居住模式. 中国客家民居与文化. 广州：华南理工大学出版社，2001，81–7.

陆元鼎，魏彦钧. 广东传统民居居住环境中的通风经验与理论. 中国传统民居营造与技术. 广州：华南理工大学出版社，2002，11.

陆元鼎，谭刚毅. 中国民居建筑简史——唐宋时期. 中国民居建筑（上卷），广州：华南理工大学出版社，2003，

11：34-35.

陆元鼎. 中国民居建筑简史——元明清时期. 中国民居建筑（上卷）. 广州：华南理工大学出版社，2003，11.

陆元鼎. 中国民居的平面类型及特征. 中国民居建筑（上卷）. 广州：华南理工大学出版社，2003，11.

古建筑古园林部分：

陆元鼎. 古建筑游览指南（广东部分）. 北京：中国建筑工业出版社，1981，11.

陆元鼎. 中国古代建筑的防腐与防蚁//中国科学院自然科学史研究所主编. 中国古代建筑技术史. 北京：科学出版社，1985，10.

陆元鼎. 粤中四庭院//北京市园林局主编. 中国园林史科技成果论文集（第一辑）. 1983，1.

陆元鼎. 粤东庭园. 中国圆明园学会刊物《圆明园》第三辑，北京：中国建筑工业出版社，1985，3.

陆元鼎. 中国古代建筑构图引言. 美术史论（季刊），1985（1）.

陆元鼎. 中国传统建筑构图的特征、比例与稳定. 建筑师. 北京：中国建筑工业出版社，1990，6（39）.

陆元鼎. 粤东建筑的特质. //台湾《海峡两岸传统建筑技术观摩研讨会》会议论文集，1994，5.（台北）

陆元鼎. 广东陈家祠及其岭南建筑特色. 南方建筑，1995（4）：29—34.

陆元鼎. 广东潮州历史文化名城的保护与发展. 第十届中国传统建筑园林研究会年会论文集，1997，10.

新建筑部分：

陆元鼎. 创新·传统·地方特色. 建筑学报，1984（12）.

陆元鼎. 摸索规律，繁荣建筑创作. 建筑学报，1985（4）.

陆元鼎. 创造中国式的现代化、民族化建筑//中国建筑评析与展望. 天津：天津科学技术出版社，1989，4.

陆元鼎. 回忆夏昌世教授的建筑观//建筑百家回忆录. 北京：中国建筑工业出版社，2001：113-114.

3 主要工程项目

广东机电大厦（广州市），25层宾馆附3层裙楼，1层底下层，总面积21308平方米，1986年建成，项目总负责人。深圳市园岭住宅区，基地面积60公顷，住宅及公共设施34.9万平方米，1985年建成，项目总负责人。梧州市金牛大厦，27层宾馆，6层附属裙楼，1层底下层总面积18000平方米，项目总负责人。广州番禺侨基花园商住楼，四栋33层商住楼，附裙楼四层，总面积为97370平方米，1994年完成，项目总负责人。广东鹤山广发山庄度假村，内有传统特色的现代化别墅多种类型，餐厅及文化游乐设施，传统式庭院，基地面积6公顷。建筑物9栋包括别墅，餐厅等，共7800平方米，另有假山庭院等，1994年完成，项目总负责人。广州光孝寺祖师殿复原设计，项目总负责人，1998年。广州光孝寺方丈室、僧舍、斋堂与寮舍建筑设计，项目总负责人，1996～2003年。广东省德庆县悦城镇程溪书院复原设计，项目总负责人，2001年。广东省从化市太平镇钱岗村广裕祠修复工程，项目总负责人，2003年。广东省从化市神岗镇邓村邓氏公祠修复工程，项目总负责人，2002年。广东省从化市从化学宫及月台修复工程，项目总负责人，2003年。广州市番禺区练溪村保护更新工程，项目总顾问，2004年。广东潮州市饶宗颐学术馆工程设计，项目总顾问，2004年。广东中山市泮庐住宅区规划与建筑设计．项目总顾问，2004年。广州市南华西街改造项目，项目总顾问，2004年。广州市文德路万木草堂（康有为讲学处）修复工程，项目总顾问，2004年。

主要代表论文

中国民居研究五十年

中国民居研究的发展，可分为中华人民共和国成立前、后两个时期。中华人民共和国成立前是民居研究的初期——开拓时期。中华人民共和国成立后的五十年，中国民居研究发展可分为三个阶段：第一阶段为20世纪50年代。第二阶段为20世纪60年代，中国民居研究正当全面开展的时候，由于"十年动乱"而暂告停顿；1979年，在中国共产党十一届三中全会的号召下，中国民居研究开始了第三阶段，这是一个兴旺发展的时期。

一、中国民居研究的开拓时期

20世纪30年代，中国建筑史学家龙非了教授结合当时考古发掘资料和对河南、陕西、山西等省的窑洞进行了考察调查，写出了论文《穴居杂考》[①]。20世纪40年代，刘致平教授调查了云南省古民宅，写出了论文《云南一颗印》[②]，这是我国第一篇研究老百姓民居的学术论文。其后，刘致平教授在调查了四川各地古建筑后，写出了《四川住宅建筑》学术论著稿[③]。由于抗日战争没有刊印，该书稿直到1990年才得以发表，刊载于《中国居住建筑简史——城市、住宅、园林》一书内。与此同时，刘敦桢教授在1940～1941年对我国西南部云南、四川、西康等省、县进行大量的古建筑、古民居考察调查后，撰写了《西南古建筑调查概况》学术论文[④]，这是我国古建筑研究中首次把民居建筑作为一种类型提出来的。

以上这些，都是我国老一辈的建筑史学家对民居研究的开拓和贡献，他们为后辈进行民居研究创造了一个良好的开端。

① 龙非了．穴居杂考//中国营造学社汇刊．第五卷第一期，1934：55-76.

② 刘致平．云南一颗印//中国营造学社汇刊．第七卷第一期，1944：63-94.

③ 刘致平．四川住宅建筑//刘致平，王其明增补．中国居住建筑简史——城市、住宅、园林．北京：中国建筑工业出版社，1990：248-366.

④ 刘敦桢．西南古建筑调查概况//刘叙杰．刘敦桢建筑史论著选集——1927-1997．北京：中国建筑工业出版社，1997：111-130.

二、中华人民共和国成立后中国民居研究的发展

（一）第一阶段：20世纪50年代

1953年当时在南京工学院建筑系任教的刘敦桢教授，在过去研究古建筑、古民居的基础上，创办了中国建筑研究室。他们下乡调查，发现在农村有很多完整的传统住宅，无论在建筑技术上或艺术上都是非常丰富和有特色的。1957年，刘敦桢教授写出了《中国住宅概况》[①]一书，这是早期比较全面的一本从平面功能分类来论述中国各地传统民居的著作。过去，由于中国古建筑研究偏重在宫殿、坛庙、陵寝、寺庙等官方大型建筑，而忽视了与人民生活相关的民居建筑。现在通过调查，发现民居建筑类型众多，民族特色显著，并且有很多的实用价值。该书的出版把民居建筑提高到一定的地位，从而，民居研究引起了全国建筑界的重视。

（二）第二阶段：20世纪60年代

本阶段民居研究发展有两个特点：一是广泛开展测绘调查研究。这一时期民居调查研究之风遍及全国大部分省、市和少数民族地区。在汉族地区的有：北京的四合院、黄土高原的窑洞、江浙地区的水乡民居、客家的围楼、南方的沿海民居、四川的山地民居等；在少数民族的地区有：云贵山区民居、青藏高原民居、新疆旱热地带民居和内蒙古草原民居等。通过广泛调查发现，广大村镇中传统民居类型众多、组合灵活、外形优美、手法丰富，内外空间适应地方气候及地理自然条件，具有很重要的参考和实用价值。在调查中，参加的队伍也比较广泛，既有建筑院校师生，又有设计院的技术人员，科研、文物、文化部门也都派人参加，形成一支浩浩荡荡的民居调查研究队伍。二是调查研究。开始有明确的要求，如要求有资料、有图纸、有照片。资料包括历史年代、生活使用情况、建筑结构、构造和材料、内外空间、造型和装饰、装修等。

本阶段的成果众多，其中以中国建筑科学研究院编写的《浙江民居调查》为代表。它全面系统地归纳了浙江地区有代表性的平原、水乡和山区民居的类型、特征和在材料、构造、空间、外形等各方面的处理手法和经验，可以说是一份比较典型的调查著作。值得提出的是，20世纪60年代在我国北京科学会堂举办的国际学术会议上，《浙江民居调查》作为我国建筑界的科学研究优秀成果向大会进行了介绍和宣读，这是我国第一次把传统民居研究的优秀建筑艺术成就和经验推向世界。

本阶段存在的问题是，当时研究的指导思想只是单纯地将现存的民居建筑测绘调查，从技术、手法上加以归纳分析。因此，比较注意平面布置和类型、结构材料做法以及内外空间、形象和构成，而很少提高到传统民居所产生的历史背景、文化因素、气候地理等自然条件以及使用人的生活、习俗、信仰等对建筑的影响，这是单纯建筑学范围调查观念的反映。

（三）第三阶段：20世纪80年代到现在

在这期间，中国文物学会传统建筑园林委员会传统民居学术委员会和中国建筑学会建筑史学分会民居专业学术委员会相继成立，中国民居研究开始走上有计划和有组织地进行研究的时期。

本时期的成就主要反映在五个方面：

1. 在学术上加强了交流、扩大了研究成果，并团结了国内包括港、澳、台和美国、日本、澳大利亚等众多对中国民居建筑有研究和爱好的国际友人

---

① 刘敦桢. 中国住宅概说. 北京：中国建筑工业出版社，1957. 注：本书于1981年再版，出版单位：中国建筑工业出版社.

不为繁华易匠心

二十年来，学术委员会已主持和联合主持召开了共十五届全国性中国民居学术会议，召开了六届海峡两岸传统民居理论（青年）学术会议，还召开了两次中国民居国际学术研讨会和五次民居专题学术研讨会。在各次学术会议后，大多出版了专辑或会议论文集，计有：《中国传统民居与文化》七辑、《民居史论与文化》一辑，《中国客家民居与文化》一辑、《中国传统民居营造与技术》一辑等。

中国建筑工业出版社为弘扬中国优秀建筑文化遗产，有计划地组织了全国民居专家编写《中国民居丛书》，已编写出版了11分册。清华大学陈志华教授等和台湾汉声出版社合作出版了用传统线装版面装帧的《村镇与乡土建筑》丛书，昆明理工大学出版了较多少数民族民居研究的论著。各建筑高校也都结合本地区进行民居调查测绘编印出版了不少民居著作和图集，如东南大学出版了《徽州村落民居图集》、华南理工大学出版了《中国民居建筑（三卷本）》书籍等。各地出版社也都相继出版了众多的民居书籍，有科普型、画册型、照片集或钢笔画民居集等，既有理论著作，也有不少实例图照的介绍。

截至2001年年底，经统计，已在报刊正式出版的有关民居和村镇建筑的论著中有：著作217册，论文达912篇[1]。这些数字，还没有把我国台湾、我国香港和国外出版的中国民居论著全包括在内。同时，也可能有所遗漏。从2002~2007年9月，据初步统计，已出版的有关民居著作约有448册，论文达1305篇[2]。通过这些书籍和报纸杂志，为我国传统民居建筑文化的传播、交流起到了较好的媒介和宣传作用。

2．民居研究队伍不断扩大

过去，老一辈的建筑史学家开创了民居建筑学科的研究阵地，现在中青年学者继续加入了这个行列。他们之中，不但有教师、建筑师、工程师、文化文物工作者参加，而且还有不少研究生、大学生参加。通过民居建筑学术会议的交流，研究人员获得了民居知识的交流和提高，而且在学术交往中增进了友谊。例如，每两年一次的海峡两岸传统民居理论（青年）学术研讨会，参加人数和论文数量越来越多，更可喜的是青年教师和研究生占了不少。他们发挥了自己的特点和专长，在观念上、研究方法上进行了更新和创造，他们是民居研究的新生力量。

3．观念和研究方法的扩展

民居研究已经从单学科研究进入到多方位、多学科的综合研究，已经由单纯的建筑学范围研究，扩大到与社会学、历史学、文化地理学、人类学、考古学、民族学、民俗学、语言学、气候学、美学等多学科结合进行综合研究。这样，使民居研究更符合历史，更能反映民居研究的特征和规律，更能与社会、文化、哲理思想相结合，从而更好地更正确地表达出民居建筑的社会、历史、人文面貌及其艺术、技术特色。

研究民居已不再局限在一村一镇或一个群体、一个聚落，而要扩大到一个地区、一个地域，即我们称之为一个民系的范围中去研究。民系的区分最主要的是由不同的方言、生活方式和心理素质所形成的特征来反映的。研究民居与民系结合起来，不仅使民居研究在宏观上可认识它的历史演变，同时也可以了解不同区域民居建筑的特征及其异同，了解全国民居的演变、分布、发展及其迁移、定居、相互影响的规律。同时，了解民居建筑的形成、营造及其经验、手法，并可为创造我国有民族特色和地方特色的新建筑提供有力的资源。

4．深入进行民居理论研究

本时期民居建筑理论研究比较明显的成就表现在扩大了民居研究的深度和广度，并与形态、环境结合。

民居形态包括社会形态和居住形态。社会形态指民居的历史、文化、信仰、习俗和观念等社会因素所形成的特征。居住形态指民居的平面布局、结构方式和内外空间、建筑形象所形成的特征。

---

[1]　中国民居建筑论著引索//陆元鼎. 中国民居建筑. 第三卷. 广州：华南理工大学出版社，2003.

[2]　华中理工学建筑学院民居资料统计. 2007，9（未刊稿）.

民居的分类是民居形态研究中的重要内容和基础，因为，它是民居特征的综合体现。多年来，各地专家学者进行了深入的研究，提出了多种民居分类方法，如：平面分类法、结构分类法、形象分类法、气候地理分类法、人文语言自然条件分类法、文化地理分类法等。由于民居的形成与社会、文化、习俗等有关，又受到气候、地理等自然条件影响。民居由匠人设计、营建，并运用了当地的材料和自己的技艺和经验。这些因素都对民居的设计、形成产生了深刻的影响，因而民居特征及其分类的形成是综合的。

民居环境指民居的自然环境、村落环境和内外空间环境。民居的形成与自然条件有很大关系。由于各地气候、地理、地貌以及材料的不同，造成民居的平面布局、结构方式、外观和内外空间处理也不相同。这种差异性，就是民居地方特色形成的重要因素。此外，长期以来民居在各地实践中所创造的技术上或艺术处理上的经验，如民居建筑中的通风、防热、防水、防潮、防风（寒风、台风）、防虫、防震等方面的做法，民居建筑结合山、水地形的做法，民居建筑装饰装修做法等，在今天仍有实用和参考价值。

民居建筑有大环境和小环境。村落、聚落、城镇属于大环境，内部的院落（南方称为天井）、庭园则属于小环境。民居处于村落、村镇大环境中，才能反映出自己的特征和面貌。民居建筑内部的空间布置，如厅堂与院落（天井）的结合、院落与庭园的结合、室内与室外空间的结合，这些小环境处理使得民居的生活气息更加浓厚。

民居营造，过去在史籍上甚少记载。匠人的传艺，主要靠师傅带徒弟的方式，有的靠技艺操作来传授，有的用口诀方式传授。匠人年迈、多病或去世，其技艺传授即中断，因此，总结老匠人的技艺经验是继承传统建筑文化非常重要的一项工作。这是研究传统民居的一项重要课题。目前，由于各地老匠人稀少，技艺濒于失传，民居营造和设计法的研究存在困难很大。

多年来，《古建园林技术》杂志对推动传统建筑、民居的营造制度、营建方法、用料计算等传统技艺、方法的研究，刊载了较多论文，作出了很多贡献。

民居理论研究中存在比较艰巨和困难的课题之一是民居史的研究，在写史尚未具备成熟条件前，可在各省、区已有大量民居实例研究的基础上，对省区内民居建筑的演变、分类、发展、相互联系、特征异同找出规律，然后再扩大到全国范围，为编写民居发展史作好准备。

为此，中国建筑工业出版社与民居专业学术委员会合作，申报国家十一五重点出版项目，按省、地区再编写一套《中国民居建筑丛书》共18分册。丛书要求把本省、本地区民居建筑的演变、发展、类型、特征等理论及其实践作一个比较清晰的阐述和分析，这也是从全省区范围内对民居研究做更深入的理论探索。

5．开展民居实践活动

科学技术研究的目的是为了应用，要为我国现代化建设服务。民居建筑研究也是一样，它的实践方向有两个方面：在农村，要为我国社会主义新农村建设服务，在城镇，要为创造我国现代化的、有民族特色和地方特色的新建筑服务。

1）民居研究为建设社会主义新农村服务

我国在建设社会主义新农村的号召下，各地传统村镇和民居都面临着需要保护、改造和发展的局面，究竟是拆去重建，或择址新建，还是改造修建，有多种方式，但都还没有形成一个模式。

近年来，我国对传统村镇、民居在保护发展方面采取了几种方式：

第一种方式，整体保护：有的传统村镇很完整地遗留了下来，例如早期的安徽黟县宏村、西递村，后来有江苏昆山周庄镇、云南丽江大研镇等都是一些保护较好的实例。现在都进行了保护开发并与旅游事业结合。

这些村镇和民居群整体保护发展所以获得成功的主要因素之一是做到真实性，即民居保护有历史、有文化、有生活、有环境。人们要求看到原真性，即真正的生活和生活中的建筑与环境，而不是假古董。这些村落和民居群现在已成为旅游点，给人们提供了文化知识和休闲服务。而村民也获得了文化、保护知识和经济效益，改善了物质生活条件，这是好事。存在的问题是某些村镇开发过了头，过多注重经济效益，管理服务不到位。

第二种铲平重建方式，特别在大城市中的城中村。这些城中村所在的大城市，它利用大城市优越的市政设施条件和资金来源来对本城市管辖的城中村进行改造。当然，出发点是为了改善、改变旧村的面貌，但是，这种做法，毁灭了旧村，同时，也去掉了文化、历史，而且还要花费相当的经济补偿和进行艰巨的 思想工作。因而，铲平重建是城中村改造的一个办法，但不是唯一办法。

第三种是已变成废墟的古村，其改造和发展又有两种方式：第一种方式，按新功能发展要求，已逐步改建成为商业、服务和住居建筑为主的近现代小城镇。第二种方式为已变成废墟但仍存在传统肌理的村落，其改造发展方式可以在继承传统的基础上进行改造和创新发展，如广州大学城外围练溪村就是一例。该村存在原村落的街巷肌理和少量民居庭园等残损建筑，其改造方式是，继承传统，对街巷恢复其肌理，对沿街建筑中仍可辨认的民居、斋园等按原貌修复，其余建筑按现代功能需要进行改造和建设，而外观则要统一在地方建筑风格面貌内。

第四种是村镇中已经存在新旧建筑掺杂的局面：这类村镇传统文化气息已经不浓，在改造和发展中，过多地强调继承传统风貌既难于实行，也无必要。一般来说，按时代要求，根据本村镇居住和商业服务发展的需要，就可以进行改造和发展。

传统街村民居保护、改造和持续发展工作尚在摸索中，没有固定的模式。但在进行过程中，有几个问题要注意：

第一，要真正认识到传统街村、民居建筑及其文化保护、改造和持续发展的重要性和迫切性。

第二，要重视和关心农民应该享受的权利和利益。传统村落民居保护发展工作要让农民参与。

例如村镇规划，有它的特殊性，这是由于规划的主体不同，对象不同，土地归属和资源不同，因而其规划的方式方法也就不同。其原因就在于村镇规划是以农村农民为主体，土地建筑属私产，拆迁、改造、修建的资金主要靠农民。如果用城市规划的一套方法进行村镇保护和发展规划，必然遭到困难和碰壁。又如：农村中一些建筑如宅居，属私人所有。祠堂、会馆、书塾等族产属集体产业。 其中有些建筑可能是文物、文化古迹或有着优秀传统文化特征的建筑物，在规划中涉及文物文化保护政策，又涉及私产地权，涉及面广，如果缺了农民参与，结果做了规划还是实施不了。

第三，要明确村镇民居保护、改造、发展的目的。

在村镇民居保护改造发展进行的一些村镇中，发现农民自建公寓一种新方式，这是一种新模式的尝试。如广东南海桂城夏西村，因民居残旧，农民自愿筹资合建公寓来解决住房问题。他们做法，是没有找开发商介入，而是农民自己投资，自己委托设计单位设计，委托建筑公司建造。这种做法的优点，第一，开发商不介入，农民住房不属于商品房，是归农民所有；第二，土地没有商品化，农民建屋减轻了经济负担；第三，这是农民真正当家作主的表现。

村镇民居的保护和发展，最主要的目的是改善农民的居住生活条件和居住质量。如果村镇中也有遗留下来的传统民居和其他一些传统建筑，经鉴定有保留价值的可以保留外，其他的不属于文物范围的民居就可以按照村内的现实要求，进行修建、改造，这样，既保留有文化、艺术价值的部分民居或其他传统建筑，又满足村内其他房屋的使用要求。

2）民居研究为创造我国现代化、有民族和地方特色的新建筑服务

我国民居遍布各地。由于中国南北气候悬殊，东西山陵河海地理条件各不相同，材料资源又存在很多差别，加上各民族、各地区不同的风俗习惯、生活方式和审美要求，就导致了我国传统民居呈现鲜明的民族特征和丰富的地方特色。

优秀的传统民居建筑具有历史、文化、实用和艺术价值。今天要创造有民族特色和地方风格的新建筑，传统民

居可以提供最有力的原始资料、经验、技术、手法以及某些创作规律，因而，研究它就显得十分重要和必要。

近二十年来，我国一些地区，如北京、黄山、苏州、杭州等地的一些新建筑、度假村、住宅小区等都相应地采用了传统民居建筑中的一些经验、手法或一些符号、特征，经过提炼，运用到新建筑中，效果很好。近几年来，已扩大到成都、广州、中山、潮州等地区。可见，借鉴传统民居的经验、手法与现代建设结合起来，不但继承保护了民居建筑的精华，发扬它的历史文化价值，而且还可以丰富我国新建筑的民族特色和地方风貌的创造。

学习、继承传统民居的经验、手法、特征，在现代建筑中进行借鉴和运用初见成效，但是，在建筑界还没有得到完全的认同。此外，在实际操作中，对低层新建筑的结合、对中国式新园林的结合已有成效，因而也逐渐得到认同而获得推广。但在较大型的建筑，特别是各城镇中的有一定代表性或标志性建筑中，还没有获得认同，可见，方向虽然明确，但实践的道路仍然艰巨。

五十年来，民居学术研究，取得了初步的成果，由于它是一个新兴的学科，起步较晚，同时，由于它与我国农业经济发展、农村建设和改善提高农民生活水平息息相关，而且，它又与我国现代化的、有民族特征和地方特色的新建筑创作有关。因而，这是一项重要的研究任务和课题。传统民居是蕴藏在民间的、土生土长的、富有历史文化价值和民族和地方特征价值的建筑，真正要创造我国有民族文化特征和地方文化风貌的新建筑，优秀的传统民居和地方性建筑就是一个十分宝贵的借鉴资源和财富。我们的任务是坚持不懈、不断努力地开展学术研究和交流，为弘扬、促进和宣传我国丰富的历史文化和繁荣建筑创作贡献我们的力量。

从传统民居建筑形成的规律探索民居研究的方法

摘　要： 民居研究要获得成果，一是目标要明确，二是研究观念和方法要对头。论文论述了我国传统民居建筑形成的规律及其特点，并根据作者长期以来对传统民居的研究，提出了人文、方言、自然条件相结合的研究方法。再深入到民系民居的居住方式、居住行为和居住模式的研究，已有了一定的深度、广度。特别是传统建筑中地方特色和地方风格来自地方建筑，其中重要建筑类型是民居建筑，如民宅、祠堂、会馆、书院、庭园等。因此，深入到民系民居建筑中去找寻，能为今天新建筑的创作提供借鉴。

关键词： 民居　居住方式　居住行为　居住模式

中国传统民居大量存在于民间，它与广大人民生活生产息息相关。各族各地人民根据自己的生活方式生产需要。习俗信仰、经济能力、民族爱好和审美观念，结合本地的自然条件和材料，因地制宜、就地取材、因材致用地进行设计和营建，创造出既实用、简朴，又经济、美观，并富有民族风格和地方特色的民居建筑。长期以来，我国的传统民居不但形成了独特的历史和文化价值，而且创造了丰富的艺术和技术价值。可惜，这些蕴藏在广大民间的、优秀的传统民居建筑遗产及其文化还没有得到应有的重视和更好的保护。

中华人民共和国成立以来，特别是近二十年来，我国在传统民居研究方面取得了较好的成绩，提出了较多的成果。但是，从广度上、深度上还不能满足我国建设事业的发展和传统民居建筑学科理论与文化建设方面的需要。研究的观点和方法也多种多样，是我国民居发展历史和文化、营造理论上的重要内容。传统民居建筑研究是一个非常艰苦的长期研究历程，要获得预期成果，研究的目标要对准，更重要的是要运用正确的观点和有效的方法。观点是根据事物形成的内在规律及其特征来决定的，研究方法则随着观点而变化，不同的方法会导致不同的结果。

下面试就传统民居形成规律及其特征来探索传统民居的研究方法。

一、传统民居形成的规律

传统居民形成的规律包含有四个方面。

（一）生存形成规律

在古代，先民从穴居、半穴居到地面建筑，它是用作避风雨、防野兽驱虫害的休息场所，目的是为了生存。到农业社会，人们定居下来，这时的建筑是人类最早产生和形成的一种建筑类型。先民在营造民居时首先要选址、择向、看地形、看水源、看自然条件，这就是对住地和环境的选择，是规律之一，可以称为生存形成规律。

（二）建筑本身形成规律

建筑怎样造起来的？要用材料，根据一定的功能，并用一定的结构方式，然后把房屋建造起来。由于我国地域广阔，南北气候悬殊，东西地貌错综复杂，各地盛产的材料又各不相同，因此，在各地营建中，北方天气寒冷要保暖，墙体要厚实。南方天热潮湿，房屋要通风，墙体既要隔热、又要坚实。沿海地区，建筑还要防台风。因此，它要遵循建筑营造的规律。

（三）居住方式形成规律

民居建筑归主人所有，主人是按一定的居住方式使用的。不同时代、不同家庭、不同族群其居住方式安排也不同，它主要反映在民居建筑的平面功能和总体布局中。例如，一个家庭、两代人可以住一座三间民宅，中央为厅堂，两旁为侧房。父母住上房，即东房；子女住次房，即西房，反映了长幼尊卑有序。房屋前面有一个天井小院供生活用，天井两侧为厨房一间，杂屋一间，后者在农村中是作为柴草房，同时也是牲畜耕牛休息场所，这就是最基本的一种民宅居住方式，在广州地区称为三间两廊。

大一些的居民，则在三间两廊式民宅前再加排三间房屋，即四周建筑围起来，就形成合院。这样，住宅中前有门厅，后座房屋就称为堂屋。再大一些，三进院落式民居，有两个天井，这时，可以住上同姓一家三代人。如果两旁再加横屋，就可以四代人聚居，是支族系的人居住有的地方，如北方大四合院（例如：山西大院）；南方客家围屋，更是同宗族几十人甚至几百人合住。南方的村落也有多姓族人合住，各按自己的居住方式生活。这就是中国特殊的族群居住方式——按血缘关系来进行组合，在这些建筑群中除民居（民宅）外，还包括有祠堂、家庙、书塾、书斋、庭园，在墟镇中还有会馆、书院等建筑。

中国的村落民居的平面组合很有规则，中轴明显、左右对称，前堂后寝，左尊右卑。在住房分配中也都有一定的规则，按辈分、长幼来分配居住房间。而且男女有别，主仆有等级，在建筑平面中就有里外之分。居住规则十分严格，不得超越。如果是村落，在民宅居住中，祠堂在东南。有的村落祠堂在前面对池塘而建，民宅则在祠后。在民宅中，大门入口在侧，不得居中（广府民系），在客家、闽海民系的民宅大门可在正中，这是因为各民系的居住方式不完全相同。

（四）居住行为形成规律

或称为文化观念形成规律传统民居的主人除了按居住方式进行宅居平面使用功能布置外，由于其所处的社会地位及财富。权势、尊贵的不同，他们还会把这些等级的观念反映到宅居中去，如在建筑外部的屋脊、屋面、山墙、墙面上，在室内的厅堂、斋轩、园林以及建筑构件、细部等的装饰、装修上，家具、题词、楹联、匾额、陈设上，等等，这可以算是居住行为的表现，也可以说是文化观念形成规律的反映。

二、传统民居建筑的特点

综合上述民居的形成规律，可以发现我国传统民居建筑具有下列特点：

（1）平面丰富、组合灵活、结构简明、形象朴实。这是我国传统民居单体建筑的综合特点。如果从一个地方看，民居似乎一个样，从各地看，区别就大，这是因为气候悬殊，地形地貌差别和民族、民系之间发展不平衡的缘故。而且，相邻地带的民居建筑，相邻民族之间，甚至文化区域带之间的民居建筑，除了它有不同特点外，也有不少相似之处，这可以说是中国传统民居之间的互融性和交叉性所导致。

（2）各族各地民居千变万化、丰富多彩。它不但是由于气候、地貌、材料之间的差别，更由于各地域、文化之间的差异，匠人传统技术、工艺特长的不同，以及各个民族、民系的审美，信仰的不同标准和要求，这些都是形成传统民居多姿多态的因素。

（3）传统民居看似简单，而内涵丰富，传统民居从技术上来看，它涉及规划学、建筑学、结构学、抗震、抗风、防洪等学科。从文化上来看，涉及历史学、社会学、宗教学、民族学、民俗学、哲学、美学以及艺术学科各门类。

从上述民居建筑形成的规律及其特点来看，民居建筑可以说是涉及学科面比较广泛的一个专业，它可以从某一学科某一角度去研究，也可以采取不同的学科观点和方法去研究，可以说是多方位多角度的。加上现在进行传统民居研究的专家学者，他们站在不同的角度，有着各自的研究目标。他们出发点不同，研究的观点和方法也不同，导致研究结果也就不同。

三、传统民居研究方法的探索

早在中华人民共和国成立初期的50～60年代，当时传统民居的研究人员是教学、科研人员，他们主要是采用建筑学的观点和实物测绘、访问调查分析研究的方法。在调查中只对建筑的平面、外形、结构、材料、细部、装饰、装修进行测绘调查，而不问居住者是怎么生活的，按什么形制来组合建筑布局的，等等。这是一种单纯的技术观点和方法的反映。当时在调查中农民不知道我们要干什么，调查后也解决不了农民对居住的要求等问题。

到了20世纪80～90年代，民居研究已经从单纯建筑学的观点和方法发展到建筑学与其他学科相结合的研究观点和方法，如综合法、分析法比较法等，甚至还有用系统论的观点和方法来研究的。在这些研究方法中，已经从单纯建筑的观点和方法，走向多学科结合的方法来研究民居，这是前进了一大步，它的方向是正确的，最主要的收获就是研究目的逐步明确。其中也出现了一些偏向，就是感到，用建筑的观点和方法来研究民居，优点是对民居建筑物实体调查比较仔细真实，其缺陷是缺少了人的活动和文化内涵。但是，进行民居研究，撇开了建筑这个实体，而单纯用其他学科的观点，例如把建筑当作艺术品、当作摄影对象、当作资料对象等，当然，它对本学科研究是有用的，可是它不属于民居研究的范围。因此，离开了建筑观念而用其他学科的观点和方法是不能正确反映传统民居的真实面貌。正确的方法应该是以建筑学为主。与其他学科结合来进行综合研究才是比较正确和有效的方法。

我认为民居建筑研究中比较有效的方法应该是以传统民居建筑形成的规律及其特点作为采用研究方法的依据，这是总的原则，至于具体研究对象。可以根据具体研究目的而采取相应的方法，即对原来的研究方法进行增补或调整。

多年来，我在民居研究中经过了几个历程，感到仅仅从民居单体类型出发，比较局限。民居建筑是一个群体

不为繁华易匠心

组合体，是村镇、寨堡、街区、城市的一个组成部分。在我国，民居建筑中的主人是属于按血缘聚居的族群中的组成人员，他们住在一起，在一个区域，他们有着共同的方言，并有着共同的生活方式和共同的基本性格和心理素质，这些特征就是民系的组成内容。因此，我也赞同在人类学界和社会学界关于族群按民系分类的学说观点。但是，这仅仅是对族群分类的看法。至于对民系中的民居建筑，还必须增加建筑学的观点，它就是民居建筑所在场所的布局与环境，就是地域条件。在地域条件中最重要的因素是气候、地形、地貌等自然条件。我国地区辽阔，地形复杂，各地民居所以千变万化，其中自然条件是很重要的因素之一。材料也是自然条件，但中国封建时代的各地民居建筑都是采用当地原始材料，如土木。竹、砂石。灰等。因而材料区别不明显，它明显的区别在于材料的组合，即构造。

对方言的作用，过去研究注意不够，现在看来，在传统民居研究中，越来越发现它的重要作用。人们的思想行为以及教育工作的相互交流谈论都是靠语言进行的当然还有文字但直接方式还是靠语言。在地方上因交通的不便和长期的闭塞，就形成了很多不同的地区方言，人们的交流就是用方言进行，方言几乎成为边区、山区、交通闭塞地区人们交往的唯一且直接工具。

建筑是靠人营造的，匠人的施工、行业的交流和技术工艺的传授也都是靠方言来解决的。如果工程多了，忙不过来，要到外地请师傅，也要靠方言相通，这就是中国农村的特殊情况。

在民居中，它还包含着居住方式、居住行为以及民居建筑中的各种技术、各种艺术门类的表现。综合上述，它就组成了民居建筑中的人文要素，这是民居中文化内涵的重要内容。因此在传统民居中，采用民系的角度，并用人文、方言、自然条件相结合的方法进行研究。感到还是比较合适和可行的。

此外，运用民系民居的观念和方法进行传统民居研究还有下列几个优点：

（一）加深了传统民居研究的广度和深度

从民系角度出发，调查面就不再限于某一地区，而可以深入到民系范围内各个地区，这样，就增强了调查的普遍性，以避免在单一地区或单民居建筑中所造成的片面性。同时，在普遍调查的基础上，能够发现本地区民居建筑存在的共同的或相似的居住方式，即典型的平面形式，我们称它是一种居住模式。这种居住模式具有普遍性、适用性、经济性持续性，也就是具有典型性从中还可以延伸出由这种模式所反映出来的居住行为和文化内涵，它就是我们称之为该民系某地民居的典型居住模式。例如，南方村落和民居建筑中的祠宅合一形式，潮州民居中的宅、园、斋三合一的布局方式，都是当地民系民居的一种典型居住模式。

随后，通过各地区民居典型居住模式的汇总、分析、比较，可以得到民系民居典型居住模式。再加上各民系、各地区之间民居的不同模式的交流、融合，可以得到民居的整个面貌，这样，传统民居的保护继承与持续发展就有了可靠的依据。

（二）通过民系民居的调查、分析和掌握，可以了解民居建筑的分布概况，也可以了解各族民系民居特征的异同和演变，例如历史上三次南迁对民居建筑的影响，南下路线与民系民居的分布等。这就为我国传统民居建筑及其文化发展打下史料基础，使中国民居建筑史的写作成为可能，为我国古代建筑史中的民间建筑发展史填补空白，这是我国文化建设中的一件大事。

（三）民族建筑有民族风格，地方建筑有地为特色。传统建筑中的地方特色和地方风格的形成实质上是来自地方建筑和地区文化。主要来自民居、民间建筑如祠堂、会馆、书院、家塾、庭园等建筑物的共同特征的表现，这些特征的表现可以到民族、民系、民居、民间建筑中去寻找。根据建筑的表现规律，建筑中的特色、特征是来自于建筑实体，实体来自于类型，民间建筑特征就要到民系民居体系中的类型建筑中去寻找。十多年来的实践经验告诉我们深入到民间建筑中去，从民系民居的角度出发去进行调查、研究。探索，是行之有效的。

当然，在传统建筑中，包括民居、民间建筑中的地方特色，地方风格毕竟带有它的时代特征烙印，在今天建设中是不适用的，但是，它毕竟沉淀了我国过去各历史时期的建筑文化。我们要根据新时代的要求，从现代需要出发，充分运用新时代的技术，借鉴传统民居建筑中，包括一切传统建筑中的优秀文化和地方建筑创作经验，贯彻古为今用原则，不断实践，不断创新，定能创造出我国新时代具有地方特色和地方风格的新宅居和新建筑。

参考文献：

陆元鼎. 中国民居建筑. 广州：华南理工大学出版社，2003.

5 主要工程项目

广州市从化区太平镇钱岗村广裕祠修复工程

设计单位：华南理工大学建筑学院民居建筑研究所
　　　　　广东中人工程设计有限公司
设计负责人：陆元鼎
设计人员：谭刚毅、魏彦钧、潘安、廖志、曹劲、郭谦
完成日期：2002年3月

广东潮州饶宗颐学术馆设计

地址：广东潮州市东门东中城脚15号

设计单位：华南理工大学建筑学院民居建筑研究所

广东中煦建设工程设计咨询有限公司

建筑设计：陆元鼎　陆琦　廖志　杜黎宏

施工监理委派协助代表：吴国智

完成日期：2006年11月

饶宗颐学术馆新馆2004年进行筹备，经过勘察、设计，于2006年3月正式动工，同年10月竣工，11月进行展品布置。2006年12月18日新馆落成典礼，饶老先生亲自光临剪彩。

饶宗颐学术馆工程设计，为了充分展示国际汉学大师在学术和艺术领域中的成就、地位和影响，建筑设计应富有地方特色和潮州个性，同时要与潮州古城风貌整体和谐统一。故建筑的形态、体量、布局应体现潮州的建筑风格，外貌以青瓦白墙的潮州民居形式为主，并把岭南传统的庭园引入建筑空间，使饶宗颐学术馆成为一处世人向往的学术殿堂和领略中国传统优秀文化的胜地。

新馆采用民居、庭园相结合的布局方式。总体布局中，以大体量的翰墨林展厅为主，天啸楼(藏书楼)和经纬堂(学术楼)为辅的手法，并在其间用八个庭园相穿插，即双亭交映、镜池倚阑、山亭揽翠、石壁流淙、斗院韵深、素廊桃梅、窗虚蕉影、幽竹拂面八个大小不一、形状内容各异的平庭、水庭、山庭或山水庭等穿插于建筑之间。其间，又运用了连廊、廊道、巷道、廊墙作为联系又间隔，更衬托了庭园和建筑之间紧密和谐的氛围。

平面主要有翰墨林展览大厅、天啸楼藏书楼和经纬堂学术交流楼三大功能区，经纬堂附有学术报告厅，展览厅，多功能演示厅等。大门东向，采用三间传统凹廊式门厅、大门匾额上是饶宗颐教授亲题的"颐园"二字。主展

1　饶宗颐先生出席学术
　　馆落成开幕式

2 文化部原副部长、北京故宫博物院原院长郑欣淼撰写的"颐园碑记"
3 饶宗颐学术馆入口大门
4 具有潮汕民居三间传统凹廊式风格的入口门厅
5 学术馆饶宗颐字画展览厅"翰墨林"
6 翰墨林首层室内展览大厅
7 大门入口广庭上的扁六角亭
8 饶宗颐学术馆庭园中的山亭
9 饶宗颐生平事迹展览厅"经纬堂"
10 以建筑庭园空间组合的饶宗颐学术馆

厅入口采用潮州民居拜亭做法，拜亭上方"翰墨林"匾额，为原广东省政协主席吴南生先生所题。紧邻翰墨林展厅是藏书楼"天啸楼"，门口配有饶老先生亲笔撰写的对联："天涯久浪迹，啸路忆几时。""天啸楼"匾额是从饶老先生旧居苑园复制，乃民国年间由潮州书法家陈景仁题写。天啸楼西侧是展示饶老先生15个学术门类成就展示场所经纬堂，"经纬堂"三字由广东省原省长、全国人大常委、华侨委员会副主任委员卢瑞华所题。此外，文化部原副部长、原北京故宫博物院院长郑欣淼还为"颐园"撰写碑记。

饶宗颐学术馆设计特点在继承传统和创新处理上，既借鉴潮州传统民居的特征，将它演绎深化，又结合现代功能要求，进行创新探索。建筑学习潮州民居平面构成三大要素——厅房、天井和廊道做法，同时结合庭园庭院、形成微气候环境。建筑空间疏密大小有度，通风、遮阳性能良好。

岭南印象园——小谷围练溪村再利用

　　小谷围岛位于广州市番禺区新造镇的珠江上，四面环水，是珠江当中的江心洲。岛上的练溪村是一座滨水古村，南临珠江。随着小谷围岛广州大学城建设的展开，岛内部分自然村原有的居住功能将被置换，练溪村为其中之一。

一、设计构思理念

　　整合村落的传统肌理和格局，保持传统的空间形态，并引进新的生活内容和社会功能，促使古村落的新生，针对特定的项目定位，确立以下的设计理念：

　　在历史的脉络中，练溪村记录了明清、民国、"文革"以及改革开放后各个历史时期的印记。当代大学城建设的强大外力，使古老的练溪村急速融入都市核心，并引其特殊的地位肩负着延续人文历史脉保存历史记忆和地方特色的角色。因此，旧村落的传统肌理、外观的历史感与内部的新内涵之间应相映成趣，表现现代生活的新材料、新手法与旧建筑要相得益彰，历史与未来共生而充满活力与生命力。

强调保护练溪村村落建筑自然聚集的总平面肌理，强化民俗建筑文化氛围，在建筑的风格上，外观以原有珠三角传统民居风貌为蓝本，力求与现存历史建筑风貌协调，形成一个和谐的村落整体风貌。

二、历史建筑保护

练溪村庙堂很多，三圣宫、华光庙、包主相庙、天后庙、霍氏大宗祠、淡隐霍公祠、箫氏宗祠、关氏宗祠等分别建于村头与村中心。重点保护修缮练溪村现存的六处历史建筑（霍氏大宗祠、淡隐霍公祠、关氏公祠、箭氏宗祠、三圣宫和华光古庙），同时迁建岛区拆迁的五处历史建筑（丛荫林公祠、胜广梁公祠、诒燕堂、怀爱堂和天后宫）。根据历史建筑的具体状况，进行修缮、迁移、改造、更新的概念，以取代简单"保留"的单一方法。修缮和迁移工程坚持"修旧如旧"和"不改变文物原状"的原则，力求恢复和延续其原有形制、结构特点、构造材料特色和制作工艺水平。为保持其文物价值，应做到：旧材料尽可能不弃不换；对残损的构件可补则补，可加固则加固；对非换不可的残件，应在选材的尺寸、形式、质量和色泽上，保持与旧物一致的风貌；对数量不足的材料，如砖瓦等，要按照原有材料尺寸、形状、色泽等专门订制。迁移的古建筑必须在拆前进行构件和材料的编号与清理，并登记造册，在新址复建时，严格按照造册登记表将所有构件和材料按原状复位。

三、空间格局组织

原村落东、西、北面为山坡，形成两侧及北部地势较高，村内主要街道练溪大街，于山谷平坦地间呈南北走向，街内筑有一条明渠自北向南流，疏导从山上冲下来的洪水，形成了"两山夹一水"的格局。村落总平面肌理清晰，沿练溪大街两侧分布多条支巷。宅居沿山坡顺地势布置。传统巷道空间界面完整，转折起伏，村落空间形态富有岭南地方特色，如村边连片的鱼塘。村口的大树，立在主街水渠旁的过街楼等。村子南部连片的鱼塘之间有溪流相连，而溪流又与珠江相通。

对环境空间和功能内涵的双向调控，应该是练溪村改造开发的明确思路，基于以上的定性分析，确立以下的空间设计策略与要点：肌理与结构——维护原有岭南水格局，调整结构使之适应全新的生活内容，并利周边环境保持关联；街道与院落——重塑街道界面，营造院落空间，使之成为功能的核心组织空间，重组街道→巷道→院落的空间组织序列，创造各种灵活的空间形态；节点与标志——恢复传统风味的场景感，并创造有节奏的空间序列；意象转换与对峙——新旧建筑材料、空间、手法并现，营造丰富空间意象并适合新的功能需求。

四、村落空间设计

保留和完善传统村落的典型空间特征。传统村落中入口部分是最主要、最典型的空间，通常自古树开阔的水面，宗祠建筑和广场组成，是平常村民进行议事，祭祖等重要活动的主要场所。设计保持原有村落广场空间格局，以古村两组靠山面水的祠堂为核心，组织展览功能，形成主要的开阔景观空间和村内活动的中心区。

完善村落内由街、巷、院组成的"枝状"的布局肌理。街、巷、院是古村的脉络，设计延续古村原有的巷道肌理，以练溪大街为中心，两端各自形成村口节点。内部空间由各级巷道连接，并通过在原有肌理上进行修缮、改造、新建等措施，降低建筑密度，营造适宜传统文化氛围的前巷后院空间，通过空间的开合，形成富有韵味的空间序列。

不为繁华易匠心

传统风貌的建筑外观和适应需求的室内空间相结合。注重建筑外观立面效果。以珠三角传统民居建筑造型形成完整的组团排列，强调组团的立面连续性。合理组织交通流线，满足动态交通与静态交通。通过重组空间序列来引导人流，通过景点的有机组合，强化南北村口、中央广场、戏台等节点空间。

　　充分利用原有地形地貌，营造丰富的景观效果。在保护旧村原有风貌的基础上对练溪村进行改造，运用新旧对比的手法，充分体现民居及院落布局的意境，使村内建筑与周围景观融为一体；在保留村内古树基础上，添加新的绿地及乔木、灌木等，并设置一些独特的绿化小景。配合建筑小品及水景，综合运用富有岭南风情的造园手法。将水面、江岸、街道和入口广场结合在一起，形成点、线、面一体的景观环境效果，营造浓郁的民俗气氛。

（撰文：陆琦）

1　岭南印象园鸟瞰
2　岭南印象园建筑
3　岭南印象园商铺室内设计
4　岭南印象园巷道空间

覃德龄

单德启

汉族，安徽省芜湖市人，1937年5月3日出生。1954年9月入学清华大学土木建筑系（后为建筑学院）建筑学院学习（学制五年），1661年1月毕业留校。1985年任副教授，1993年任教授；1998年任博士生导师。1956年加入中共产党。清华大学教授、博士生导师；清华大学建筑设计研究院顾问总建筑师；中国民居建筑大师。

曾先后担任清华大学建筑系民用建筑设计教研组主任，第一届建筑学院副院长。现仍兼任清华大学建筑设计研究院顾问总建筑师。

社会兼职先后为北方工业大学兼职教授，云南大学城建学院客座教授，中国民族建筑研究会民居专业委员会顾问，住建部部城镇化专业委员会委员，中国建筑学会第一届理事会专家指导工作委员会委员，中国勘察设计协会传统建筑分会顾问。

1 主要科研、学术成果

　　从1992年起，先后申报和完成了三项国家自然科学基金会项目：1.《人与居住环境——中国民居》；2.《传统民居聚落的保护与更新改造》；3.《城市化和农业产业背景下的村镇结构更新》，均结题并获得好评。

2 获奖情况

1999年6月，国际建筑师协会（UIA）第20届世界建筑师大会入选"云谷山庄"当代中国建筑艺术展，并获"当代中国建筑艺术创作成就奖"；国家旅游局"环境与艺术"金奖。

桂北融水县安太乡整垛寨"苗寨扶贫改建"项目，荣获国家教育部奖励，并参加第十六届世界人类和民族学大会，推荐为联合国人居"全球五百强之一"。在迪拜大会专场汇报和展示。

2010年，中国民族建筑研究会授予第一批"中国民居建筑大师"荣誉称号。2012年，中国民族建筑研究会授予"中国民族建筑事业终身成就奖"。

3 主要出版著作及论文发表情况

著作

单德启. 中国传统民居图说·徽州篇，北京：清华大学出版社，1999，10.

单德启. 中国传统民居图说·桂北篇，北京：清华大学出版社，1998，4.

单德启. 中国传统民居图说·越都篇，北京：清华大学出版社，1999，10.

单德启. 中国传统民居图说·五邑篇，北京：清华大学出版社，2000.

单德启. 从传统民居到地区建筑，北京：中国建筑工业出版社，2004，9.

单德启. 中国民居，北京：五洲传播出版社出版，2004，2.

单德启. 小城镇公共建筑与住区设计，北京：中国建筑工业出版社，2004，8.

单德启. 安徽民居，北京：中国建筑工业出版社，2015.

不为繁华易匠心

发表论文

单德启. 从芜湖市三山镇规划引发的思考. 城市规划, 2002, 10.

单德启. 网络内外的传统街区. 建筑学报, 2001, 9.

单德启. 城郊视野中的乡村——芜湖市鲁港区龙华中心村规划设计. 建筑学报, 1999, 11.

单德启. 对加强21世纪逆城市化现象研究的建设. 建筑学报.

单德启. 乡土民居和野性思维——关于中国民居学术研究的思考. 建筑学报, 1995, 3.

单德启. 绍兴东浦水街的保护与更新. 村镇建设.

单德启. 欠发达地区传统民居集落改造的求索. 建筑学报, 1993, 4.

单德启. 中国民居学术研究二十年回顾与展望. 建筑史论文集, 第11辑, 1999, 9.

单德启. 奇峰一点. 落笔千钧——关于黄山玉屏楼改建札记. 建筑学报, 1995, 8.

主要代表论文

中国民居概述

公元2000年，中国安徽省境内的皖南古村落西递和宏村在联合国教科文组织第24届世界遗产委员会议上被正式通过列入《世界文化遗产名录》；是年初春，受命世界遗产委员会的日本专家大河直躬博士做实地考察后高度评价说："像宏村这样的乡村景观可以说是举世无双"，"西递村还保存了景致如画的古街巷，这在世界上也不多见"。此前的1997年，云南丽江古城和山西平遥古城也分别被收录为世界文化遗产；著名的江南水乡江苏周庄，也正在申报中。世纪之交，中国传统民居聚落的村、镇、城不断地向世界撩开面纱，成为中国一片既古老又年轻的热土。此后，无论是获得成功的申奥陈述和电视报告中的民居画面，还是本为海南渔村博鳌的经济论坛；无论是问鼎奥斯卡的电影《英雄》，还是在水乡周庄召开的上海峰会；中国民居，已越来越多地成为中国走向世界，成为世界了解中国的大舞台。

中国疆域辽阔、地理复杂、气候多样，加之民族众多、文化各异，因而传统民居聚落和民居建筑也形态繁多、异彩纷呈。中国邮政曾发行了一套按省分类的十五枚"中国民居"邮票，也是挂一漏万、难以为据。如"云南民居"的竹楼图案岂能包含从亚热带到寒温带、从峡谷平原到高山雪岭26个民族的民居？按中国各民族来划分民居类型同样也不确切，白族和纳西族是渊源非常不相近的两个民族，但由于地域相近却同样普遍采用"三坊一照壁"、"四合五天井"的院落民居模式；同样是彝族，哀牢山区是一色的"土掌房"[①]，楚雄地区普遍为"土筑房"，昆明则

---

① 土掌房是一种土木结构的平顶房，屋顶以土铺成。

是"一颗印"①。被我们称为"高山族"的台湾原住民，台湾则名为九族，从小岛兰屿雅美族的"船屋"到台北"大厝②"，从台中"泰雅族"半地穴到阿里山"曹族"的圆竹楼，少说也有一二十种形态。中国传统民居各种形态中的细微变化，则不胜枚举。近些年来中国旅游业蓬勃发展，各地区纷纷发掘民居资源，打造市场品牌，许多当地历史说法和民间流行的称谓更是多若繁星。这从一个侧面反映了中国民居的丰富多彩，是一块从学术研究到人居环境再到旅游开发各个层面都有待继续发掘的"富矿"。

本文以生活在传统民居中人的生活习俗、行为特征与空间模式的互动来选择较有代表性、覆盖面较广的若干聚落实例予以介绍，大体上以院落式民居、楼居式民居和穴居式（生土建筑③）民居予以概括。

一

在所有民居模式中，院落式民居是中国最普遍的一类民居，也是民居形态中材料使用和结构技术最先进、构成因素最丰富、"礼"的层次最复杂和装修装饰最多样的一种类型。从某种意义上讲，它是农耕社会里最先进的一种民居模式，也是封建社会形态物化自然环境较理想的一种模式。北京四合院是院落式民居的典型代表（图1）。院落式民居最主要的特征是封闭而有院落，中轴对称而主次内外分明，主要分布在华北、中原、山东半岛和华南的平原及沿海地区；少数分布在西南的盆地平原，四川成都、云南的昆明和大理等地区以及台湾岛的平原地区等。汉民族聚集的地区以及与汉文化交流密切的少数民族地区（如白族、纳西族等），少数民族中比较发达的部分地区（如壮族、彝族等），与汉民族混杂而居的少数民族（如满族、回族等），都普遍采用了院落式民居。

北京市在"新北京、新奥运"的建设国际大都市的目标中，立法保护古城范围内二十五片胡同和四合院；从恭王府府邸到普通百姓家，几乎保留了院落式民居中四合院最完整、最齐全的形态；仅以大门为例，"奶子房"、"金柱门"、"广亮门"、"如意门"、"蛮子门"等，构成了四合院真实的博物馆。电影《大红灯笼高高挂》通过影视广为宣传了山西省的"大院"民居，拍摄场景的祁县乔家大院具有五个大院、十九个小院、三百多间房屋和一个花园的规模。山西晋商曾在明清之际与安徽徽商一样，营建私家民宅为全国之翘楚；号称"三晋第一宅"、拥有百多个大小院落的灵石县王家大院，其规模远大于乔家大院。四合院在北方平原地区极为广泛，尽管在规模、构成、装修装饰、院落小品等方面有许多变化，但其基本形态特征是共同的。我们从许多旅游热点、文保单位可以得到验证，如著名的山东曲阜孔府、潍坊郑板桥故居、淄博蒲松龄故居、河北保定莲池书院、山西平遥古城里众多钱庄的宅院等。至于广大农村村镇住宅虽不及典型的四合院那么完整，有的甚至是三合院、二合院（指由三栋或两栋房子加围墙组成院落），如辽宁、吉林一带的满族向阳农宅，山西、陕西一带的"土围子"，都无一例外地保有大门、围墙、院落、正厢房，应该说都是一种合院，是院落式民居的简易形式。院落式民居还有很多变异形态：例如由穴居生土建筑发展成的云南昆明"一颗印"民居，由干阑木楼④融合院落演变的安徽徽州天井⑤式民居，例如在特定的历史和地理条件下主要立足于对外防御的福建永定客家土楼民居（图2），例如台湾台北一带由闽粤移民兴建的"大厝"——红砖墙、坡屋顶、弧形防火墙构成的院落民居等。

---

① 一种住宅形制，地盘方整，外观也方整，建筑平面如同"一颗印"。

② 福建沿海及台湾人称家或屋子为厝。

③ 以土为建筑材料直接营建而成的建筑。

④ 我国古代一种以木材为建材的营建模式，主要在南方地区。

⑤ 天井：中国传统建筑中，空间比较狭小而高的庭院通常称为天井，多见于南方湿热地区，有利于建筑通风。

不为繁华易匠心

院落式民居的形态最早出现在秦汉之际，东汉画像砖给我们留下了较完整的形象。"秦砖汉瓦"的技术支撑、封建农耕家庭模式的完善以及礼制的普及为这类住屋文化的普及创造了条件。这种民居模式在漫长的农耕社会中显示了极强的生命力。国学大师王国维曾精辟地概括了四合院的特色："其既为宫室也，必使一家之人所居之室相近，而后情足以相亲焉，功足以相助焉；然欲诸室相接，非四阿之屋不可。四阿者，四栋也。""东西南北而凑于中庭，此置室之最近之法，最利于用，亦足以为观美。"（王国维：《明堂庙寝考》）而文学泰斗林语堂则从社会心理层面表述了中国人喜爱院落式民居的原因，他指出：正像中国建筑的屋顶一样，被覆地面，而不像哥特式建筑塔尖那样耸峙云端。这种精神最大的成功是为人们尘世生活的和谐和幸福提供了一个衡量标准。中国式的屋顶表明，幸福首先应该在家里找到。

二

穴居式民居和楼居式民居在自然生态方面有着极其鲜明的地域性特征，它是保存原始建筑特征最多的民居居住的建筑模式，中国的西南山地亚热带地区和西北黄土高原干旱区是这两类民居最集中的区域。

穴居式民居最典型的代表是"窑洞民居"（图3）。

中国的中西部豫、晋、陕、甘地区保存了大量的窑洞民居：在豫西、陕南平原地区有一种名为"地坑窑"的模式，整个窑洞民居位于地面之下，一个地坑为几十米见方的深坑，沿坑面凿窑，土阶道出入；其聚落特征是数户到十多户人家聚居，陕西西安左近的礼泉县，仍完整保留有这种模式。而广泛为丘壑地区采用的是"沿崖窑"，这类窑洞通常沿等高线呈横向多层聚合；在天然山坡凿窑，往往数穴相通，并可在窑外以土坯围合坊院。革命圣地陕西延安宝塔山下的窑洞，就是这类模式的代表。在山西晋中等地则较多出现一种称为"锢窑"的混合形式，即在窑洞外连接一、二层拱券式土坯房或砖房并以围墙围成院落，其聚落组合更为灵活，内部空间也更为丰富。而在台湾省台中泰雅族、台南兰屿岛雅美族聚居的地区，还保留一种半地穴民居的模式；它一般为矩形平面、卵石凹下约1.5米，上部为木构架结构，竹条为檩，覆以萱草作为屋顶，形态极为自然；整个聚落也很松散，相信这类模式传承到今，是当地乡民应对台风、地震等多发灾难所致。尽管空间有限，这类民居室内仍少不了供神祭祀的位置。

穴居式民居也有多种演变而异化的形态，云南哀牢山区的彝族"土掌房"就是一例。此外，甘肃中部和晋、陕等丘陵地区还普遍流行"土筑房"，其主要形态是矩形平面、一层组合或沿坡跳层叠加；甚至有依山坡掘成畚箕状，后墙为山，周以土坯砖；土筑房墙体为土坯，屋顶为木檩条木椽，糊以黄泥，平顶或缓坡顶。乡民经常在屋顶上晾晒、存放瓜

1 四合院入口
2 客家土楼
3 窑洞民居

果蔬菜，如红辣椒、大南瓜、柿饼等。远远望去，民居与大地连成一片，屋顶、檐下一串串红辣椒，门板、窗棂上鲜红的春联窗花，老人们倚着土墙晒太阳，孩子们在场院跳猴皮筋，真是一派"天人合一"的人居环境的生动写照。

无论窑洞民居还是土筑房、土掌房民居，以致扩大到我国西北干旱、荒漠地区的一些以土坯、夯土、石砌等生土构筑而成的民居，如青海东部的"庄廓"、川青藏一带藏族的"碉房"（图4），乃至新疆喀什地区的"高台民居"，被统统列为"生土建筑民居"。

考古和人类学研究成果表明，"穴居"是人类初始的民居；史料记载公元前八千多年前旧石器时代晚期，黄土高原的先民就掘土而居。正式见诸文字的，有《易经》、《礼记》等，如《易经》称："上古穴居而野处，后世圣人易之以宫室"。早期穴居一是天然洞穴，主要流行在旧石器时代，再就是大体在新石器时代人类进入农耕社会定居而形成的"穴居"建筑。西安半坡仰韶文化遗址最值得重视：其时房屋多呈方形或圆形半地穴模式，显然是脱离天然洞穴不久。它表明人类已由山地"野处"聚集到平原定居、由狩猎采集进步到农耕垦殖、由洞穴向地面过渡；半坡遗址是溯源传统民居、了解先民人居环境最好的实景，难怪受到中外各界人士的瞩目，不仅学者趋之若鹜，到西部旅游的游客也络绎不绝。

三

干阑穿斗架①木楼是楼居式民居的典型代表，它集中分布在西南亚热带地区的少数民族山区；它把楼居的空间形态和组合，依山就势的支撑、悬挑和错层以及木构件的卯榫②技术推向了极高的水平；它和少数民族具有鲜明个性的民族、民俗文化相结合，体现了丰蕴的物质文明和精神文明。（图5）

传统的典型干阑木楼全身是木：木构架、木檩椽、木板墙、树皮瓦，连接处用榫头穿卯眼，甚至没有一根铁钉一件铁钩。房屋平面呈矩形，屋顶为双坡大"悬山式"③，架空2～3层；家家户户多沿山坡密集聚合。值得重视的是木楼寨聚落往往有山门，寨内小广场常是少数民族同胞喜庆和节日聚会的地方；在黔东南和桂北山区苗寨广场多有"芦笙柱"———一种图腾柱，而侗寨则必有鼓楼，侗寨的寨门往往和寨边风雨桥结合在一起。云南的滇西南西双版纳傣族自治州和滇西的德宏傣族自治州，则是大量使用毛竹的竹木混合构架的干阑竹楼，其不同的是竹材连接多用棕绳、藤条绑扎；屋顶称为"孔明帽"并有燕尾状的"千木"，是一种类以"歇山式"④四坡大屋顶。这一地区的景颇族、基诺族、哈尼族等也多沿用竹楼，却在架空层的高低，是否搭配土坯、萱草、瓦顶等建筑材料以及图腾供奉上大同小异。云南的竹楼寨还有一些与众不同的特色，如傣寨寨寨有水井、井台刻意装饰，甚至有井亭及守护的石雕神兽；傣家人人勤洗浴，有"宁可食无好肉，不可居无好水"之说，重视水源，当是一种良好的生活习俗。又如哈尼族的寨门常以树干搭成门框状置于入寨大路之中，横木上伏以兽皮，逐渐演变成刻以鸟形。日本学者鸟越宪三郎先生经过大量考证断定：日本传统建筑的"鸟居"⑤牌坊以及日本民居屋脊的"千木"都源自云南。此外，川西南峨嵋山地区和重庆地区以及湘西凤凰一带山地、滨水地区的"吊脚楼"、台湾阿里山区曹人和台东卑南人的"圆竹楼"等，就其营造渊源和民居基本构架、空间理念来说，大体也是楼居式的另类模式。

---

① 穿斗式构架，为中国古代建筑木构架的一种形式，这种构架以柱直接承受檩条，没有梁，又称为"立贴式"。

② 卯眼和榫头，中国传统木建筑和家具构件相互连接的方式。

③ 悬山也叫作"挑山"，是前后成两坡而桁檩突出在山墙之外的屋顶。二坡是指从侧面看为人字型的二片屋顶。

④ 歇山式屋顶由前后两个大坡檐，两侧两个小坡檐及两个垂直的等腰三角形墙面组成，如天安门城楼就运用了重檐歇山屋顶。

⑤ 一种牌楼式门，常设于通向神社的大道上或神社周围的木栅栏处。

不为繁华易匠心

4 碉房
5 干阑建筑穿斗与榫卯结
  构的集中展示
6 丰富变化的马头墙组合

"巢居"和"穴居"同为中国传统民居之最原始的形态，"南巢北穴"是古人的概括；最早的文字记载是晋朝人张华，他在《博物志》中指出："南越巢居、北朔穴居，避寒暑也。"至于首记"干阑"名称则为北齐人的《魏书·僚传》，该书指出："依树积木，以居其上，名曰干阑。"唐宋之后文献、野史记载益多。明朝徐霞客在《徐霞客游记·粤西游记三》中在对桂北干阑民居的游历后所记载的木楼寨和现存的传统干阑木楼寨几乎完全一样。历史记载和考古发现，充分证明了干阑木楼民居曾广泛流行在长江流域以南的半个中国，凡流行之处，都是湿热多雨的山地、丘陵，其生态资源是林木茂密，其生产方式为稻作农耕，其居住习俗已到聚集定居，其技艺水平则已普及了先进的伐木、加工、雕镂。这一地区历史上统称为"百越"，细分为江浙一带的"于越"，福建一带的"闽越"，皖赣一带的"山越"等；"干阑"的住屋文化是百越的共同特征，聚落的图腾、场院、入口以及构造、材料的细分，和各少数民族的风俗习惯相融合，传承下来则为今天南方，尤其是西南地区千姿百态的众多民居聚落。

值得一提的是伴随着人口的增长、生态资源林木的锐减，以及砖瓦等建筑材料的普及和其他因素，南方汉族以及平原地区的少数民族陆续告别干阑木楼，演进成许多变异和新型的形态模式，如浙江的水街民居、安徽的天井式民居、闽南的土楼、昆明的"一颗印"等。

四

中国传统民居尽可能地顺应自然，或虽然改造自然却加以补偿。作为民居的聚合体，传统聚落的产生和发展充分而巧妙地利用了自然生态资源，同时也非常注意节约资源，重视理水①、充分利用乡土建筑材料，利用自然温差御寒防暑等，反映了重视局部生态平衡的天人合一的生态观。民居形态丰富而不繁杂，巧妙而不做作，关键在于创造它的广大乡民习于农耕，适应大自然变化的规律。他们特别喜爱对比中的和谐、渐变中的韵律，朝朝暮暮，春华秋实，生生息息往复不已，因而形成了浓郁的乡土田园的审美情趣，其特征为：

——美在自然。大自然是美的，中国民居亲山亲水，充沛的阳光、深邃的阴影、明亮的天空、浓密的树林，建筑则生长于其中。美在自然还有一层更具启迪性的意义是：中国民居中人工创造的美是"有意味的形式"，很少有牵强附会之作；无论是民居的形象、色彩、质感、光影等，几乎都与功能、材料和结构紧密结合，如马头墙②防火（图6）、门罩③遮雨、屋脊压瓦堵缝、"鸡腿"④木楼空间防潮避湿、穿斗建筑的吊柱头为结构之需要，等等。民居形态构成因素和装饰一开始就依附于实用需要，这就注定了它的"原生"和"自然"、"有机"与"质朴"的个性，

---

① 理水指中国传统建筑、园林的水景处理。

② 即封火山墙，为建筑两侧山墙高出屋顶的一种做法，用以避开其他建筑的火灾蔓延至自身。

③ 建筑入口上方挑出墙面的构件，类似于小雨篷，起到遮阳、避雨与装饰的作用。

④ 即干阑木楼，其底层架空的柱子状如"鸡腿"，故名。

其"拙"之美、"生"之美，是任何矫揉之作都难以匹敌的。

——有机随机、无法有法。各类民居形态构成中最主要的是建筑材料，乡土民居就地取材，山之木、原之土、滩之石、田之草等，这就使得幢幢民居宛如生长于大地，与自然环境成为一个有机的整体。它们依山就势，该悬挑则悬挑，该支撑则支撑，干阑木楼民居在这方面表现得最为充分；在民居集落的布局上，沿河溪则顺河道，傍山丘则依山势，有平地则聚之，无平地则散之，这看似无法，但无法之中则寓有"顺其自然"、"因地制宜"之大法。

——和而不同。这一特点非常适合居住环境的形态要求。一个地区的民居形式，其大体相同的材料、结构和空间、平面的构成，形成了相同的色彩、质感、形象乃至建筑"符号"，体现着民居的"趋同感"。但趋同不是雷同，相近中又有千变万化，这主要体现在造型元素的组合搭配和本身技艺的精细变化上，展示了中国传统文化艺术整体和谐下的个性发挥，也增强了可识别性的欣赏价值。

乡土民居建筑是相对于宫殿、寺庙建筑、文人士大夫府邸等城市建筑而言，它和俚语小曲、赶摆歌墟、民族服饰、地方风味、民间故事乃至"大阿福"、布老虎、剪纸、糖葫芦这样一些民俗民风共同构成了一种所谓的民俗文化。它以极其顽强的生命力滋生、繁衍，发达在乡土、市井的最底层社会之中。广大的群众自己创造了它，自己享用了它，同样还是自己传承了它。民俗民风更贴近一个民族、一个地区的社会和自然生态，更贴近人本身的生活。它生机勃勃、延绵不已的道理也很简单：最广大的乡民要生存、要生活、要发展，他们用有限的手段、少量的钱财、按照生活的本来面目和自己的心愿构筑了自己的情趣、爱好和生存空间。

毫不夸张地说，中国民居折射着中国民族的历史、地理，融合着中国最广大民众的勤劳、智慧和理想。中国传统建筑中，既有堂皇者如皇城、宫殿、府邸，又有高雅者如园林、书院、寺庙，但它们的"根"——从精神层次的"软件"到物质层次的"硬件"，无不建立在内涵丰富厚重的民居基础之上。

乡土民居和"野性思维"
——关于"中国民居"学术研究的思考[①]

一

中国传统乡土民居，其发生、发展、更替、选址、布局、构成和营建，走得差不多都是"野路子"。试看：

徽州民居集落为了"负阴抱阳"，傍山丘则依山势，沿河溪则顺河道；有平地则聚之，无平地则散之。无"法"有法，因地制宜，其路数不可不谓之"野"（图1）。

西南干阑木楼寨，濒水者其寨门或与风雨桥合一，依山者或与路亭合一；亦有进寨大路与村寨集落高差甚大，则由木楼下登阶"钻"入寨内。有机随"机"，亦不可不谓之"野"（图2）。

再说乡土民居的建筑材料，山之木、原之土、滩之石、田之草，就地取材，因材施工，为我所用，"土"掉了

---

① 本文为国家自然科学基金委员会1994年11月在昆明召开的"人聚环境与21世纪华夏建筑学术讨论会"论文；原载《建筑学报》1995年第3期。

不为繁华易匠心

渣，"野"到了家。

侗寨的风雨桥或鼓楼，亭廊杂交，亭塔杂交，轴线随意，小大由之，无"法"无天，也可谓之"野"（图3）！

广东开平侨乡的碉楼民居，其顶或为希腊柱式，或为中国攒尖，或凹之列柱券柱，或凸之筒楼，无一雷同，居然"野"到"洋货"也拿来就用，就连在马头墙上、屋脊上仅仅装饰一些"西洋景"的闽南侨乡民居，也叹之莫及（图4）。

这种种"野路子"，异军突起，遍及华夏；不受制于"官式"，不墨守成规，体现着一种"野性思维"。这种"野性思维"既充分利用乡土条件"自由发挥"，又面对种种自然地理、经济技术和社会条件的限制而加以突破，是一种开放的、动态的、创造性的思维。

二

本人多年涉猎乡土，受其熏陶或受其驱使，居然在民居科研中也自觉不自觉地走了许多"野路子"。例如："民居"等于"住宅"吗？"民居"研究就是单体住宅研究吗？道路、水圳、绿化、小品、寨门、井台、祠堂、牌坊都不属于"民居"吗？按照某些学术见解或成果导引，答案应当是肯定的。而我们感到把现代建筑学的分类规则套到乡土民居中去不大对头，因而进行以集落为主的民居研究。

当众多学者、艺术家、旅游者，包括我们自己对乡土民居赞不绝口之时，我们却不止一时一地发现了在一旁的当地乡民怨懑的眼光，他们难以忍受那些日益拥挤、破旧和不卫生、不安全的居住环境。因而，我们不赞成要求国家大范围保护民居，我们主张少量保护、大量改造，并实践起来"改"它们。

我们并没有拿着设计好的要改造乡土民居的图纸，去找县长乡长；我们找了当地乡民，找到当地的民房改建公司，探索"群众参与、以旧更新、自力更生"的改建路子，以保证"可操作性"。

当众多村镇建设试点在富裕的发达地区推行时（据说有百多个点都在人均收入超过千元的村镇），融水这个少数民族贫困县、整垛这个人均仅200多元的特贫村，被我们选作第一个试验改建点（图5、图6）。[①]

我们不仅仅是查志书，拍照片，还逐户调查人口、收入、木楼旧料折价、出工报酬等，是经济、生态、人口、社会种种因素在调整着我们"构图"、"构思"的价值取向，在改造着我们职业建筑学人的"自我"，从而"逼迫"着我们从"文化人"的所谓"文明思维"、"理性思维"迈向"野性思维"。

三

日本东京大学原广司教授，设计了不少现代建筑，但他却是一而再、再而三地到原始乡土集落中寻找"野路子"，进行着"周边"（乡土）向"中心"（现代）"反击"的实践。其追寻的，其实也是"野性思维"。获得国际建协金奖的埃及建筑师哈桑用埃及当地技术泥模做学校、住房、公共建筑，取之于乡土，用之于贫民，滚一身泥巴，显然也属于"野性思维"突破了"文明思维"的一个范例。

"野性思维"在学术上的提出，是法国人列维·斯特劳斯，他的专著《野性的思维》主要研究"未开化"人的"具体性"与"整体性"思维特点，并申明这种思维与文明人抽象性思维不是"原始"与"现代"或"初级"与"高级"之分，而是人类历史上始终存在着的互补的、相互渗透的两种思维方式。列维的倾向显然是对"文明"遗忘了"野性"而不满。

---

①　单德启. 欠发达地区传统民居集落改造的求索. 建筑学报，1993（04）.

1 依山傍水的徽州民居
2 西南干阑木楼寨
3 侗寨风雨桥——程阳桥
4 中西杂交的广东开平侨乡碉楼
5 融水整垛寨木楼改建以旧更新
6 改建后的融水县整垛寨木楼

在本人看来，中国的儒、道互补实际上也反映了这两种思维方式的互补。《易》曰："大象无形"，可以说是"野"性思维的精粹表达。《论语·雍也》还有这么一段话："质胜文则野，文胜质则史，文质彬彬，然后君子。"这里的"质"，我理解就是事物的本来面目，而"文"则是各种修饰、条理和包装，人为地加工和分析。至于"野"，《子路》"野哉由也"解释得相当准确和丰蕴。

遗憾的是，人类现代文明的高速发展，这种文野互补产生了极大的倾斜。社会的进步、技术的高度发展、经济的飞速增长使许多事物模糊了本质、经济的飞速增长使许多呈物模糊了本质，"分解"得越益"科学"，掩盖或造成了"综合"得越益"不科学"。西方不少学者呼唤这种"野性"的，即"具体性"的或"整体性"的思维，盖出于此。难怪列维在其率著之首引用了巴尔扎克的一段话："世上只有野蛮人、农夫和外乡人才会彻底地把自己的事情考虑周详；而且，当他们的思维接触到事实的领域时，你们就看到了完整的事物。"

四

乡土民居的"野性思维"，缘于它在内容上不像现代城市或现代建筑那样"分解"得那么细密；同时，在制约因素上经济和技术水平、生态资源、功能需要、社会文化等也都非常直接；也缘于操作上它是集投资者、营建者、使用者和维修者于一体的"没有建筑师的建筑"，或没有开发商、建筑公司的建筑，因而其价值观、思维方式并没有被肢解。本人在课题研究中提出的中国民居最宝贵之处，并不在于它的表象层次甚至结构层次，而是其背后的精神层次——即整体思维的思想方法和综合功利的价值观。实际上这是我们多年学习民居、为民居研究所做的各项工

不为繁华易匠心

作中最重要的一点体验。

如果要对这种"野性思维"做进一步的解释，是不是可以认为：

它不是单一的，而是多元综合的；

它不是静止的，而是流动和跨越时空的；

它不是单向的，而是互动的即互为因果的。

民居的基本理论研究就是综合研究、比较研究、辩证研究，把民居还原到它本来的面目中加以研究；不能按学科来分解，不能按研究者或感兴趣的人的职业（例如建筑师、承包商、旅游者、艺术家、文物保护人员、民欲学家、政府官员等，甚至于建筑学者中的建筑史学者，村镇规划学者、建筑设计人员、建筑材料或建筑技术研究人员等）来分解。例如，深圳民俗文化村中的"民居"实际上已经不是本来意义上的民居了，它只不过是穿了"民居"衣服的现代旅游建筑，是从事旅游开发职业的人们最感兴趣的价值取向所决定的，就像戴着京剧脸谱跳迪斯科，不是京剧而是迪斯科了。

五

一种成熟的模式、完美的模式，往往封闭了人们的思维，乃至走向反面；一种轻车熟路的操作方式，可能是学术研究走向死胡同的方式；一种片面的价值观，尽管得来容易却往往贻害全局。而"山穷水尽"并不一定就是误导，很可能是"柳暗花明"的前奏。

研究中国民居，并非回归到那种已成为历史的模式，甚至主要并不在于一种乡土建筑文化的保护。照本人看来，中国传统乡土民居所体现的"野性思维"，它的敢于突破、敢于创造而又非常实在的精神，对于今天或未来，对于避免这种"热"、那种"热"，对于一会儿风行这种口号、一会儿风行那种流派，实在是太重要了。

本人对乡土民居，对"野性思维"其实是一知半解。不过，如果"全知全觉"了，我肯定也"蠢"了，"傻"了。用开放性的"野性思维"面对事物的生生不息，恐怕"一知半解"是一种经常性状态。

谈民族建筑保护的整体策略与发展思路

受访人：单德启（清华大学建筑学院教授、博士生导师）

采访人：赵海翔（中央民族大学美术学院环境艺术系主任）

采访地点：清华大学建筑学院

赵海翔：单老师您好，您怎么理解"民族建筑"？

单德启：这个问题我们可以从两个方面理解。一是我们中华民族历史上保留到现在，汉族和各个少数民族的传统建筑。从时间上看，唐、宋时期的已经很少有遗存了，明、清时期的还比较多，当然还有近现代的，包括民国时期的；从分布上看，包括汉族集中的地区，还有一些少数民族比较集中的地区，另外还包括中国香港、澳门、台湾地区；从类型上看，主要有遗产地、历史文化名城名镇、历史文化街区，还有已经挂牌的文保建筑；分布比较广的各个地方的传统民居也都属于民族建筑范畴。二是具有民族特色或地方特色的现代建筑，即宽泛的"民族建筑"概念，理应包括这一类现代建筑。

综上所述，"民族建筑"是一个有宽泛内容和内涵的概念，但是在学术研究和专业实践中，需要界定得明确一些、清晰一些。比如说，国家民委举办的这一方面学术活动，大多是就少数民族的建筑而言；而文物局举办的，往往多指向古建筑。

赵海翔： 您认为民族建筑的保护与发展议题，当前关注的焦点和矛盾是什么？

单德启： 2010年7月份在西安举办的中国民族建筑研究会的一次学术会议上，谈到民族建筑和民居建筑保护与发展问题时，我提出必须要转变思维。现在有一个误区，就是往往把有界定的"原真性"、"整体性"概念引用到界定不明确的"民族建筑"的更新、保护与发展的讨论之中。"原真性"和"整体性"最初出现于世界文化遗产保护的理念。但是建筑——无论是少数民族地区民族建筑还是汉族地区的传统建筑，乃至遍布各地的传统居民聚落和民居建筑，毕竟与"文化遗产"和"文物建筑"不同，像青铜器、宋瓷、古人字画一类的文物，一定要"原真性"和"整体性"，仿制的就是赝品。还有如同西安半坡这样的历史文化遗址，也具有"原真性"和"整体性"。但是对于历史文化名城、名镇、名村、街区和传统聚落以及传统民居之类的民族建筑，什么是它的"原真性"和"整体性"？

看看徽州民居，明代的遗存已经很少了，主要是清代的和民国初年的。但是新中国成立以后，当地乡民再盖自己房子时，就不可能按照明代、清代的模式去建筑，不会再套用那些天井、堂屋、厢房等形制。就是居住在"老房子"里的乡民，根据居住的实际需要，也更新改造得非常普遍。这些传统聚落和传统民居，体现哪一个时期的"原真性"和"整体性"？

经过多年的调研和思索，我认为，民居建筑有"两重性"，民族建筑也同样具有"两重性"：其一，它具有历史文化的价值和民族文化传统的价值。其二，它们今天还在被我们现代人所使用，如一些村镇住区、城、寨、堡等聚落的民族就用于生活、社会活动和交往；甚至某些公共建筑也有这种情形，如宗教建筑寺庙或是祠堂、书院，在今天也常被作为旅游景点或旅游接待而在使用。所以，在"传统民居"和"民族建筑"的领域不能简单套用文物保护原则，我尝试提出"历史过程的原真性"和"动态发展的整体性"这一概念。

在意大利的威尼斯圣马可广场，其周边的新老建筑建造年代，前后差距有六七百年之久。老市政厅、圣马可教堂、老图书馆、新市政厅、总督府等新旧建筑并存。有的体量很大，也有高层的钟楼建筑，但是很和谐，很统一（图1、图2）。老建筑作为优秀的文化遗产保存了下来，而新建筑则是在基于历史文脉的基础上发展建造，所以要在檐口尺度、立面比例、建筑材料、建筑符号等方面找关系，以求得统一和谐。由此可见，城市也好，村落和建筑也好，都是有生命力的有机体，它随着时代的发展而发展变化。尤其是在经济社会转型时期，生产方式、生产关系发生改变，人口、资源和环境都在改变，作为承载种种变化发展了的使用功能的聚落和建筑必定是一种更新的态势；改造和发展更是剧烈的，不可避免的。

民居建筑研究会于20世纪90年代初在桂林开会，有200多人出席，其时主要是建筑史学者，因为那时候多数是从建筑史的角度研究民居建筑。当时桂林北面有三个少数民族人口聚居县面临干阑木楼建筑的更新改造，从保护少数民族建筑聚落文化的角度出发，会上有众多学者提出呼吁国家大面积地整体地保护桂北地区的民族建筑，显然这个愿望是好的。

我当时正和三个研究生应邀在桂北融水县苗寨进行干阑木楼寨的更新改造。那些寨子非常穷困，木楼

不为繁华易匠心

1　意大利威尼斯圣马可广场1
2　意大利威尼斯圣马可广场2

3　融水苗寨改造前
4　融水苗寨改造后

破旧，人居环境恶劣，而且由于村寨建筑密集，很多容易发生火灾。之前那里已经因火灾造成过很大的人员伤亡，当地百姓也强烈要求能够改善居住环境，改造木楼寨。苗寨乡亲的居住条件很差，山地道路泥泞，架空的干阑木楼，底层堆放柴草、农具、饲养牲畜，二层住人。干阑木楼建筑的穿斗架很有特色，画家很欣赏它的造型，建筑史学者、民俗学者都将其作为学术研究的资源，甚至旅游者都因猎奇而趋之若鹜。但是，作为建筑工作者，对这种恶劣的人居环境就怎么也高兴不起来（图3、图4）。

在建筑材料方面，一栋最小的苗民干阑小楼，大概就需要六七十立方米原木，家庭条件比较好的，建较大的木楼大概要二百立方米原木，十几年、二十年就要更新一次，当地盖房都用实木，包括木瓦片。盖房子用木头，烧火用木头，经济来源也是靠外卖木材，整个桂北山上的植被破坏很大，木材砍伐殆尽；生态环境和生态资源实在承受不了这样的居住模式。

当时我们就认为，对桂北三个县的传统建筑模式——干阑木楼寨进行大面积保护，肯定是不现实的，也是不可能的。虽然从建筑史的价值取向上考虑，它是一道靓丽的风景线。可以说，这里有一个非常重要的理念——传统民居和民族建筑的研究，必须要有系统思维，形成历史的、纵向的脉络。要形成研究对象的过去、现在和未来的系统思维，必须要有整体的、综合的价值取向。虽然画家、摄影家认为原生态的村寨很好，但那么一大片老百姓的房子，不只是为艺术家创作而存在的，它首先是老百姓安居乐业的"民生工程"，是人居环境，这是它的"核心价值取向"。

目前民居建筑和民族建筑研究主要有这样几个方面：国家文物局主管的中国传统建筑和园林建筑研究会，主要是从文物的角度进行民居研究；住建部主管的中国建筑学会建筑史分会有民居研究，但主要是从建筑史的角度出发；国家民委主管的中国民族建筑研究会，是从民族学的角度研究民居和民族建筑。这几个方面的学术研究机构的专家学者，有相当多的人是同一支队伍，有位老学者曾经半开玩笑地说我们这伙人是"一仆三主"。此外，还有由国家旅游局主管的旅游学会，也经常接触到这一领域，是从发展旅游业的角度关注，而真正关注村镇乡民人居环境"民生"问题的，是住建部主管的村镇建设研究会。你看，同一个"民族建筑"或"传统民居"，会有多少不同的角度、不同的价值取向啊！

赵海翔：刚才您谈了几个特别关键的问题，其中谈到不同专业方向的专家学者对民族建筑的关注角度不同。那么，在城市化过程中，在民族建筑更新的过程中，如何进行相关项目的评价，或者说其学术评价的价值导向和评价方式如何？这应该说是一个当下比较核心的问题。

单德启：民族建筑要保护、要更新、要利用，本身就充满矛盾，然而就是因为有矛盾才要统一，这就要转变思维。为什么要提保护？就是因为要利用它，不利用它就用不着保护嘛，保护干什么！所以，既要看到矛盾的一面，又要看到矛盾能够统一的一面。那么，怎么样才能既保护又利用呢？关键是要理解"民族建筑"。

我觉得对民族建筑的认识和理解，应该分为三个层次：第一是表象层次，主要是像你说的那些"形象"内容，例如建筑造型、色彩、符号等；第二是结构层次，"结构"不单是受力承重的"结构"，而是建筑本身的组织，或者是平面和空间布局组合的结构；第三是理念层次，是其背后的指导思想，营造理念，尤为重要的是，我认为中国建筑在理念层次上，最为核心的理念是要讲"和"，要照顾方方面面，要有整体思维，要有综合的价值取向。在表象层次上，可以与时俱进地随着建筑材料和结构的发展更替而推陈出新。结构层次更多是随着使用功能，也可能调整改造。而"理念"层次是最重要的，是一个国家、一个民族值得传承的思维方式以及核心价值观，"和"是人与自然要和谐，建筑与环境要和谐，人与人要和谐，包括艺术形态上也要和谐，老的新的、大的小的都要和谐。

我的家乡是安徽，谈到安徽徽州民居，明显特征是"马头墙"，其实马头墙是"表象"，徽州民居做马头墙首先是为了防火，是防火的山墙。如果民居不需要防火，则不需要马头墙。中国的艺术都源自生活，源自自然。梁思成先生曾经讲道："建筑之始，产生于实际需要，受制于自然物理，非刻意求新形式。所谓结构之形制，建筑之风格，乃材料和环境使然。"安徽民居最宝贵的，不是点线面、黑白灰、马头墙等这些形象，是其背后的理念。谈到更新改造，徽州民居很受各方重视，前几年要整体保护，提出"百村千栋"的保护计划，结果困难重重，因为这些建筑形象背后的成因是复杂的。建筑的形象、形制、风格等，不能脱离它所依存的材料和环境。我开始研究民居，也是比较注意这些形象，从"表象"的层次开始，但是后来逐渐地加深了对它的认识，深化了或者说是改变了理念。

所以，我常常和同学们讲：与其说是"我为居民做了一些研究工作，不如说是民居做了我的工作"。一个人做研究，不能只是单向地一味强调以自己的主观世界去改造客观世界，而同时要特别重视客观世界改造自己的主要世界。调整自己的价值观、思维模式，我认为是非常重要的。我很不赞同带着一些固有的模式到处"推销"，认为放之四海皆准，那一定会失误的，后来我总结安徽居民的特征最根本的还不是"马头墙"符号，而是：（1）建筑和聚落与自然山水打成一片；（2）质朴淡雅、点线面、黑白灰；（3）以人为本的建筑空间和建筑形象尺度和人的关系很关切；（4）少而精的装修装饰。这些特色背后的理念还是"和"。说到"和"，或许也有几个层次。"和，故而物皆化。"怎么化呢？有变化、融化、幻化。"融化"是物理层次，"变化"是化学层次，"幻化"是生物层次。从这样的角度，通过技术路线和专业手段，就可以理解、探索和实践如何实现更新改造。民族地区的建筑，因为人们的生活方式的变化、传统的建筑结构方式、功能单元布局等与现在的需要不匹配。目前各地普遍采用的方式是，保留一部分作为文化旅游的村落，而其他的则随着现代化的发展进程被改变了。我们经常提的少数民族建筑是少数民族文化传承的一个重要部分，但这种旅游村落、村镇的方式，对于民族文化建筑传承的结果是可以预料到的，因为旅游村落中的生活土壤没有了。这个问题您怎么看？

单德启：民族建筑和聚落发展现代旅游业，特别是民族文化旅游，这当然好。以世界文化遗产地安徽黟县的西递宏村为例。保护得就比较好，投入也比较多。但总的看来，这些聚落只有部分村子结构未变，大部分残缺不全，它们一般多在欠发达地区，政府不出钱，百姓也没有钱。如果不吸引资金，就很难保证基本的保护。有的村子、房子破旧废弃了，人口流动造成空心村。新盖房子，又不可能按照原有模式。另外，生产方式也变化很大，有的地方连工具车和拖拉机也不能开进村镇街巷里，村民跑运输的卡车也无处可放。因为原来街巷的尺度结构不适应现代的新的生产方式和生活需求。

所以我认为，在目前的大背景下，对于传统村落来说，要"少量保留、大量更新改造"，这是一个整体策略。谈到具体的保护方式，今年三月黄山市科技局让我就这个问题（当地居民保护）发表看法。我认为，第一个问题在于保护要多种方式进行。

　不为繁华易匠心

第一，原地、原样保护，这是少数。政府必须要投入，政府若不投入，则必须要有旅游收入来提供经济支撑。

第二，异地保护。我在德国汉诺威老城看到的莱布尼茨故居（图5），是从古城外面搬来的，这样既便于保护，便于更多人来参观，也便于管理。中国其实也有类似异地保护实例，可以在当地实现异地保护，也可以实现跨区域异地保护，作为文化展示。在20世纪八九十年代，东南大学教授做了一件大好事，就是在古徽州歙县把损坏严重的、分散

5　德国汉诺威莱布尼茨故居

在各自村落的十几座非常值得保存的明代清代的徽州传统民居，在郊区划了一个地方移植过来。这就是一个异地保护很好的实例啊！这种保护方式的好处是建筑的保护有保证，但缺陷是建筑失去了原生态，不在原有的环境之中，更没有原住民的生活。丽江是世界文化遗产地。那些老街地震后照原样恢复了，但是旅游的过量开发越演越烈。过度注重了旅游的经济效益。现在的丽江和"申遗"前大不一样了，它已经不是"人居环境"，而是商业旅游街了。丽江申报世界文化遗产时的核心区的那些老街中，百分之九十五以上的原住民都迁走了，出租或卖给外地人甚至外国人，街巷之中灯红酒绿，游人如织。丽江已经不再符合"保护"原则下的动态保护、更新保护等的保护方式，前景令人堪忧。

所以，原汁原味的保护，只会是少量的。异地保护，作为一种民居建筑物的保护，应该是可行的，但缺点是这种保护方式缺少了原居民的生活，因为作为"人居环境"的民居，是要"有道有器、有房子有生活"，这种保护只能说是"民居建筑物"的保护。

第三，是"镶嵌保护"，即新的、老的并存，在老的村镇中，可以建新建筑，在新的村镇乃至城市中，可以镶嵌或移植进老建筑，或按照老的方式来建，但是要"和"，新老建筑相互之间是一种"和谐"、"协调"的关系。老的里面镶嵌了现代的，解决了很多功能的问题，既是保护，又丰富了文化景观。我在欧洲看到两个最精彩的堪称典范的"镶嵌保护"实例——老的里面镶嵌新的实例是贝聿铭先生创作的法国巴黎卢浮宫前的"金字塔"；新的里面镶嵌老的实例是德国柏林美术馆入口，这个"入口"就是第二次世界大战炮火下当地幸存的一栋传统民居。

第四，是"废墟保护"。在欧洲很多的"废墟保护"大多是由于第二次世界大战的原因，当年炮火不遗存的废墟，它见证了历史，沿袭着文脉。西班牙是一个历史上战乱频仍的古老国家、历史文化遗迹很多。在西班牙的塞维利亚参观时，导游领着我们去看了一个非常有名的景点，实际就是保护下来的一段黄土墙壁，然而参观和拍照者众多。因为它有历史啊！但在中国就很可能不会保存下下了。我在20世纪80年代末，曾经带着学生参观我们学校旁边的圆明园遗址，那是满目疮痍，一片废墟啊！它见证了八国联军的罪行和中华民族的耻辱，现在却花钱把它打扮得花枝招展。而且还在筹划要仿古重建，搞个假古董。可见当前所谓"保护"观念何等低俗！

第五，是"基因保护"，是文化传承上的"基因"保护。这是我探索最多，认为最需要我们思考、研究和实践探索的一种保护方式。

只有多种方式保护，才能保护更多的历史古城。"原封不动不可能，推倒重来不允许。"那怎么办？中国有自己的建筑文化"基因"。所以要转变思路，在民族建筑的保护和更新思路上，要向前发展，思路也要创新。

我们设想一下，假如中国的传统建筑全不动，民居不能动、老城不能动、传统村镇不能动，保留所有的传统聚落和民族建筑，那中国人还要不要进步，要不要发展？最起码的，就是能不能住下十几亿中国人？而我们中国人的创造也到此为止了吗？我再反问一句，徽州民居也好、北京四合院也好，全国各地各民族的建筑也好，天生就有吗？这些类型的传统建筑模式之前，中国人就不居住了吗？其实，它们也都是在一个持续发展的动态演变过程中的某一历史阶段产生的模式，在某一个时代必有某种模式，在当时的社会状况下，人的生活方式、人的审美、人和自然的关系以及人的生产关系和生产力发展的水平，决定了选择哪种模式是最好的。一旦这些条件变化了，传统建筑的模式早晚必然会随之改变。当前人类社会发展进步非常快，变化非常迅速。城市化、现代化进程中，会有文化交流、文化迁移、文化传承、文化演变等种种影响民族建筑保护和更新发展的各种内外因素，因此我认为就是要在"保护与更新的矛盾统一"上下工夫。

其中，我认为最重要的是"基因"传承。但是要发现"基因"，探讨它在现代建筑上如何传承，以及传承的技术方式。比如，在高层建筑上搬用民居的符号、色彩、其尺度和视觉效果完全不对，不会成功。北京曾经搞"古城风貌"，安徽搞"保徽"，后来搞"改徽"。黄山市一个高层建筑旅馆上面生硬地做了两片马头墙，很别扭，也很难看。历史上的"传统"遭遇当今的"现代"，有种种矛盾和种种碰撞，是不奇怪的。现代功能要求以及现代科技支撑条件下产生的现代建筑，如大跨度大体量的建筑，飞机场和动车站等，老祖宗的那个时代没有，也不可能出现。这些现代建筑与传统建筑尺度不同，造型关系也不同，材料和结构更不同。我们需要面对这些新的现代建筑类型，包括现代聚落——城市、街区、村镇。最近我们做了一个安徽的动车高铁车站项目，要有一个徽派的地方特色，这就很难。因为过去的徽州民居都是小体量的、封闭的，功能也比较简单，而现在的建筑项目尺度很大，又是新材料、新结构，不突破不创造怎么行！

赵海翔： 我们学院的一位老师，经常在民族地区采风、采访，参与了几个民族村落的改造旅游村的项目。其中在给一个拉祜族自治县做改造方案的时候，把当地少数民族的服装、建筑装饰和生态环境的色彩做了研究分析和归纳，提出这个民族地区的建筑色彩如何控制的问题和建议，作为当地政府进行城市改造时的参照，这也算是针对民族文化基因的传承吧。

单德启： 是的，你们的这些工作成果非常有意义。我看运动会，非洲运动员和加拿大运动员的运动服都有各自不同的色彩，这就是色彩"基因"吧！我们做建筑的，也大都喜欢绘画、文学和诗歌。各学科的研究角度虽然不同，但是相融相通的。一方面，建筑的内涵如此丰富，从这个意义上讲，建筑涉及的相关专业领域一定要整合；另一方面，我国大部分少数民族地区的自然景观和人文景观都很丰富，在城市中很少见到。可以说，相关的课题研究，并不是一个"专门"的设计院就能够统统把握好的。

赵海翔： 有两个少数民族地区的项目实例：一个是云南哈尼族的"菁口村"，村寨里的建筑形态比较简单，主要是蘑菇房，现在是哈尼文化旅游村，像您刚才说的，原生态的生活方式已经缺失，实际上"原真性"已经不存在了；另一个是云南楚雄彝族文化主题的"彝人古镇"给我的印象比较深，从商业角度上看应该是比较成功的，但是其建筑除了一小部分与彝族文化比较密切外，大部分的建筑形态与其他各地的并没有区别。对于这样一种现象，对于少数民族地区的"千城一面"，您怎么看？

单德启： 在这个项目中我了解到，还把一批的彝族民族同胞移居到了"彝人古镇"，彝族传统上就没有现在城市那么大的"聚落"，这是文化迁移、文化交流和文化演变的问题。如西班牙，历史上几度更换统治者，亚历山大把中东的伊斯兰文化带入，后来日耳曼文化、斯拉夫文化都有介入，所以在西班牙可以看到很多混杂的文化内容。其实在中国盛世的时候，也是文化混杂的，例如从唐朝的历史文献遗存中就可以看到少数民族的内容，可见当时也是很开放的。又如中国的塔的演变，也是印度的形式"中国化"的过程。文化交融到底是消融了各民族特色，还是能够刺激产生了各民族新的特色？这个现象是存在的，相关问题值得关注和研究，这个问题本身就在探索过程中，允许各种各样的观点，更需要各种各样的实践探索方式存在。

当然，很多建筑现象背后其实代表着一些利益群体，经济因素也经常成为主要因素。例如在某著名风景区，上山的交通线路到底是走山南还是山北，对地方发展和经济效益的影响不尽相同，所以山南山北的利益代表冲突很厉害，一直搞到政治纷争，本来政治就是经济的集中体现啊。这类问题就扯远了。

赵海翔：能不能结合一些实例分析谈一下您的观点？

单德启：我们曾经做绍兴鲁迅故里保护规划的项目，当时甲方邀请六家参加方案设计，我们的方案既不是"原封不动"，也不是"推倒重来"。记得当时有一家方案，是参考历史资料图片，要把现有的房子统统拆除，恢复鲁迅青少年时代当地的街巷和建筑。我们不这样考虑。那些房子都恢复了有什么意义呢？当时的住宅，窗户小采光差，布局也不适应现在需要，不好住。如果做小型展览或博物馆用，投入又太大，总不能把这个街区搞成一个那么大的博物馆呢？在街区边上有新盖的几栋多层现代住宅，建成也不久，是否拆除？我们做了两个方案：一个是不动这些住宅楼，底层加围墙，形成和传统街道协调的、有低层感觉的连续界面。考虑到它确实拆迁量很大，保存下来，以后（比如20年以后）在合适的时机再进行拆除；另一个就是拆除后的方案。还有一个例子是新咸亨酒店，老咸亨酒店是一层，而新盖的很大，我们采取的措施是把老咸亨酒店房子往前拉，拉到路边来，新咸亨酒店退到其后。后来甲方分别组织开了数次专家评审会，有历史的、旅游的、文物的、经济的、建筑的，分别开的会，然后市民公示，最后由市委常委会拍板。最终我们胜出。我估计除了方案本身和新建住宅楼的处理方式有关，我们的方案没有把新建的楼房拆掉（图6、图7）。

国外许多实际例子，都不是大拆大建，其民族建筑保护和更新改造的效果都非常好。

例如，在德国法兰克福，整个金融街在第二次世界大战时全炸毁了，只有一个教堂残存着，后来重建这一条街。教堂周边都是新建筑，建筑处理得很巧妙：教堂虽然是个小的建筑，其背后面的现代建筑却很大、很神气，但是这些新建筑造型简化、洗练，这样就作为了背景、衬景，而突出了临街面的体量小的教堂。他们采用了这种方式"保护"强化了历史建筑，而不会把残存的老房子拆除，或者这一条街重新搞仿古。

再有个例子是在汉诺威老城中，老城保护得比较完整，但城市也需要盖新的建筑。新建的汉诺威博物馆，现代感很强，但是其平面做成锯齿形，街道的界面以及和天际线的转折处理，都是和老建筑的肌理相协调，这是把现代建筑和传统建筑用融合肌理的方式，完成新建筑与老建筑的和谐统一。另外，在一、二层的立面处理上，其比例和附近老建筑划分是相似的，老街区并不因为现代新建筑的介入而减色。

我们自己也曾做过一个徽派艺术博物馆项目，一个搞徽州民居传统建筑装修构件、砖雕、木雕、石雕装饰构件收藏和房地产的老板，要做一个公益性博物馆，移植了徽州的两栋老房子，同时按照现代博物馆功能需求增加新的有徽派建筑特征的建筑作为展厅，二者整合在一起，这个项目是"异地保护"，也是"镶嵌保护"。现在建成了，也开放了，其效果相当好，得到了广泛的好评。

前面的例子是老的嵌入新的，当然也有新的嵌入老的，实际上是增加了景观层次。当然，也有完全使人哭笑不得的实例：一个华人在法国（贝聿铭的卢浮宫改扩建设计）（图8），一个法国人到中国（安德鲁的国家大剧院设计）（图9）。贝聿铭先生非常尊重卢浮宫；而后面这位法国的所谓"大师"太傲慢了，无视中国的尊严，无视中国的传统文明，完全不顾生态和文化环境。

虽然也有些人赞同它，但我想，以后会有越来越多的人赞同我们当时反对这个方案的观点吧。北京还有那个更为恶劣的"大裤衩"，也是使人哭笑不得的例证。

6　绍兴鲁迅故里鸟瞰图　　　　8　巴黎卢浮宫鸟瞰图

7　鲁迅故里水街　　　　　　　9　北京国家大剧院

　　我们清华大学建筑学院做的黄山"云谷山庄"，是一个现代的旅游宾馆。但是我们在规划设计时，充分重视这个项目所在地区的自然生态环境和文化生态环境，借鉴了徽州地区建筑，我们把云谷山庄叫作"徽而新"，前面还提到"传统徽"（即传统徽州民居），然后有"新而徽"，既突破更大一些的方式，更要把传统的"基因"提炼和再生到现代建筑中去。现在到处在搞仿古建筑，不是出路，再看一下西方的教堂建筑，曾经那么成熟的体系，现代教堂也不拘泥于传统形式了，在大量创新，比如西班牙高迪创作的巴塞罗那教堂、洛杉矶的水晶教堂。尤其是贝聿铭先生创作的，坐落在中国台湾台中市一所大学校园的"路思义教堂"，这座教学建筑虽小但很有新意，其建筑形体取庑殿大屋顶的曲线，两片玻璃瓦顶，呈一个向上的趋势，中间一条缝隙采光丰富了屋顶形象，并且营造了教堂内部空间的宗教气氛……我以为这就是我说的传统建筑的"基因"传承方式，非常精彩啊！

　　我在鄂西恩施土家族苗族自治州咸丰县考察时，一位苗族的领导说：我们"汉化"得太厉害了，是不是要再仿照我们传统的样式盖房子啊？我不太同意这个观点，我就反问他："汉化和现代化是不是一个概念？到底是汉化了，还是现代化了？"我举了一些容易理解的例子：我们总不能穿民族传统服装去打球、游泳吧？但是，我注意到，比如国际性的运动会和足球赛，各个国家各个民族的运动员服装还是有自己特色的，非洲运动服是草绿色，加拿大是红白两块色彩，这无疑就是他们的传统色彩"基因"。还有在日常生活中比如开车，一些传统民族服装穿起来开车就不方便。所以，"基因传承"，就是"基因"的保护和"基因"的运用，这是个长期的探索和实践的过程。我们研究民族建筑，要保护一些老的建筑，要老的新的相互协调。但最难的是既要创造和发展新的、现代的，又要有自己民族特征的建筑。"基因"在哪里？怎么传承？这就需要我们几代人深入地、持之以恒地探索。

　　归根到底，一个国家、一个民族，如果把自己的传统文化丢失了，是没有生命力的。同时，一个国家，一个民族的传统文化如果不与时俱进，不进行现代化的转型，恐怕也是没有生命力的！我认为，发展和变化是不可阻止的。这一理念我在好几个场合都讲过，当然讲的方式不一样，但基本观点是这样的。当然，这都是我个人的一家之言，欢迎大家一起讨论，多多批评指正。

5 主要工程项目

黄山管委会大楼

黄山玉屏楼

1 改建后的黄山玉屏楼
2 玉屏楼及观景小筑

芜湖徽商博物馆

1 芜湖徽商博物馆内院
2 芜湖徽商博物馆鸟瞰

云谷山庄

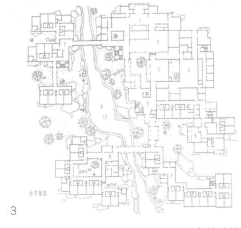

1 云谷内景松树
2 云谷山庄鸟瞰
3 云谷总平面图

黄　浩

江西省浩风建筑设计院有限公司教授级高级建筑师、中国民居建筑大师。

1959年毕业于原西安冶金（建筑）学院建筑学专业（五年制），现为西安建筑科技大学，同年参加工作。1988年6月30日被批准为教授级高级建筑师，1990年被授予景德镇市专业技术拔尖人才，1992年获国务院颁发政府特殊津贴，1996年11月28日被批准为国家特许一级注册建筑师，2010年被授予首批"中国民居建筑大师"荣誉称号。

1998年7月退休。2001年3月被江西省土木建筑设计事务所返聘，2004年4月参与组建江西省浩风建筑工程设计事务所（现更名为：江西省浩风建筑设计院有限公司），该单位为住建部批准的建筑行业建筑工程甲级民营设计单位。

曾任景德镇陶瓷工业设计院（国家甲级）副院长；景德镇市建设局副局长、总工程师；景德镇市建筑设计院（国家甲级）总建筑师；江西省政治协商会议五、六、七届委员；江西省土木建筑设计事务所（国家乙级）总建筑师；中国民居建筑专业委员会副主任委员；中国建筑学会理事；中国历史文化名城规划委员会委员。

现任江西省浩风建筑设计院有限公司总建筑师；中国民居建筑专业委员会顾问专家；住建部传统民居保护专家委员会顾问专家。

1978～1982年，调研景德镇范围内传统民居，并完成《景德镇明代建筑调查报告》、《景德镇明代住宅特征》等相关论文。同时完成"景德镇陶瓷博览区"规划设计并参与完成修建工作。其中"明间"（"明园"）为国内首先进行传统民居易地搬迁保护的试点，该组团由六栋有价值的分散明代民居迁入组成，现已被批准为第七批国家级重点文物保护单位。

1982～1990年，集中调查江西境内传统民居并完成《江西天井民居》论文；此后至现在继续调研江西民居，并完成《江西民居》、《江西围子述略》等专著。此期间完成景德镇《明青园》设计。该工程为收集利用农村行将溃毁的民居构架、残缺部件，经精心修复，重新组合的一组建筑群。该设计获住建部颁优秀设计三等奖，其评语为："建筑群体现了浓郁的乡情气息，充分利用了散落民间行将损毁的房屋构件雕饰等，精心修复，易地重组，为保护利用传统民居，继承发扬地方传统风格，探索了一条新路。"

20世纪90年代，参与编制景德镇"三闾庙"历史街区保护规划和修复实施工作。

2007年，参与编制《江西省吉安市富田镇陂下古村保护规划》。

1994年至今，在省住建厅领导下以专家组组长身份参与全省古村镇调研评选与保护规划评审以及传统民居调查及保护工作。

主要出版著作及论文发表情况

黄浩. 江西民居. 北京：中国建筑工业出版社，2008.

黄浩. 中国民居建筑——江西民居. 广州：华南理工大学出版社，2004.

黄浩. 中国传统民居与文化——第四辑. 北京：中国建筑工业出版社，1996.

黄浩. 景德镇明青园. 全国优秀建筑设计选. 北京：中国建筑工业出版社。

黄浩. 景德镇明代建筑调查报告. 景德镇科协，1982（08）.

黄浩. 景德镇明代住宅特征. 江西建筑，1982（1）.

黄浩. 江西天井民居. 省建设厅内刊.

黄浩. 江西围子述略. 广州：华南理工大学出版社，

黄浩. 赣南客家围屋与闽粤围楼之比较（中日合作研究论文），由日本方出版。

黄浩. 景德镇古陶瓷博览区规划设计. 建筑学报，1984（3）.

黄浩. 浓妆淡抹总相宜. 建筑学报，1993（4）.

不为繁华易匠心

获奖情况

景德镇古陶瓷博览区规划、设计，获省、市优秀设计一等奖、省科技进步二等奖、住建部部颁优秀设计奖。

景德镇《明青园》设计，获住建部优秀设计三等奖。

1999年昆明世博会《江西瓷园》设计，获省规划优秀特别奖、世博会设计金奖。

2006年沈阳世博会《南昌豫章园》设计，获世博会设计金奖。

江西吉安陂下古村保护规划，获省规划优秀设计奖。

江苏江阴市《兴国园》设计，获省优秀设计一等奖。

主要代表论文

景德镇明代住宅特征

20世纪70年代末，景德镇在市区、郊区四乡一带发现了明代中、晚期各类民俗建筑136处，其中明代住宅占绝大多数。这次的发现，是继徽州、山西丁村、江苏洞庭东山，成为我国第四个较集中的明代住宅发现点，引起了国内外学者的密切关注和浓厚的兴趣；对研究我国明代建筑史，尤其是对我国传统民居的发展研究，提供了重要的物证。这些住宅多数是中小型规模，有富商的、官吏的、庄园主的，但更多属庶民等级。其空间和平面布局、梁架结构、细部装修都具有鲜明的地方特征。十多年来，市政府对此予以高度重视，除分类分级加以保护外，还对易地保护、残架与旧部件利用都进行了开创性的实践探索，取得了可喜的经验。

一、平面布局和空间组合

景德镇明代住宅属天井式民居类型，这与北方合院式民居有本质的区别。天井是上空一度自由的内部空间，主要满足建筑内部采光、通风和建筑排水之用。以天井为中心，环绕着它布置上堂、下堂、上下房和厢房等生活居室，这种平面布局俗称为"一进"，也就是天井民居平面结构的基本单元。通过这些单元的纵横连接，就可以组成丰富多彩和复杂多进形式的住宅。

景德镇明代住宅，平面形式基本是矩形，其主体沿纵轴对称，恪守明制中庶民庐舍"不过三间五架"，"更不许宅前后左右占地，构亭馆，开池塘，以资游眺"的规定，一律为三开间布局。住宅朝向随街道走向而定，入口多避中，常由侧旁进入。

城镇住宅由于受用地制约，多为一进小型规模，而四乡则以多进形式为多。

明宅使用面积的主体是堂屋，它占有最大的空间和主导地位，根据它所在位置，可分上堂、中堂、下堂、后堂等，它兼有起居室、会客厅和祖厅三种功能。正堂前面常设有一个敞开轩廊，是堂屋与天井的过渡空间。檐柱的两侧偏让一个或半个步架，其目的是让出两边正房面朝天井的开窗位置，以满足正房采光和通风需要，同时显示出堂屋宽敞轩昂的气派。檐柱和金柱不对位的柱网形式是景德镇明代住宅的一个重要特征（图1）。

城镇明宅正常大多数为单层，彻上露明造的结构；而农村明宅正堂却多为两层形式，这决定于使用要求的不同和意识差异。正堂面向天井，敞开不装门扇，是适应南方夏季闷热的需要。

堂屋两侧安排若干居室，并且根据排辈身份，分配上下左右不同房间的使用，其面积紧凑。所有明代住宅，都有一个显著特点，重堂轻房。房间浅窄，不直接采光，有许多还是素土地面，不铺设地板，但都是冬暖夏凉。居室的门均不直接开向堂屋，而设在轩廊和通道两侧，以便于堂屋家具陈设和保持起居活动空间的完整。厢房和上下房均设有阁楼，层高2.5米左右，提供了充裕的储藏空间，也为底层卧室起到了隔热保温作用。城镇型住宅一般不设固定楼梯，临时梯口多设在轩廊两端。两侧阁楼前后各自贯通。

建筑空间造型总离不开民族历史文化和当地人民习惯意识。出于当时防火、防盗和封建迷信意识的主宰，明代住宅四周采用高大厚实的马头墙，形成"五岳朝天"、"四水归堂"的地方格式。天井住宅因大多是矩形平面，但通过马头山墙的艺术处理，就形成婀娜多姿的立面轮廓线（图2）。由于马头墙的比例尺度不同和富于艺术的地方特征装饰，给人印象或庄严凝重，或高耸轩昂，或小巧玲珑，或轻盈活泼，于是生化出各地域间的明显差异，从而出现了强烈的对比特征。

景德镇明宅外部空间形象简洁朴素，不过多装饰，只在重点部位，比如大门的门罩、檐下饰带、勒脚等做些恰当的强调处理，取得了非常突出的效果（图3）。但是，通过群体的组合，这些简单的造型却能产生非常丰满的整体形象和纵横交错的里弄空间。

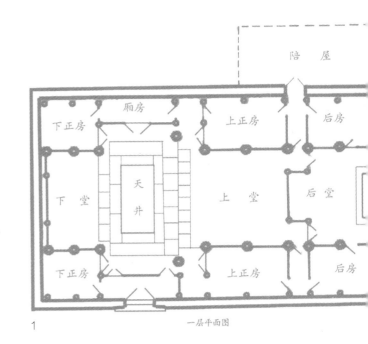

1

1　景德镇祥集弄三号明代住宅
2　马头墙
3　景德镇明代住宅门罩

2

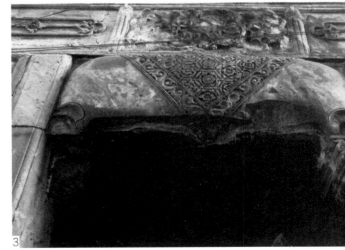

3

不为繁华易匠心

二、梁架结构

明宅梁架基本为南方穿斗式体系，外墙仅起自承重和维护作用。边贴构架由粗加工的直径较小的圆木和用数根方料叠合而成的穿枋组成，而堂屋的正贴构架，则加工精良。明代住宅构架用料硕大，入清以后，逐渐变成纤细轻巧。特别是堂面的檐柱，直径都在30厘米以上，最大者的花园弄一号的檐柱直径竟达60厘米。构架柱大多按自然材料变化向上收分，少数做成向下收分的梭柱形式。祥集弄3号、11号明宅（为第三批全国重点文物保护单位）柱子断面为罕见的四角抹圆倒方料。正堂构架为三柱五檩三穿形式。一穿枋为叠合板枋，二穿枋则做成双步月梁，以连系栋柱和金柱（图4）。月梁曲率很大，矢高约1/6跨，多为一根整料对截，对称安装。在双步月梁上置金童，通过一装饰化的单步月梁将金童与栋柱上部连系起来。在横向设有关口梁，柱梁和檩木把正贴组成空间构架，保证了构架的整体刚度。这种构架形式是景德镇明代住宅所普遍采用，具有强烈的地方特征。由于明代禁令严酷，庶民不过"三间五架"，富商亦不能越此雷池，但那些富有人家为了修筑自己更加华丽的住宅，只有尽量加大堂屋开间的尺寸，过大的柱间只有其上加设二榀五架梁，形成假五开间的平面。清代解除禁令，民间五开间、七开间，甚而更大的住宅则比比皆是，这是区别明清住宅很重要的标志。

横跨檐柱间的走檐梁和连接金柱的关口梁，都选料精良，做成月梁形式，两端较低，中央高抬，形成富有弹性的起拱曲线，其截面为腰鼓形，自中央向两端收分，颇为壮观。明代住宅梁架，梁粗柱细，之间通过一装饰化的丁头栱使之巧妙地连接起来（图5）。梁柱不如清代建筑华丽，没有过多雕饰。纵观这批明代住宅，其构架用料硕大，远远超出力学要求，这不是民间匠师缺乏力学知识，而是景德镇明代瓷业发达，新兴资产阶级有雄厚的经济实力来夸耀自己的财势，斗奢竞丽的追逐结果。当然，粗大精良的木料必然提高了构件自身的安全储备，成为经受几百年风雨剥蚀仍能保存至今的缘由之一。

4 景德镇明代住宅剖面

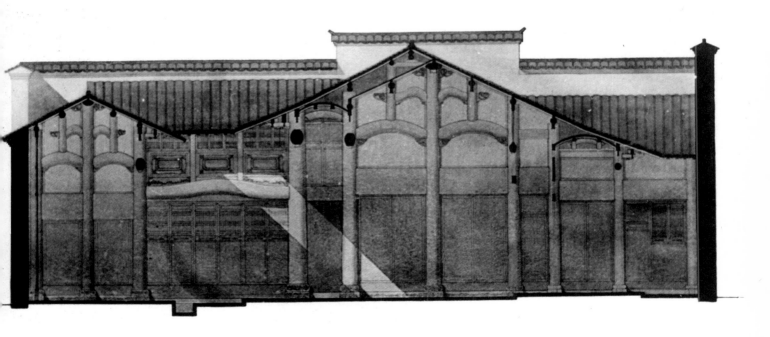

三、建筑构造和装修

景德镇的明宅建筑构造和装修，充分体现出民间匠师们丰富的实践经验和精湛的创造技能与淳朴的美学观点。

明代住宅的装修都紧紧与构造和各建筑部件连系一起，没有过多虚饰与奢华之感，哪怕一些能装饰的部位，都尽量使人与结构、构造取得联想。木雕技艺精湛，但恰到好处，图案多为花卉翎毛和吉祥纹样，不出人物形象。

屋面构造多为清水铺作，但椽距小，椽料大，加之缸瓦作沟瓦，盖瓦采用三盖一或四盖一铺作，所以虽经历三四百年，至今仍然很完好。少数讲究的住宅，在椽上铺上一层2.5厘米厚的望砖或木望板，内空间充分暴露结构构件，干净利落，使人心旷神怡。

5　月梁、丁头栱
6　柱础
7　金达住宅挑楼栏板

5

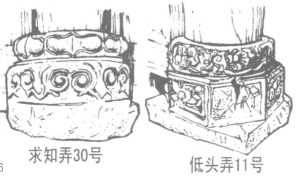

求知弄30号　　低头弄11号

6

7

景德镇明宅柱础制作最为精美，类型丰富，造型生动，雕刻工细，似在别的地方少见（图6）。柱子底面与砖石面接触处有开出通风槽线，木地面下都有通风孔洞，这种细微的构造，足见当时工匠营建住宅的高超技艺水平。

格扇门窗和鼓壁制作巧究，特别是天井的临界面装修，更为隆重，这是明宅室内装饰最高要求的空间，其中不单是在正堂的视野范围，也掺合着堪舆学和意识观念的要求（图7）。天井出水和铺作同样非常重视，尤其是轴线上那块堂面石，它尺度之大甚至使人觉得不怎么协调。

所有木构件都采用清水作，不施油漆，以显示材料自然的质地美，使精巧的雕刻不致被漆膜掩盖，且有利木材"呼吸"，易于散发潮气，从而提高了木材的防腐能力。

总的说来，景德镇明代住宅平面紧凑，空间利用合理，构架粗犷，建筑造型艺术与结构骨架融合一起，同时巧妙地利用地方材料，色调素雅，给人以舒适、宁静、朴实的感受，可谓庄重中见精巧，淳朴中显华丽。

明代建筑成就必然具有其历史的局限性，但祖辈的丰富实践经验，在建筑设计、营造技术的建筑艺术等方面都有许多精华，值得我们学习和借鉴。总结、学习丰富的传统民居建筑经验，对我们创造新时期的具有民族特色的现代建筑，无疑是很有价值的。

1982年6月

我国传统民居的建筑节能意识

21世纪是人类文明飞跃发展的一百年，特别是在20世纪末的二三十年中，由于没有全球性的战争发生，世界人口空前激增，与此同时，科学技术也取得了长足的进步。人口的发展、科技的进步、财富的积累使得人们急切要求提高自己的生活质量。因此，这一段历史也是人类最大数量消耗地球能源的历史。这些能源的消耗，建筑的能耗占了很大的比重，主要是建筑材料生产、采暖和空气调节的人为手段、采光照明与家庭生活的各种耗能设施等。人们经过一个时期狂热的满足之后，很快就痛苦地感觉到这种无节制地使用能源将给全球带来惨痛的危害。这种危害不但反映在将会迅速耗尽地球的有限资源，同时也体现在其所造成的难以逆转的环境污染。所以，反向的思维也迅速提升了全球范围内对建筑节能的重视，促进了世界性建筑节能事业的蓬勃发展。

我国是一个幅员辽阔、民族众多、历史悠久的文明古国。在几千年的发展史中，人类为了适应生存需要，曾经创造过众多类型的居住建筑，有着非常丰富的营造居住建筑的经验。这些经验是先辈们经过不断创造和世代相传而留传下来的，其中也包括了建筑节能这一领域。因此，我们在讨论现代建筑节能手段的同时，回顾和总结我国传统民居中节能意识应该也不无裨益。本文试图在这方面提出一些粗浅的看法。

一、选址规划与建筑类型

我国地域辽阔，国土范围南起曾母暗沙，北达黑龙江漠河，南北疆域跨过从北回归线以南的北纬4°至北纬53°左右的复杂气候带。从居住气候区划大体可以分为寒带、夏热冬冷的过渡带、亚热带乃至热带的三个区域，而且在这三个区域中也因复杂且不同的地理形态而形成特点鲜明的小地理气候区。因此，如果细分起来，就出现了许多各不相同的居住自然环境。但是，我们的祖先在结聚自然村落与发展城镇时，在选址与规划中就有很多成功的经验。在能源动力与技术手段缺乏的时代，人们只能依靠选择适应自然的被动方式来创造更好或者较为舒适的居住环境。

北方寒冷地区，如黑龙江省和吉林省，冬季季度低温达-40℃以下，南方亚热带或者热带地区夏季高温竟可到40℃以上，而夏热冬冷的过渡地带的气温环境则更为复杂。今天，我们考察古代自然村落和历史城镇遗址时，不难看到，当时人们非常重视可适合生存的环境条件。对寒冷而又漫长的冬季的北方村落和住宅群的规划，首要的要求是获得充足的日照。北方的村庄多居平原地带，方位的选择是比较容易满足的，而选址在山区或者坡地上的自然村，他们则选择在南向或西南、东南的坡向。现存比较完整的北京爨底下古村落实例让我们看到过去人们营造村寨时重视生活环境的质量，整个村庄面向西南有规律地采用行列式顺着山坡展开，几乎每户都能够得到最好和最长的日照方位，他们的空间结构具有"紫气如盖，四时弥留"之势。"风"与"气"，"阴"与"阳"的和合是我国堪舆学在古代村庄选址定位中首先考虑到的因素，冬季采暖更多依赖自然因素而减少能源的消耗。北方自然村中的建筑布局，建筑密度远比南方要低，建筑形式更多采用以北京为代表的"四合院"或"三合院"形式。每套住宅由几栋独立的建筑围合出一个宽敞的内院，这个内院就给每户提供一个冬季避风纳阳的室外补充使用空间。在晴朗的冬天，人们活动在阳光充沛的院落远比在阴冷的室内要温暖怡人。就算是单栋的住宅，有条件时都围合一个自用的院落，这种院落同样具有上述的功能和优点。北方民居一般体量偏小，层高较矮，多是一层建筑，这都适应寒冷地区保暖节能的要求。这一类型建筑其典型平面是三开间一堂两房（东房和西房）形式。这样平面结构不但使堂房都有充足日照的南墙和窗户，而且在堂屋布置锅台，直接利用余热向东西两房的土炕供暖，达到节能的目的。北方平房外檐高度一般不超过3米，且有较陡的双坡顶，低矮空间易于保持室温，陡坡则易于融化积雪。更有像吉林民居出现人称"地窨子"的半地下房屋，这是将室内地平降低40～60厘米由半穴居演化而成的类型，很显然都是为了达到保温和节能的目的。

西北地区的窑洞民居是黄河流域一带根据自然地理环境、地质地貌、气候条件及经济等原因在长期实践选择中肯定下来的一种很有特色的民居类型。窑洞可以因地制宜、巧用地形、施工简便从而达到冬暖夏凉、居住舒适、节约能源的目的。窑洞的聚落大致可分靠崖式窑洞和平原下沉式窑洞两大类型。前者根据山体走向，沿着山坡层层掘进，道路盘山而上。下沉式窑洞在没有山坡的条件下，巧妙利用黄土特性，就地挖出一个方形地坑，然后沿着下沉的四壁挖掘窑洞，同时形成一个用以通风的地下天井。窑洞民居是我国历史上创造最巧妙，利用自然条件和地质特性的节能建筑，这样的居住建筑群体不过多占据和破坏环境。所以说，这是一种可以在屋顶种庄稼的房子和村庄。因此，处于现代工业发展引起能源危机、环境污染、生态失衡的时代，无怪乎世界建筑学界越来越重视对我国窑洞的研究，企望能发展开拓地壳下浅层空间的"现代穴居"——掩土建筑。

南方炎热地区与北方正好相反，处于这个气候区域的建筑主要解决的是降温和除湿问题。现代炎热地区建筑普遍使用空调而大量耗费能源和产生大气污染已经使我们认识到这是影响人类生存的重大危机。在我国传统民居中，他们更多则是依赖选址定点、规划布局，合理选择建筑类型来创造宜人凉爽的夏季生活环境。以广东为例，不管山地、平原或沿河、濒海的村落类型，它们大多采用负阴抱阳的朝向，但是这些地区更为重视的是注意引入夏季主导风向，从而使住宅可以获得良好的穿堂风。穿堂风不但有效降低室内气温，同时很快达到除湿干燥的目的。炎热地区的村落或城镇街坊组团结构一般都是建筑密度比较高，建筑进深比较大；规划布局有所谓"梳式系统"和"密集结构"的形式。北方的居住条件需要纳阳，而南方却要避阳通风。这种规划结构形式容易产生"冷巷"效应。狭窄的内巷与较高的建筑利用温差的对比把巷道风变为冷巷风，人为造成微小气候的调节，使居民获得良好的舒适环境。南方建筑一般层高较高，进深较大（有称竹筒屋），多为一层或一层半、两层者，大户人家还出现花园式住宅。这些都是有条件和没条件皆尽可能设置纳凉的室外空间。在没有得到良好朝向且受地形限制的建筑或街道，则出现骑楼式或跑马廊的建筑类型。尽管类型不一，但考察其目的，都是在当时能源限制的条件下，利用规划布局、建筑设计等使人们获得消暑纳凉的居住条件。在南方少数民族聚居地，人们创造出更多和更灵活且富有特色的居住群体和建筑，如傣族干阑式竹楼、侗族山寨村落、彝族的土掌房、白族的"三房一照壁"……沿河的"茅寮"、濒海的"旦家"渔村等，都是采用非能源手段来改善自身的居住生活条件。

处于我国中原长江流域地区是比较复杂的夏热冬冷气候带，如湖南永州历史夏季极端最高温曾经达到过45.7℃，河南安阳冬季极端低温也有过-21.7摄氏度的记录。中国有三大火炉之称的城市都处在这个气候区域内。而且这个地区地形地势比较复杂，山地城镇做到南北取向困难。所以，既要保证室内空气质量，组织好室内外气流的交换，又要在冬季不能过于消耗能量而获得室内的保温效果。以江西为例，对居住质量要求，既要在夏季避阳通风，又要在冬天使住户获得足够的日照时数。江西的传统民居大量采用的"天井式"住宅是解决这个矛盾较好的类型。以天井组成一进是江西省传统民居的基本单元，以"进"为单位组织成多进的大纵深民居皆可满足较好的室内气候条件。天井是向上空敞开的弹性室内过渡空间，其功能是解决住宅的通风、采光和排水。天井的平面比例约1：2，其深度与正常檐高比也近似1：2。这样的敞口就好似烟囱的气流模式，天井永远处于负压区，所以非常有利于住宅内部换气效果，这种通风形式我们称之为"天井效应"。加之江西天井民居的层高较高，正堂高可达4～5米。甚至有达6米者，一般都是一明两暗三开间形式，正间为开敞式厅堂，两侧开间为卧房。厅堂多为一层的"彻上露明造"，而房间则为两层结构，檐高较高的厅堂者也有做成两层的，这种类型的厅堂很有利于室内通风。房间上为不住人的阁楼，只作存贮之用，于是阁楼就成为冷摊瓦屋顶下一个很好的保温隔热空间。这种比例形式的天井，因夏季太阳高度角较高，就避免了直照阳光进入室内，而冬季在太阳高度角较低的时候，阳光就可以直照厅堂。同时，因为天井永远处于负压区，寒风自然吹不进室内。当然，属于这个过渡气候地带的区域也包括很多省份和少数民族聚居地，它们都有各自创造适合自己生活居住条件的民居类型，但是，我们认为天井民居是一个很好的成功范例。属于这个地区的自然村选址规划最宜取三面环水，一面靠山，坐北朝南的地段。安徽宏村、江西乐安流坑古村就是很典型的村落形态。村庄的上游筑坝，抬高水位开筑渠道引入村内，结集成中心塘并分流到各家各户，并使村民使用过的污水排入下游，这样，流经村庄的水道就能保证水质的洁净。几百年以前，我们的先人就有了如此强烈的环保意识。同时他们还利用人工形成的水位差带动水碓，取得了用之不竭的能源来为生产、生活服务。

我们的先辈在千百年选址营建实践中，总是因地制宜，运用自己的聪明才智来解决能源开发，利用自然手段，创造合理的居住模式来适应不同的自然气候，从而获得较满意的居住环境，而又尽量减少能源的消耗。

二、建筑材料生产与建筑构造

居住建筑是人类历史发展中最早出现的建筑类型，建筑数量最多，也是最耗费自然资源、能源的建筑。所以，在居住建筑中提出节能问题有非常重要的意义。

我国在漫长的建筑文化与技术发展历史中，形成了独特的木构架体系类型，这种以木框架作为承重结构，砖砌体（或其他材料）作外围护墙的建筑体系已经发展到非常成熟的地步，同时也深深影响到东南亚其他国家。在人口稀少的古代，自然的恩赐向我们提供出丰富的建筑木材，我国的古代建筑也多以木材为主要建筑材料。木材虽属可再生资源，但毕竟所提供木材的森林是我们地球绿色的屏障，是保护人类生态平衡的重要环境。所以在今天看来，大量使用木材作为建筑材料已经不可能了。在古代，因为建筑材料开发技术的限制，人们在建筑房屋时不得不过多地使用它，但是，人们还是在材料选择、合理结构和精心加工中尽量减少木材的消耗和延长建筑的使用寿命。我国最古老的木构建筑遗存当属山西五台山南禅寺大殿，距今已有一千二百多年历史；而保留至今的明代民居随着近十来年的不断发现，已经不算是稀罕的了。倘若不是历史上频繁的战争破坏，更多木构建筑，甚至整体的村落和建筑群都能保存下来，所以木构建筑的使用寿命和木材生长年限比较，不一定就是减损的关系。只要本着节能意识的合理开发利用，木构建筑还是具有生命力的。建筑另一种主要材料就是墙体材料。我国的传统建筑，从古到今还是大量地使用黏土砖。黏土砖一则消耗土源，同时焙烧时需要大量热能，时至今日，从严格限制到禁止使用普通黏土砖都有其重要的节能意义。传统建筑的外围护墙体是非承重结构，所以很早我们的先辈就懂得减少黏土砖用量而发明采用薄型黏土砖（只有4厘米厚度）砌筑全斗型、一眠三斗型或者一眠五斗型等空心墙。这种空心墙不但节约砖材，同时也可以非常有效地降低墙体的导热系数，使室内达到冬暖夏凉的效果。山区建筑还使用就地获得的石材（方整石或者碎裂片石），临水建筑使用河卵石等地方材料的应用都说明我国传统民居早已有了节能意识。

生土建筑应用也是在建筑节能方面重要的成功经验。上述黄河流域常见的窑洞民居就是整体的生土建筑。在江西省和其他许多省份，农村中至今还大量采用夯土墙体和土坯砌筑的民居。夯土墙和土坯筑墙一般都有30厘米厚度，它的筑成不但绝对不使用燃料，同时还有很好的建筑物理性能，从而具有冬暖夏凉的优点。在北方，还有用羊草混合碱土做成的叉垛墙，这些叉垛墙厚度筑成60厘米，由于构筑坚固密实，使用寿命可达20年以上，对于严寒的地方，它比土坯墙还能保暖。北方不少地方有片片相连的碱地，当地人称为"碱巴拉"，这种碱地不生长任何植物，碱土颗粒细腻而不吸收水分，是属于不损害资源的可用建筑材料，碱土可用于墙体和屋顶的抹面，这些房子遂称为"碱土平房"。在林区，还有直接采用原木构架的井干式建筑，林区内自然不乏木材使用，这种简易的井干式原木墙在内面抹上草泥，即有很好的防风保暖效果。建筑与室外空气接触的另一个重要临界面就是屋顶，所以屋顶的隔热保温尤为重要。南方传统民居屋面多用小青瓦，沿海台风多发地区则采用坐灰筒子瓦。对于室内的隔热降温并不过多依赖屋面的热阻，而是提高建筑的空间高度，大进深的竹筒屋利用地形高差和建筑高低不同的处理，形成空气压力差而造成良好的通风条件。加上在门窗、屋顶通气窗等一些适合地方气候特点的做法，依赖建筑的巧妙构造，非常独到地解决了炎热地区的通风降温问题。

从总结前人的经验来对比今天的建筑设计，建筑师几乎对此经验毫不重视而一味大量使用空调，不但不加节制地消耗能源，同时使周边空气质量因这种不平衡的效应而越来越差。我们曾经访问过欧洲许多著名的古城，看到的都是非常注重前人的经验做法，对空调的使用几乎到了吝惜的地步。这并不是因为他们过于节俭，而是体现了他们在节约建筑能源和对环境的保护方面的关怀。

人类的发展史是在几千年来与大自然斗争的进程中写成的。人类之所以得以生存和发展，肯定是能主动利用各种自然环境，因地制宜地创造了许多值得令人反思的学习经验。对于寒冷地区，不论瓦顶或草顶，都在基底铺上一层10~15厘米厚的望泥，非常简便而有效地增加屋顶保温性能。北方传统住宅冬季取暖，一般都不采用独立的采暖系统，而是非常重视余热向两侧卧房的土炕传送，中国北方的"热炕头"恐怕是世界上任何一个采暖国家和地区都承认和赞赏的一种民间的伟大创举。寒冷地区的建筑，设置火墙、火炕，成为室内固定式采暖办法。我国出现火炕应该有很久的历史，有实物证明可以追溯到元代。建筑地面有全部或部分做成火炕的。全部地面做成火炕的就不另做地面，下面炕道做得长而且多，目的在于增长烟火在炕道的滞留时间，有效地提高室温。当烟升入烟囱时，实际已无火焰存在，最大限度把余热用于室内的采暖。这种采暖方式实际上是使建筑内表面均匀升温，通过热辐射有效提高室内的温度，这是和建筑紧密结合的采暖方式，完全不似现代自成独立的采暖系统。于此相仿，在炎热地区，为了达到室内的降温，有把地面架空，使地面增加一个既能降温又有空气对流交换的空气层；甚至有像火炕的原理在地下设置水道或者风道，通过地面与室温进行热交换，达到降温的目的。虽然这样的实例不多，且有些效果也不能算很成功，但这至少说明，我国传统民居从很早以前就开始利用一些设计方法来做到建筑节能的效果。而这些例子和经验值得今天建筑设计加以研究和参考。

历史的进步带来技术的发展，其目的就是要全方位提高人类的生存质量。发展技术，新的生活方式不可避免地要使用能源，但任何时候，我们都要关注能源的节约，用可持续发展的观念而拒绝浪费能源，对能源进行合理的开发利用，如把对地球上那些有限物化资源的使用转向开发自然所提供的无尽能源，如水力、风力、太阳能、地热

不为繁华易匠心

等。在这方面，我国传统民居都曾经有过探索的例子。我们相信，建筑节能、保护环境、维持生态平衡之善举将会成为全民事业，在新的一个世纪时期，使地球真正成为全人类的可爱家园。

1996年10月

侗乡美

中国民居第三届学术会议于1991年10月在桂林召开，会议期间考察三江、龙胜侗族民居。侗乡人民接待盛极，感系之余，偶得二首，以表答谢之情。

叠阁重楼起连霄，风雨桥上任逍遥；
抚槛推窗迎远客，玉壶冰心伴寨寮。

横卧碧波楼上楼，风雨桥里闹风流；
酥茶米酒笙歌处，侗乡情意实难酬。

（发表于1992年《景德镇日报》）

4 主要工程项目

景德镇古陶瓷博览区规划设计

  1979年底，景德镇市委市政府为了适应国家文化科学事业与旅游事业的新发展，大力开发历史文明，传承景德镇古老的手工制瓷技艺，为四个现代化服务而决定修建景德镇古陶瓷博览区。要求这个展区把景德镇一千多年制瓷的历史地位和贡献介绍给观众；同时还把现存珍贵的古作坊、窑房、明清时代典型的世俗建筑搬迁进来，浓缩成一个使人感到有五、六百年前历史气氛的景德镇一角，并加以保护和利用。

  博览区选址最终定在距市中心仅七公里的盘龙山内。该区环境幽深雅静、空气清新，几乎不受现代文明干扰。近期用地面积为43公顷，远期可控范围达80公顷，目前规划区是三条Y字形山谷及其环绕的山丘。总体布置分三个

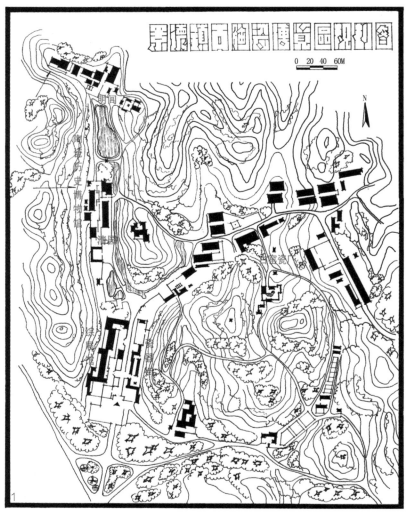

1 景德镇陶瓷博览区总平面
2 博览区远眺
3 明间内建筑群鸟瞰
4 清园内建筑群鸟瞰

不为繁华易匠心

组成部分：中部的综合展览馆、东翼的古瓷厂、西翼的明清世俗建筑群。目前，除中部展览馆外，东西翼组团已建成开放近四十年了。

古瓷厂是作为永久保留和传承景德镇手工制瓷技艺并满足对外开放要求而设计修建的。景德镇古代制瓷作坊主要由坯房和窑房两类建筑构成。古瓷厂的两栋坯房和镇式柴窑房是从市区瓷厂改造而拆迁进来，是十分珍贵的古代工场建筑，其他坯房及配套建筑则仿制而成。

西翼区域是由"明间"及"清园"两组明清珍贵的世俗建筑精选搬入组成。清组团在前端，明组群在后方。"清园"由通议大夫祠及四栋清代民间大宅组成。"明间"（又称"明园"）包括一栋明代气势雄浑的桃墅汪氏五股宗祠及四栋明代住宅。易地迁入这些珍惜的民间世俗建筑一方面可以永久保存，同时还可以利用它们举办一些小型民俗展览，进行陶瓷学术交流，开设仿古瓷商店及用以与制瓷配套的家庭式手工作坊和相关的服务设施。

博览区初步建成，已经成为景德镇城市一张名片，为景德镇的四化建设，为加深各国人民对瓷都的了解和增进友谊作出了重大的贡献。

2013年，博览区的"明间"（"明园"）以及古瓷厂的"镇窑"被列为国家级第七批重点文物保护单位，由此证明，易地迁移的文物建筑，只要工作到位，同样可以成为"国宝"级文物。

5　古窑建筑群鸟瞰
6　古窑入口
7　坯房外景
8　窑房外景

景德镇"明青园"

　　"明青园"是利用散落在当地行将损毁的民间旧房架、残破部件，经精心修复、重新组合构筑而成的一组集科研、生产、接待陈列和观光旅游于一体的建筑群。

　　"明青园"位于景德镇市雕塑瓷厂厂区一隅。该厂是享誉中外的生产传统雕塑陈列瓷的著名厂家。设计从传统观点出发，使建筑风格与古陶瓷文化得到有机的契合。单体建筑的设计借鉴了景德镇古陶瓷坯房、作坊及地方传统民居形式，全园建筑均体现出浓郁的乡情气息。

　　全园用地不足1万平方米，设计巧于利用地形，成功推敲各建筑的体量和造型，在总平面布置中划出了不同尺度和比例的空间，既满足了使用分区的要求，又增加了景观的递进和渗透的情趣，使之古朴清新、活泼变化，在俯仰、转折中产生丰富的视觉效果。

1　明青园总平面

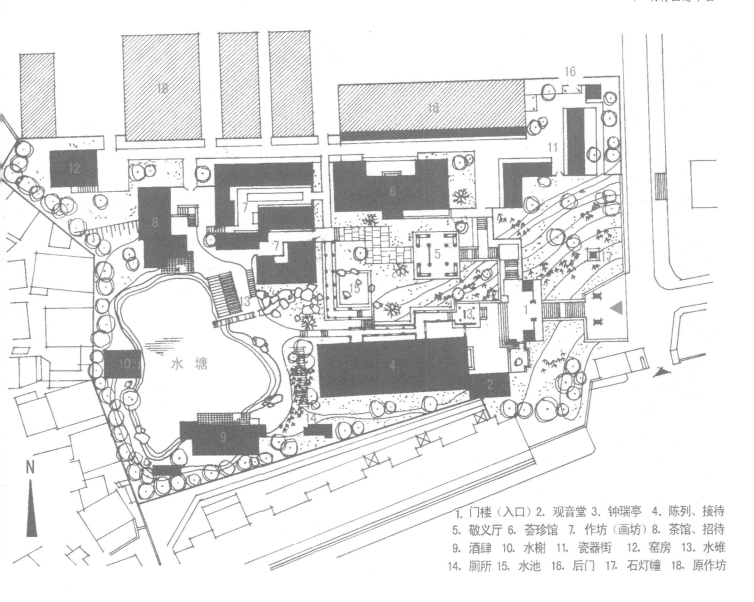

1. 门楼（入口）2. 观音堂 3. 钟瑞亭 4. 陈列、接待
5. 敬义厅 6. 荟珍馆 7. 作坊（画坊）8. 茶馆、招待
9. 酒肆 10. 水榭 11. 瓷器街 12. 窑房 13. 水碓
14. 厕所 15. 水池 16. 后门 17. 石灯幢 18. 原作坊

6

"两园"设计

1999年和2006年两届世界园艺博览会分别在我国昆明和沈阳举行。前者江西省室外展区命名为《瓷园》，后者为《豫章园》。

《瓷园》以悠久的陶瓷文化为主题，采用村居野里的布局形态，展现出人与自然相融的景观效果。其建筑配景以赣东北明清时期传统民居形象与古代陶瓷作坊为参考设计，具有丰富的文化内涵，又有浓郁的江西乡土特色。《瓷园》内还邀请陶瓷著名技师现场献艺，向观众展示出景德镇悠久陶瓷文化的特殊魅力，并且还允许

1 江西瓷园效果图
2 江西瓷园大门
3 江西瓷园画坊
4 江西瓷园水碓
5 江西瓷园坯房
6 江西豫章园效果图
7 江西豫章园大门
8 江西豫章园内景

1

2

3

不为繁华易匠心

观众参与，增加了游园的意趣。因此，《瓷园》另一个特点是动与静的结合，以区别于一般只限于游赏的静态园林。

　　江西是一个历史文化非常丰厚的省份，在漫长的历史长河中，文化名人辈出，都是古今中外不朽的大家。所以，《豫章园》的设计拮取了江西这些文化亮点，并以南昌几个重要景点：万寿宫、滕王阁、八大山人故居、汤显祖"牡丹亭"作为造园的物象符号，旨在表现江西"物华天宝、人杰地灵"的主题和文化内涵。

　　"两园"设计我们都在传统民居中提取精华，以突出自身亮点，但在布局上，《瓷园》则更实一些、更具象一些；而《豫章园》则采用更虚一些、更抽象一些的手法。前者多表现工艺性的瓷文化，有明显的质感；而后者是要表现江西的历史文化气质，给人以联想的感觉，使人产生无尽的回味。

业祖润

    1938年出生，汉族，1961年毕业于重庆建筑大学（原重庆建筑工程学院）建筑学专业，担任建筑学专业教学课程。1976年调入天津大学建筑设计研究院任职。1984年调入北京建筑大学（原北京建筑工程学院）任职至今。1992年晋升为教授。1996年批准为国家一级注册建筑师。2012年被授予"中国民居建筑大师"荣誉称号。

    曾任中国建筑学会第七、八届理事，兼任七、八、九届中国建筑学会组织委员会委员，北京土木建筑学会理事，北京人居环境学术委员会委员，中国建筑学会小城镇分会专家委员会专家，国家文物局专家，中国民族建筑研究会专家委员会专家，中国民居建筑专业委员会副主任等职务。

    自1960年始从事建筑学专业教学、科研及工程实践，其主要教学及研究课题为"公共建筑设计及原理"、"建筑设计"、"现代住宅建筑"及"风景建筑设计"等。自1986年承担楠溪江历史文化名村"苍坡村"和"芙蓉村"保护规划并结合毕业设计教学与研究始，确立了"传统民居文化"，"传统聚落环境"，"历史文化名城、名镇、名村保护利用"，"古城镇及传统街区保护与利用"等为主要课题研究方向。开设了"中国传统民居"，"传统聚落文化"，"历史文化名城、镇、村历史研究与保护工程实践"及"风景区规划与建筑设计"等教学课题，并结合国家自然科学基金研究课题"中国传统聚落环境空间结构研究"，组织"传统民居文化"，"古村落、历史城镇及历史街区保护"等研究生课题教学及科研，培养了研究生30余名。

主要出版著作及论文发表情况

著作

业祖润. 北京民居. 北京：中国建筑工业出版社，2009，12.

业祖润等. 北京古山村川底下. 北京：中国建筑工业出版社，1999，6.

业祖润等. 魅力前门. 天津：天津大学出版社，2009，1.

业祖润等. 北京前门鲜鱼口街区保护与城市设计研究论文集. 建筑创作，2007，12（专刊）.

业祖润任分主编并撰写古今建筑条目. 中国建筑大辞典——建筑设计. 北京：地震出版社. 1992，5.

业祖润编译. 建筑图配景. 天津：天津科技出版社，1983，3.

业祖润，李维荣编译. 城市环境设计. 天津：天津科技出版社，1992，10.

中国古村. 北京：中国科技出版社. 1993，10. 业祖润撰写"古村建筑与环境"等章节.

业祖润参加编制，国家住宅建筑设计规范，2003.

发表论文

楠溪江古村落建筑环境意趣. 新建筑. 1989（4）.

传统聚落环境空间结构特征. 建筑学报. 2001（12）.

现代住区环境设计与传统聚落文化——传统聚落环境精神文化形态探析. 建筑学报. 2001（2）.

北京川底下古山村环境与山地四合院民居探析. 古建园林技术. 1999，2（63）.

京西明珠川底下村. 北京人文地理. 2009年增刊.

谈传统民居文化继承与弘扬//中国传统民居与文化. 北京：中国建筑工业出版社，1992.

北京前门地区历史街区保护、整治与发展规划. 建筑创作，2007（12）

现代城镇与古村文化保护——北京川底下古村价值与保护探析//中国历史文化城镇保护与民居研究. 北京：研究出版社，2002.

四川夕佳山传统民居环境探析//中国传统民居第七届学术论文集. 北京：中国建筑工业出版社，1996.

现代城镇建设与历史文化村镇保护. 小城镇建设. 2001（9）.

北京前门历史街区传统民居特色探析//海峡两岸传统民居学术讨论会论文集. 武汉：华中科技大学出版社，2005.

变层高住宅设计探讨. 建筑学报（第7期发表），建筑师（第11期发表）.

北非古国——摩洛哥历史文化名镇保护启示. 北京规划建设. 2013（4）.

传统民居文化继承与弘扬——传统民居聚落保护、改造规划试探//中国传统民居文化（3）. 北京：中国建筑工业出版社，1995.

不为繁华易匠心

2 主持科研及获奖项目

《中国传统聚落环境空间结构研究》，该课题为国家自然科学研究基金项目，于1998～1999年完成。

《村镇小康住宅技术经济指标及综合评价方法研究》，该项目为2000年国家"十五"科技公关项目"村镇小康住宅规划设计导则"研究中的子课题，该课题获北京科技进步三等奖。

《住宅室内空间环境研究》，该项目为2005年国家"十一五"科技公关项目《居住及其环境规划设计研究》中的子课题，该课题获"北京市优秀科技项目二等奖"和"华夏奖一等奖"。

《北京川底下古村文化研究与保护工程》，获2011年度精锐科学技术奖"建筑文化奖金奖"。

《北京顺义区焦庄户古村落历史文化保护与整治规划》，获2011年度北京市优秀城乡规划设计二等奖。

《北京焦庄户历史文化名村保护规划与建筑设计》，获2011年度精锐科学技术奖"住区规划奖优秀奖"。

《湖南省立第一师范学校旧址建筑文化研究与保护工程》，获2012年度精锐科学技术奖"建筑文化优秀奖"。

3 主持工程项目

1. 《浙江省楠溪江永嘉县历史文化名村"苍坡村"、"芙蓉村"两村保护与利用规划》（1986年）。

2. 《北京通州古运河风景旅游区总体规划》（1993年）。

3. 北京门头沟区川底下古村保护与旅游开发工程（1998年–2016年），先后完成保护规划及古建保护工程4项：《北京川底下古村保护与旅游开发总体规划》（1999年）；《北京川底下古村历史文化保护区保护规划》（2004年）；《川底下古村建筑修缮工程》（2012年）；《爨底下村古建筑群保护规划》（2015年）。

4. 北京焦庄户地道战遗址保护工程（1998年–2016年），先后完成保护规划及修缮等工程4项：《北京焦庄户地道战遗址保护与旅游开发总体规划》（2003年）；《北京焦庄户地道战遗址纪念馆传统民居与地道修缮设计》（2004年）；《北京焦庄户地道战遗址纪念馆建筑工程》（2010年）；《北京焦庄户地道战遗址保护规划》（2016年）。

5. 北京顺义区焦庄户村历史文化名村保护利用工程3项：《北京焦庄户古村落历史文化保护与整治规划》（2011年）；《北京顺义区龙湾屯镇焦庄户地道战红色文化旅游核心区旅游总体规划》（2012年）；《龙湾屯镇焦庄户地道战红色旅游核心区城市设计》（2013年）。

6. 《北京马兰村八路军冀热察挺进军司令部旧址保护规划》（2015年）。

7. 北京前门历史文化街区保护整治工程（2003年–2006年），先后完成保护规划及修缮工程17项：《北京前门危改地区保护、整治与发展规划》（2003年）；《前门地区修缮、整治规划方案》（2003年11月）；《前门东侧路城市规划设计》（2004年4月）；《前门地区（东片）修缮整治规划设计方案》（2004年9月）；《前门大街及东片城市规划设计》（2005年）；《前门大街东侧路及西片城市规划设计》（2005年）；《前门大街景观设计》（2005年）；《前门大街及东片保护整治发展规划》（上、下篇）（2005年）；《前门大街及东片风貌整体保护规划》（2006年）；《前门东侧路西片修建性详细规划》（2006年）；《前门大街及东片保护整治项目地下空间设计》（2006年）；《前门大街及东片保护整治项目"广和楼"方案设计》（2006年）；《前门东侧路以东地区保护整治规划》（2006年1月）；《前门大街及东片保护整治项目设计》（2006年3月）；《前门东区项目分区域设计》（2006年03月）；《鲜鱼口街区设计》（2006年06月）；《鲜鱼口街区城市设计与发展研究》（2007年02月）。

8. 河南省社旗县赊店古镇相关工程，先后完成保护规划、历史建筑保护及修缮工程7项：《赊店文化广场及配套商业区工程设计》（2009年）；《河南省社旗县赊店历史文化名镇保护规划》（2010年）《河南社旗县赊店镇山陕会馆北侧商业区工程设计》（2010年）；《河南赊店历史文化名镇古码头公园城市设计及主要建筑设计》（2011年）；《赊店历史文化名镇核心保护范围修建性详细规划》（2014年）；《河南赊店历史文化名镇古码头文化公园城市设计》（2014年）；《河南赊店历史文化名镇城门复建研究及方案设计》（2014年）；《木梯寺石窟文物保护规划》（2007年12月）。

9. 《湖南省立第一师范学校旧址保护规划》（2011年11月）。

10. 《四川江油窦圌山云岩寺文物保护规划》（2013年9月）。

11. 河北省临城县相关工程，先后完成工程11项：《河北省临城县崆山白云洞风景区总体规划》（该景区为国家级风景区，规划面积150平方公里）（1990年）；《河北省临城县天台山风景区详细规划设计》（1991年）；《河北省临城县岐山湖风景区总体规划设计》（1991年）；《河北省临城县岐山湖活动中心》（1991年）；《河北省临城县岐山湖风景区会议中心工程》（1992年7月）；《河北省临城县岐山湖度假村别墅建筑工程》（1992年–1993年）；《河北省临城县岐山湖商、周古岛工程设计》（1993年）；《河北省临城县岐山湖商、周博物馆建筑设计》（1993年）；《河北临城县岐山湖风景区总体规划》（2004年）；《河北省临城县普利寺塔文化园区规划及设计方案》（2007年）；《临城蝎子沟森林旅游风景区规划》（2006年）。

12. 北京市相关工程：《北京又一村宾馆》（1991年建成）《北京外文局职工住宅》（1983年建成）；《北京仿唐饭庄》（1989年建成，获1990年北京市优秀工程设计三等奖）。

13. 天津市相关工程：《天津大学丰异体超洁净实验楼》（1979年建成）；《天津大学沁园宾馆》（1982年建成）。

主要代表论文

传统聚落环境空间结构探析

摘　要：本文运用"空间结构理论"探析传统聚落环境空间创造理念、空间结构体系、形态、结构方式及古人对居住环境创造的智慧和实践的文化积淀，为建立中国特色人居环境理论寻求启示与借鉴。

关键词：传统聚落　居住环境　空间结构

我国改革开放20多年以来，住宅与居住环境建设得到了空前的大发展。今天居住环境建设呈现出多元化、多层次的新发展。特别是环境的生态化、设施的现代化、社区的智能化、人性化的需求越来越高，环境质量已成为现代中国人关注的热点。在居住环境设计和建设质量得到提高和发展的同时，全国范围内也出现了以盲目抄袭外国建筑形式和环境处理手法为时尚的严重现象。存在缺乏对新时代中国居住环境建设的冷静思考、缺乏对西方居住环境理论与西方文化背景的研究与理解、缺乏对中国本土文化和中国人的行为特征的研究与理解。新时代居住环境的建设确实需要吸收西方现代居住环境新观念、新理论、新科技，成为促进中国居住环境理论发展必要的外在因素。

本文运用"空间结构理论"，仅以传统聚落物质与精神环境的系统及活动空间为切入点，探析传统聚落环境空间结构体系，形态、方式及物质与精神环境构建机制。以加深对传统居住环境观念、理论、法则及实践经验的理解和分析，为创新现代中国特色居住环境理论寻求启示与借鉴。

一、影响传统聚落环境构成的特定因素（略）

中国传统聚落环境空间创造正是以大陆性地理环境、小农经济宗法社会、传统"伦理"与"礼乐文化"三大特定的基本条件深刻的影响下构建与发展，形成极富地域特色的"人、自然、社会和谐"的传统人居环境。

二、传统聚落环境空间结构体系

居住环境空间是人类生活及活动体系的核心。居住环境空间结构是指人类活动的环境体系，各类空间形态的内在机制和空间之间理性的组织方式。在聚落环境中，空间结构体系是人生活与活动体系的总和，它由自然生态空间、人工物质空间和精神、文化空间三部分系统组合成有机的整体。

1．以自然生态为载体的绿色空间体系

自然生态是由大地、山川构成，土地、水文、大气、矿产及生物等自然因素是人生存之源，而人是自然的一部分，与自然同生息。古人崇尚自然，并以"天人合一"的传统自然观表达天人关系，强调天道与人道、自然与人的相通、和谐、有机。传统聚落环境的营建，尊奉"天人合一"观念，把握自然生态的内在机制，合理利用自然资源，营建绿色环境。强调择宜居地，营建聚落；顺应自然，因地制宜；以自然山水美构建聚落景观。

2．以人为主体的物质空间体系

居住环境中，人工物质空间是供人生活居住及生产等多功能活动的主体空间。传统聚落环境突出"以人为主体"的指导思想，以山水、林木、光、水、土地等自然生态因素为源，以古人的行为、心理、社会活动及农村生产的需求为目标，遵行顺应自然、因地制宜、节约用地、节约能源、就地取材等原则，按聚落规划构思和章法营建以住宅、广场、街巷道路及公共活动等多功能、多元、多层次的活动空间，构建有机组合的人工物质空间体系。

A．建立多种功能有机组合的空间体系

·以院落为核心的合院式民居空间多根据南北方地区气候的差异，聚落居住空间采用"合院式"（北方）和"天井式"（南方）的民居建筑形式构建居住空间。

·以宗祠、宗教庙宇、戏台、井台、台碾及风水树等构建聚落公共活动空间。

·顺应地形和功能的需求设置道路，建立完善的道路系统，构建聚落空间的结构骨架。

·利用地形、地貌条件建立防灾、防卫系统。

·依托自然景观，建立自然化的聚落景观体系。

B. 营建特色各异的空间结构形态

聚落环境根据基地条件和聚落规模构建空间结构形态。常见的聚落空间结构形态有：

·集中型——以一个或多个为核心体（宅院群或公共活动空间）为中心，集中布局的内向性群体空间。例如：福建田螺坑村以土楼形式构成核心体（图1-A）。

·组团型——由多个宅区组团随地形变化或道路、水系相联系的群体组合空间形态。例如：陕西安堡村，分几个组团型相连而成整体（图1-B）。

·带型——多随地势或流水方向 顺势延伸或环绕成线形布局的带型空间。例如：湘西拔茅村沿流水方向布局（图1-C湘西拔茅村）。

·放射型——以一点为中心，沿地形变化呈放射状外向延伸布局，形成视野开阔的空间形态。例如：北京川底下古山村沿山势呈放射状布局（图1-D）。

·象征型——模拟自然物或其他物形布局形成具有隐喻意义的空间形态。例如四川罗城以船形布局象征一帆风顺（图1-E）。

·灵活型——随地形变化自由布局的灵活空间 。例如：云南傈马寨应山势自由布局，创造出山、田、宅相交融的环境特色（图1-F）。

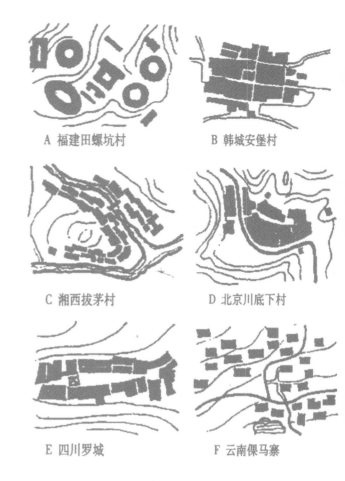

A 福建田螺坑村　　B 韩城安堡村

C 湘西拔茅村　　D 北京川底下村

E 四川罗城　　F 云南傈马寨

1 传统聚落空间结构形态

3. 以"人文"为核心的精神空间体系（略述）

人文精神是体现人存在与价值的崇高理想和精神境界。传统聚落环境是民间建于山水之间，宜于居家养性、聚群而居的生活环境。在构建物质空间的同时极为重视精神空间的塑造，以强烈的精神情感和文化品质修身育人。它多以自然山水景象、血缘情感、人文精神、乡土文化构建出质朴清新，充满自然生机和文化情感的精神空间。其处理手法多种多样，即借自然山水美塑聚落环境意象；建立以宗祠为核心的精神空间；建立以"伦理"、"礼乐"文化为核心的精神空间。

三、传统聚落环境空间结构方式

中国传统哲学中的宇宙图式是一种典型的向心性空间框架（图2）。它形象地表达了一个具有中心、方向和领域三元素的空间模式。在传统聚落环境空间结构的构建中，同样以中心、方向、领域（及几何元素中的点、线、面）三元素以几何形的坐标系统和几何结构方法构建我国传统的空间体系。

1. 中心——以"点"形态构建空间核心的结构形式。常以生长点为中心向外以同心圆或放射状呈均衡或非均衡的方式向外拓展，构建空间体系。古人崇尚"中"，"中心"关系。从"天下观"、"九阶制"到居住环境的择中性理论无不体现"中心"的意义。在传统聚落环境构建中，"中心点"常相应于风水模式中"穴"的概念。例如，徽州黟县关麓村垫下区以宗祠为中心组织各派系家族居住分区，突出了宗祠的中心地位（图3）。

2. 方向——以"线"形态组织空间结构脉络和空间走向的结构方式。 在传统聚落环境的空间结构组织中，多以自然山水屈曲环绕的线性布局构建灵活多变的空间结构。以道路延伸控制聚落空间的生长方向，以大小街巷网络构建聚落内部空间的生长骨架。例如，江西千年古村——流坑村，该村历史上曾以耕种和漕运相结合为产业主体，村子布局根据河流位置及水运需求，采用垂直河岸的七条纵向街巷和平行河流的一条横向街道组合成道路骨架，控制村落的整体布局。并在河岸处七条纵巷的入口部分设码头、巷门，各分巷内布置不同房派的居住组团。各组团沿巷道两侧建住房，中心地段建各房派祠堂，形成七个居住组团，使该村的产业活动与居家有机结合，成为罕见的聚落格局（图4）。

3. 领域——以"面"形态构建具有明显边界的封闭性空间。其边界界面大至山川、河流、树林，小至竹篱、围墙均按不同的功能需求构建封闭的围合空间。传统聚落空间常选址于群山环抱，河水绕流的封闭领域之中，构建山水之中的居住环境。也有许多出于安全防卫需求而筑墙围合，形成封闭的聚落。如山西聚落因地处与北方游牧民族交界的边防区域，出于军事防卫、抵御北虏和聚落安全防卫的需要，多以"堡"的形式构建具有防卫功能的封闭式聚落环境。更如福建客家土楼以土楼形式构建规模巨大、具有防卫功能的集聚建筑。

4. 群组——以"群"形态构建具有围合关系的内向群体空间。其群体组成的因素有建筑、标志物、林木、山石等具有界面意义的物体。常以"起"、"延"、"开"、"合"、"转"、"渗"的结构方式组织群体空间的层次、韵律、节奏的形态变化。在聚落环境空间塑造中常以风水树、塔、庙等标志物作为起点（称水口）成为划分外界空间的标志。以路、桥、树或纪念建筑（牌坊、亭）延伸空间，以祠堂、庙宇、戏台等公共建筑和广场形成村内的开放空间，供村民聚集活动，以街、巷收敛和转折空间引向宅群。组合空间常采用灵活界面（如矮墙、竹篱、花台等隔断）创造组群空间的互相渗透。不同的组群空间组合塑造成多姿多彩的空间形象和聚落景观。例如贵州雷山郎德山寨选址于群山环抱、寨前溪水绕流之地（图5）。

| 2 中国宇宙图示 | 3 堑下区黔县宗族分区 | 4 江西流坑村谱载阳宅图 | 5 贵州雷山郎德山寨平面 |

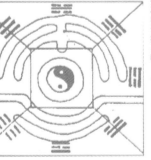

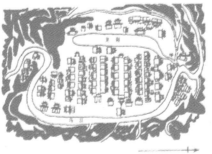

四、传统聚落环境典型实例（略）

五、启示与借鉴

传统聚落是中国社会结构的基本细胞，也是社会人群聚居、生息、生产活动的载体。"天人合一"虽是古老的自然观念，但也是现代人追求"天人和谐共生"的崭新观念的体现，追求人与自然、人与人、人与社会和谐的居住环境是古今中国人共同的理想，因此传统聚落环境文化和古人的创造智慧与实践经验，是创新现代中国居住环境的资源，也是内在基因所在。它从不同角度、不同层面给予我们以启示和借鉴。其要点在于：

1．构建融于自然的绿色居住环境

以自然生态为载体，追求"重天成为上、天造地设为本"的环境品质，创造绿色的居住环境，是传统聚落最朴实而纯真的环境品质。在以农业为主体，科技条件薄弱的古代，传统聚落采取顺应自然、因地制宜、珍惜土地、就地取材、充分利用自然光和风等能源，以节制的态度和行为利用生态资源，以培植风水林护理生态资源，创造自然化的物质空间。它体现了古人纯朴的生态观念和珍惜土地及自然资源的持续发展意识，创造出土生土长的建筑风格和充满自然生机的环境特征。同时传统聚落更注重以自然山水为永恒主题的环境景观塑造，创造景观的自然美和建筑、人工景观、自然环境相生相融的田园环境。它不仅给人以视觉上的美感，更给人以环境美的整体感受和自然灵气的心灵领悟。这正是现代人向往田园风光的魅力所在。传统聚落所创造的绿色环境（即生态环境）是理想环境模式的基本原型，也是现代中国人居环境的追求目标，新时代将以高科技手段创造新型的绿色人居环境。

2．营建亲和友善的人文环境精神

传统聚落以宗族血缘为核心构建人际交往、邻里友善的环境氛围，以伦理教化和乡土文化创造环境的精神和文化品质。多以宗祠、戏台、风水树、井台等为公共活动空间，紧紧联系人与人的交往，使聚落成为具有凝聚力和精神感召力的人性化家园。这是中国人重亲友情的民族精神，是现代居住环境营造中值得借鉴的传统。

3．注重环境空间结构的整体性

传统聚落环境空间结构突出中华文化之精髓——整体思想的指导，从居住环境中的自然和人的行为活动、人与社会的关系等功能系统的内在机制入手，以精心选址为基础，在一定的环境规划的指导下，按传统法则进行有序、有章法的营建。构建人、自然、建筑、社会有机融合的整体环境。传统聚落虽然是无规划师、建筑师的民间建筑，但它是以建村者各具匠心的规划设想为基础（其聚落规划常载入家谱之中，作为聚落发展的依据），经数代村民按聚落的规划布局参与共建，使聚落成为富有代谢生存性的居住环境。做到延续传统聚落的脉络和保持原有风格，使聚落环境经数代人更新的发展，形成有风格统一的聚落风貌和环境特色，并积淀形成地域性很强的中国人居环境。这种传统精神正是我国现代居住环境呼唤建设中国特色人居环境的有益启示。

传统聚落环境文化是中华本土滋生的蕴含深沉丰厚的传统居住文化的组成部分，它博大精深、异彩纷呈，弘扬传统文化、创新中国特色的居住环境是时代发展的必然。

（本文发表于《建筑学报》2001年第12期）

（本文为国家自然科学基金资助项目"现代居住环境与传统居住文化"中部分研究成果，项目编号59778012）

现代住区环境设计与传统聚落文化
——传统聚落环境精神文化形态探析

提　要：营建融于自然、具有精神文化灵魂的居住环境，是现代人对居住环境人性化的共同追求，也是我国现代居住环境设计与建设关注的热点课题。本文仅从传统聚落环境充满自然活力、富有强烈人性情感和乡土文化的环境特质、探析环境精神文化的创造理念、智慧与实践的文化积淀，以理解传统聚落文化真谛，寻求继承与创新现代居住环境设计的启示。

关键词：环境灵魂　传统聚落　居住意向　环境设计

不为繁华易匠心

人生于天地之间，处于社会之中，具有依赖自然而生的"自然属性"和置于社会群体而活的"社会、文化属性"。作为人聚居生存活动的基本场所——居住环境正是由"人与自然"和"人与人"的活动体系有机组合而成。它具有满足人生理、生活所需的物质功能和满足人心理意向、文化行为和人格行为所需的精神功能。两种功能的关系有如人类肉体与灵魂的关系密不可分。因此，人需要创造具有良好功能的物质环境养人，也需要创造富有心理情感和文化品质的精神环境育人，这是人性所需的共同追求。

中国自古以来在创造融于自然、宜于居家的生活环境的同时，极为重视环境精神的构建，以强烈的精神情感及文化陶冶修身育人。早在2000多年前，哲学家孟子就曾提出"居移气，养移体"①。将居住环境对人的气质造就与养人体格并论，主张养浩然之气，而成就主体的崇高人格。强调"居天下之广居，立天下之正位，行天下之道"。追求在环境的陶冶、塑造、培育下提高人品，实现人生理想。这正是传统聚落环境充满自然活力、亲善情感和精神激励的文化特征所在。

一、构建传统聚落环境精神文化的理想信念

传统聚落环境空间形态由自然生态、人工物质形态和精神文化形态组成。其精神文化形态构建的精神支柱是中国传统哲学思想树立的理想信念。

传统哲学思想追求"天人合一"的理想境界，主张以人性（指人的创造智慧）与天道（指人对宇宙万物的感悟）两者相契合而实现人生价值。在传统哲学思想深刻影响下形成了追求"仁、智、信、义"等伦理道德境界和以礼乐文化陶冶善与美的智慧境界，形成实现人性化的传统道德理想信念和汉民族重血缘、重情感心理和精神的文化气质。它指导并深刻影响着中国社会结构和精神文化生活环境的构建，也是支撑传统聚落环境文化形态构成的精神支柱和动力。

二、聚落环境精神文化形态的创造层面

传统聚落环境精神文化形态从自然形态、心灵形态、物化形态、文化形态、行为形态五个层面尊奉传统的"整体观念"与"和合思想"，进行综合创造，构建富有精神归宿、情感依托和文化品质的环境灵魂。

1. 自然形态——以自然山水景观意象和审美构建自然生态文化，寓真、善、美、情的人生美德于自然精神的陶冶之中。

2. 心灵形态——以宗法血缘情感为主体，构建祥和亲善，具有"孝、亲"道德本位和凝聚力的家园精神，寓情于心理情感的沟通。

3. 物化形态——以宗族同居的民居建筑、祠堂、圣人庙和歌功颂德的标志性牌坊、碑亭以及各种功能的人际交往活动空间等物化形态构建伦理道德的教化空间，寓"伦理"于精神物化形态的启迪。

4. 文化形态——以富有品德教训的匾额、对联和富有诗情画意的各式雕刻绘画、民间文化等文化意象，寓"智"于艺术、文化的感悟。

5. 行为形态——以礼乐文化开展社会生活、仪式、民俗活动，寓"仁爱"于心理沟通、情感升华的人文活动中。

---

① 《孟子·尽心篇》。

三、聚落环境精神文化形态的特色

传统聚落寻求天人之间和谐相融，追求"人与自然"、"人与人"、"个人与社会"和谐的居住环境，也是中国独特朴实的乡土文化空间。其聚落环境中的精神文化形态特色主要体现在自然环境意象、血缘情感、人文精神、乡土文化等方面。

1. 富有山水情怀的绿色文明

地处内陆的中国，期以小农经济为主体的农耕社会形成了崇尚自然的民族文化心理。在传统聚落的营造中，不仅视大地山河为人类赖以生存的物质空间，追求以"山水为血脉，以草木为毛发，以烟云为神采"，"天人合一"的理想境界。以自然之美培育人的山水情怀和审美情趣；以自然灵气陶冶身心；以自然品质启迪人生追求和德智；以自然形态变化喻"福"、"吉"。视自然为环境精神文化创造的永恒主题，构建以山水系情、德的绿色文明。

（1）以自然之美，育山水情怀

传统聚落多选址于山水之间，构建居耕结合、山水相融，入神入画的居家环境。

建于江河、湖泊水岸的聚落常以水的流动、奔放和力量激发人开放交流、奋进发展的追求以水清澈宁静的魅力净化人的心灵。如位居云南的丽江水街（图1）。

建于山地的聚落环境，常以山的雄姿和磅礴的气势培育人坚强勇敢的性格；以山的青翠宁静净化人的心灵。位居北京西郊太行山脉峡谷中的明清古村——川底下村以雄伟险峻、蜿蜒磅礴的群山气势，培育着山村人刚强勇敢、勤劳奋进的精神。

（2）借自然景观，创环境意趣

在传统聚落环境中，常巧用自然景观冠以文化理性的意象，以生动的环境意趣，激发人的心理和美好的遐想。在楠溪江的历史文化古村——苍坡村，正是巧借形似笔架的山峰立"文房四宝"之意规划布局、创造环境意趣的成功之例。在该村的布局中以笔架山作为对景设贯通村西的主街（称笔街）喻"笔"，街南开池喻"砚"，池边设长石喻"墨锭"，大地喻"纸"构思组织村落空间，构建富有文化气息和人文理想的环境意趣，给人以文化理性的精神感染力，激励村民读书明理，历史上该村造就了许多文人雅士，体现了环境育人的效应（图2）。

（3）以自然品质，寓人伦道德

在聚落环境中，尊奉儒家"自然比德"的哲学观念，以自然比"仁"、"智"的原则，借自然品质特征寓美德。常以翠竹有空心、丛生的属性喻高风亮节、精诚团结的品德；以青松翠柏岁寒不凋的属性喻坚贞不屈的精神；以荷花出淤泥而不染的属性喻廉洁正直的品德等。构建富有哲理和道德教化的环境意象。

（4）以爱林护林，树环境意识

在聚落环境中极重视护林爱林保护生态环境，常将浓荫盖天的风水树视为镇村之宝和聚落标志，作为聚落文化、感情、人际交往的公共活动空间（图3）。也有许多聚落种植风水林以为山川添色和培育人与自然相依相融之情。

2. 富有血缘亲情的家园精神

几千年处于封闭状态的中国农耕社会，是以婚姻和血缘关系结成的家庭、家族为基础推动国家民族的发展，造就了以宗法制度为依托的社会文明。聚族而居的聚落环境同样以血缘宗族为主干派生邻里，建立人与人、个人与社会的群体关系，成为传统聚落环境精神文化形态构建的支撑。常以宗族文化为核心的物化模式构建心灵意向，树立情感凝聚的家园精神。

（1）建宗族祠堂，树宗族文化

在聚落环境的规划布局中，常以"尊、亲"的宗法观念，建宗祠为中心的祭祖礼拜活动空间施祖宗崇拜的血缘教化，树立热爱家园的环境精神。

1　丽江水街　　　　　　　　　2　浙江苍坡村"文房四宝"的规划意匠　3　云南大理白族村中心

（2）以情感空间，寄托家园依念

在聚落环境中，常以体现中国内向哲理的合院式民居模式，构建几代家人同居同乐的情感空间；以淳厚朴实的石板街坊、幽深雅静的巷道建立家家户户联系的纽带；以风水树荫、村中水井、池塘、石碾等构建邻里交往、村民交谈家事、村事、国事的交往空间；以家园的山水林木，塑造强烈的家园认同感给居者以永久的记忆和依念。

（3）以宗教神灵，立环境精神

在许多少数民族聚居的村落中，家族血缘观念不如汉族强烈，多以宗教神灵或物种崇拜为精神支柱沟通人与神和人与人的心灵。在西双版纳的傣族村寨是以缅寺、佛塔和象征寨神勐神的"寨心"共同构成具有强烈精神震撼力和凝聚力的村寨环境精神中心。在藏族村寨多以平安塔为中心构建环境精神，以村民每天早上绕塔转三圈的礼仪活动，祈求平安吉祥和友爱和睦的精神寄托。

3．富有"伦理"、"礼乐"文化的精神文明

"伦理"是由社会规范的礼与内在道德情感两者相辅而成的传统文明。它既是中国封建社会统治意识、治国统治天下的基础，也是中国人心理思维、社会意识和修身养性、齐家的理想追求。

（1）以歌功颂德和表达各种精神意义的牌坊、碑亭等标志性纪念建筑构建聚落环境特殊的精神景观。

（2）采用匾额、对联和取材于历史佳传、民间故事或富有寓意的花、草、动物形象的木雕、石雕、砖雕等多种艺术，表现"忠、孝、仁、义"之德和寓"福、禄、寿、喜"等多种精神品德的追求。以艺术表现力施伦理教化培育人格。

四、传统聚落环境文化的启示

传统聚落环境，基于封建社会、小农经济、宗法制度、传统哲学思想和伦理道德的历史背景条件影响，存在封闭、保守、僵化及科技落后的一面。特别是支撑聚落环境精神文化形态构建的传统哲学思想与西方哲学相比存在缺乏开放性、知识性和科学性，传统伦理和礼乐文化缺乏民主平等。"家"、"族"的内容已为现代核心家庭制所置换。时代的发展带来传统民居文化更新发展的必然。虽然如此，中华文明孕育的传统文化博大精深，就传统聚落环境精神文化形态的创造理念、智慧和实践经验仍具有重要的启迪意义，归其精华可概括为以下几点：

1．聚落环境的整体性

传统聚落环境创造尊奉传统的"整体思想"与"和合观念"，创建自然生态、人工物质形态和精神文化形态有机的整体环境，建设"人、自然、社会"和谐的聚落空间。

2．崇尚自然的永恒性

崇尚自然，以自然精神为聚落环境创造永恒的主题，以自然山水之美诱发人的意境审美和生活快乐愉悦；以自然的象征性寓意表达人的理想、情趣；以自然品质陶冶情操，培养德智。构建充满自然审美与自然精神的环境文明。

3. "以人为中心"的主体性

传统聚落按人的心理和审美所需建立以家庭血缘关系为主体的邻里和朋友等社会人际关系。以多种人际交往的公共活动空间创造满足人社交、休闲和审美活动的精神家园，是聚落环境"以人为中心"，满足"人群体而生"的本性需求，营建亲和友善的人性化的环境灵魂。

4. 环境育人的目标性

传统聚落环境重视环境育人的功能，以明确中国哲学的理想信念为目标，以"伦理"、"礼乐"文化为核心，建立人生理想、人生价值、道德规范和礼乐文化活动的精神文化环境体系，在居家养性环境中塑造人生之求、做人之德、品行之修身的精神文明。

5. 景观规划意匠的创造性

传统聚落虽然是无规划师、建筑师的民间创造，但聚落环境的创造却多有匠心独具的规划立意和整体布局。并注重从自然景观入手，精心设计心灵、审美和行为等多层面、多意象和多形式的环境景观，质朴而富有自然风韵、人性情感和文化艺术品质的山野居家环境，蕴含着象征、浪漫的创造智慧。

6. 居民共建环境的参与性

传统聚落是由居者共建形成，在中国传统的自然观、哲学观观念的影响下，村民按一定的规划匠意，发挥智慧创造和自身参与共建活动，建设充满情感的家园。

五、居住环境设计更新

现代居住环境设计更新发展的关键之处是中国人对精神文化和人性情感的追求。

1. 以新时代的理想信念构建环境文明

新时期党中央提出"以高尚的精神塑造人……培育有理想、有道德、有文化、有纪律的社会主义公民"的社会主义精神文明建设目标[①]。为现代居住区精神文明建设树立了理想信念。确立了现代居住环境精神文化创造目标。

2. 深化居住环境设计

以新的生态环境的观念，构建充满自然美和自然精神感染力的绿色环境；以"以人为本"建立具有新时代精神的邻里，社会的人际关系，以住区大家园的环境精神加强认同感和凝聚力，培育人的爱家、爱国、热爱中华民族的品德；精心设计以自然精神、新时期道德和文化、艺术为主题的景观，塑造富有象征、浪漫和文化品质的环境意趣；深化"规划"、"景观"、"建筑"相结合的环境整体设计，创造新时期居住环境文明。

3. 弘扬传统民居文化，建设具有中国灵魂的现代居住区

传统聚落文化是中华大地分布最广、量最大、类型最多的民族民间居住文化。它深深扎根于民间的本土文化之中，具有中国传统居住文化"根"的意义。中国现代居住环境的多元化、多层次的发展，呼唤重返乡土，弘扬传统文化，创新居住区环境设计，开拓美丽、温馨、充满人格力量和人性情感的环境文明，建设具有中国灵魂的新家园。

（本文发表于《建筑学报》2001年第4期）

（本文为国家自然科学基金资助项目，编号59778012）

---

① 《中共中央关于加强社会主义精神文明建设若干重要问题的决议》。

不为繁华易匠心

5 主要工程项目

《北京川底下古村保护与旅游开发工程》
（1998年-2016年编制）

"北京川底下古村"为北京市门头沟区斋堂镇一处古村落，该村于1997年列为北京市文物保护单位，2003年国家建设部和国家文物局评为"中国历史文化名村"，2006年5月国务院公布"川底下村古建筑群"为"全国重点文物保护单位"，2012年被国家住建部评为"中国传统村落"，并先后由中央宣传部、国家旅游局评为"北京爱国主义教育基地"、"北京美丽山村"、"北京优秀旅游目的地"等。

本工程于1997年始至2017年，先后完成《北京川底下古村保护与旅游开发总体规划》（1999年）、《北京川底下古村历史文化保护区保护规划》（2004年）、《川底下古村建筑修缮工程》（2012年）、《爨底下村古建筑群保护规划》（2015年）等多项工程设计。现仅以《北京川底下古村历史文化保护区保护规划》（2004年）简介。

该村始建于明朝，发展于清代，已有400余年历史，为韩氏家族聚居村落。建村特色为：借天、地、自然择吉地建村——该村选址于群山环抱，山峰形态各异，有形如虎、龟、蝙蝠、笔架等生动有情的形象，有绕村而流的溪水等。山景丰富多彩，具有山水环抱的格局（图1～图5）。川底下村建筑布局融于山坡分台而筑，层层叠叠（图3）；时代变迁的活化石——"川底下村"这座韩氏家族世代聚居，同耕、同居、同乐的中国古村落，记载着各个时期的历史，村中至今仍保存着各个时期的历史文物和遗存。

规划设计要点：保护规划坚持保护第一的原则，有效保护村落依山就势的风水格局，独特的山水环境，随坡起伏的古村布局、形态、肌理和山地四合院为特色的山村风貌及非物质文化等古村文化整体；制定保护措施；按历史建筑风貌及传统做法维护、修缮，并严格控制修缮质量，确保建筑的原真性；保护传统古道、主山道、街巷格局、空间尺度、石块铺地及道边绿化，改善提高村内道路的可达性和安全性；保护并升华山村充满朴拙之气的绿化环境；恢复村前水塘，再现川底下古村典型的风水格局和充满生气的古村山水环境；把握古村保护与适度开发旅游的关系（图6）。

1　保护区位置图
2　全景图
3　山地四合院1

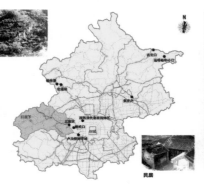

4 青龙群山　　　　　　　5 山地四合院2　　　　　6 古山村保护规划全景图

《前门历史文化街区保护整治工程》
（2003年—2007年编制）

　　该规划为我院于2003年参加北京市《前门地区保护、整治发展规划方案》国际邀标赛，经政府和专家评审确定，在我院投标方案基础上综合编制完成。自2003年完成该项规划设计始至2007年期间先后完成"前门大街"，"鲜鱼口历史文化街区"，"草场、长巷历史文化保护区"等相关项目的"保护整治规划"，"城市设计"，"传统老街、店铺及民居建筑保护修缮"等工程近20余项。现仅以2003年11月完成的《北京前门历史街区保护、整治规划》项目做简介。

　　前门地区地处北京古都中轴线南端居中位置，前门大街传统商业街区的繁华延续至今，仍展现着京城"天街"的魅力。该地区保存着"前门大街"、"鲜鱼口街"、"三里河及沿岸弧形街巷格局"、历史街区的胡同、老字号店铺、会馆、四合院民居、历史轶闻故事等老北京记忆，具有珍贵的历史文化价值。其规划范围为前门大街及东侧鲜鱼口街区、长巷和草场历史保护居住区所在地。规划面积为约95.3公顷（图1～图5）。

1　区位图
2　规划范围
3　总平面规划设计图

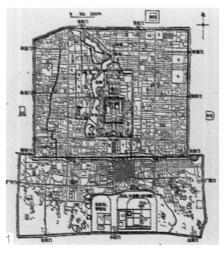

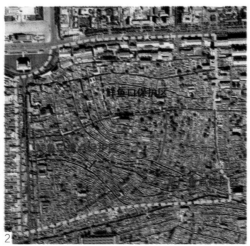

　不为繁华易匠心

4 前门大街效果图
5 规划中轴线鸟瞰图
6 长巷胡同改造

规划设计要点：根据前门地区位居中轴线上——"京城南大门"的区位和重要的传统商业街区的珍贵价值，结合该地区现状、历史文化、传统商业布局、城市景观、密集的胡同和四合院居住区等特色，以保护传统城市肌理、传统商业业态和传统建筑风貌为主体，结合现代经济发展，着力振兴前门大街和鲜鱼口老街区的传统商业经济，发展文化旅游产业；以综合开发与均衡发展相结合的模式，构建以老字号、传统商业、服务业等为主体，注入现代商业相结合的北京传统商业区；有效保护完善前门地区城市肌理、传统四合院居住区、恢复三里河，再现"小桥流水，合院人家"和水街、芦草园、长巷（图6）和草场地区传统四合院的居住环境。展示北京古都传统商业、街、居住、河、绿树相融的北京前门街区特色，展示中国北京前门历史街区的新时代魅力。

《北京焦庄户地道战遗址保护工程》
（1998年-2016年编制）

"北京焦庄户地道战遗址"为北京顺义区抗日战争时期龙湾屯镇开展地道战的遗址之一。于1998年始至2016年，我院先后主持完成《北京焦庄户地道战遗址保护规划》、《北京焦庄户地道战纪念馆》、《北京焦庄户历史文化名村保护与利用规划》、《北京焦庄户地道战红色旅游区规划与城市设计》等多项工程设计。

1.《北京焦庄户地道战遗址保护规划》2016年编制

北京焦庄户地道战遗址为中国人民抗日战争期间北京焦庄户村民投入抗日战争保家卫国战斗的历史纪念地。本

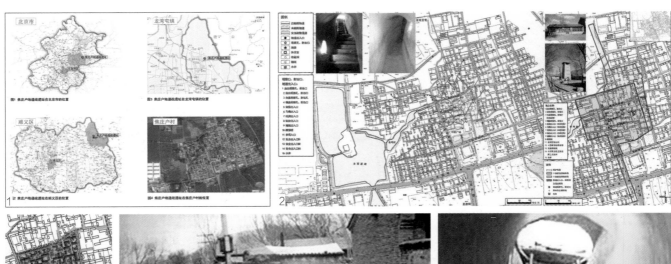

1 区位图

2 地上、地下文物分布图

3 保护规划总平面图

5 地道实景图

4 地道射击口

遗址保护规划在深入考证、调查顺义区龙湾屯镇焦庄户村地道战遗址历史和评估遗址地下、地上文物价值和现状的基础上，以地道战遗址及文物保护为核心，划定地下、地上文物保护区，制定相关保护条例和保护措施。强调保护地道遗址的真实性、完整性，有效保护和展示地下、地上文物、古村历史环境、历史事件发生地和焦庄户人民抗日英雄史迹。以抗日战争保家卫国的民族智慧和战斗精神为主题，构建以红色革命文化为主题的教育、展示、旅游相结合的爱国主义教育基地。充分展示焦庄户地道战历史，建设好"爱国主义教育基地"和"红色旅游景区"（图1～图5）。

2.《北京焦庄户古村落历史文化保护与整治规划》（2011年编制）

规划要点：整体保护古村自然生态和人文环境，保护古村街巷肌理、传统建筑风貌；控制古村内建筑高度和增加公共活动空间；有效保护和修缮现存文物建筑、历史建筑，合理疏导交通，建立完善的交通系统及停车场等。强化古村文物、历史文化保护与村落红色旅游等产业发展相结合，以提升焦庄户历史文化名村保护与利用的综合效益（图6～图8）。

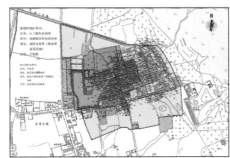

6 保护区划图

7 村落现状

8 传统建筑风貌

144　不为繁华易匠心

3.《龙湾屯镇焦庄户地道战红色旅游核心区城市设计》（2013年）

本规划以"焦庄户地道战遗址"、"焦庄户历史文化名村"等为主体和所在地的山水资源及当地农业发展为依托，构建"北京焦庄户地道战红色文化旅游区"。

旅游区功能定位：以焦庄户地道战遗址为载体，以抗日反法西斯战斗历史的红色文化为主题，突出"红色古村、乡情、山水、绿色"相融的资源特色，构件以红色革命文化为主题，以山水、农业为载体，融红色革命教育、古村文化、乡土民俗体验和绿色生态环境滋养为一体的教育、体验、运动、休闲、吃、住、购等多功能综合性红色文化旅游区（图9）。

主要景区景点规划要点：以地道战核心展示区为主体，以展示、体验地道战革命历史文化为主题，构建展示、体验的红色旅游核心区（图10）。北京人民抗日战争纪念园：以地道战纪念馆为主题的红色广场；焦庄户历史文化名村保护区：以焦庄户古村为载体，展示古村文化、建筑风貌、村民抗战爱国精神、古村绿色生态环境及民俗体验景区（图11）；红色文化街区：以红色文化为主题，旅游文化商品为特色，构建以焦庄户古村文化中心、生活街区组成的吃、购、休闲、娱乐为一体的旅游商业街北双源湖：以地道战红色文化为主题，北湖区为载体，构建湖光山色之景和古村民俗文化为特色乡村休闲景区（图12）；南双源湖：以南双源湖为主体，构建以地道战红色文化为主题，结合湖光山色之景和水体，构建湖滨、展演、多彩篝火广场、青少年及儿童活动等文化休闲活动，构建焦庄户不夜的湖滨活动区。

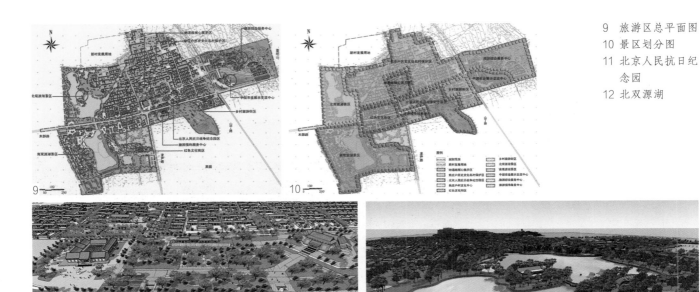

9 旅游区总平面图
10 景区划分图
11 北京人民抗日纪念园
12 北双源湖

《河南省社旗县赊店镇历史文化保护工程》 （2010年—2012年编制）

河南社旗县赊店古镇位于河南省西南部的南阳市，南阳盆地的东北部边缘地区（图1）。明清时期是一座驰名全国的商业巨镇，也是贯通南北的水陆交通的重要枢纽，是河南省社旗县政府所在地。于2007年5月，被建设部、国家文物局公布为第三批中国历史文化名镇。于2010年至2012年，先后主持并完成《赊店历史文化名镇保护规划》、

《赊店镇核心区修建性详细规划》、《山陕会馆广场及商业区设计》、《赊店码头区城市设计》等多项工程规划与设计。现仅以《河南省社旗县赊店镇历史文化名镇保护规划》项目作简介。

赊店古镇是我国明清时期中国最具有传统商业特色的古镇之一，展现着中国传统商业文化和城镇建设发展的历史画卷。赊店古镇已列为"中国历史文化名镇"、山陕会馆列为国家文物保护单位（图2）。根据《社旗县总体规划》（2004年–2020年）的规划道路、古城边界及河流走向为依据加以界定，其规划面积约9.9平方公里。

规划设计要点：有效保护赊店古镇历史文化、环境特色、古镇城墙、城门、街区布局、街道商业特色、山陕会馆等重要建筑及民居建筑特色和价值，以强调古镇的整体保护、突出重点的方针，制定保护规划和实施措施；严格保护整治古镇所依托的两河（赵河、潘河）环绕及古镇周边的自然环境特征、恢复古码头、整治两河再现古镇环境和古码头的商业繁荣（图3）；有效保护古镇内传统商业街区肌理空间形态、传统店名、各地会馆及原街巷名称、商街环境、商业招幌、建筑艺术等，展现赊店传统商业文化特色；保护传统民居院落格局和古镇居住形态；保护全国重点文物保护单位"山陕会馆"、省级文物保护单位"火神庙"和历史文化悠久的赊店镇名酒的古井、古窖池等酒文化历史景观；以"山陕会馆"为主体构建"传统文化中心广场"、"传统商业街区"相结合的古镇文化中心；大力发展"传统商业文化"、"茶文化"、"会馆文化"、"酒文化"等多元文化产业，建立"文化产业基地"、"文化会展中心"等，推动古镇文化与经济发展；重点保护和建设古镇码头文化公园和"赊店文化展馆"，以充分展示"古镇历史"、"码头文化"、"传统商业文化"、古镇建设等成就（图4～图6）。

1 古镇区位图	3 码头区规划总平面图	5 山陕会馆文化广场
2 现存历史文物建筑分布图	4 山陕会馆	6 码头效果图

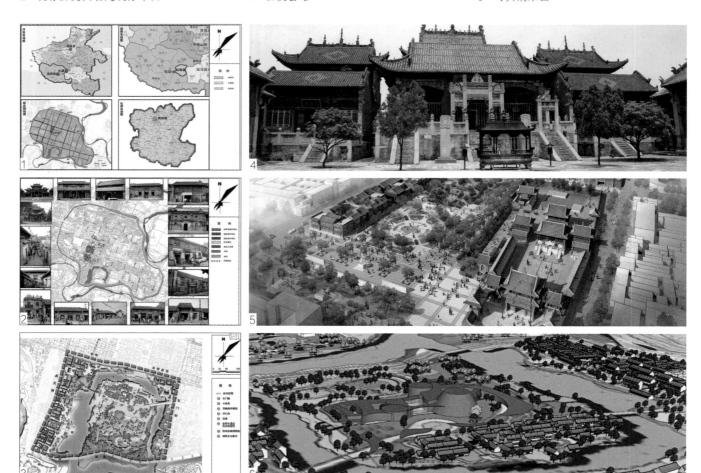

不为繁华易匠心

《湖南省立第一师范学校旧址保护规划》
（2011年编制）

"湖南一师"建校历史悠久，前身"城南书院"始建于南宋绍兴三十一年（公园1161年），由宋代理学家张栻创办。1983年，湖南省人民政府公布为"湖南省重点文物保护单位"。2006年，国务院公布为"全国重点文物保护单位"。于2011年主持编制完成该项目保护规划，其项目简介如下：

规划范围以"湖南省里第一师范学校旧址"原保护区划为依据，协同"湖南一师"文物与周边环境保护范围现状为依据。其规划面积为16.65公顷。

规划设计要点：坚持真实性、完整性保护与动态利用的积极保护相结合，有机生长、合理利用，以确保该历史文化传承、弘扬与可持续发展；确立"湖南一师"规划定位：以文物保护为核心，以"中国教育文化"、"湖湘文化"、毛泽东为代表的"名人文化"为主题的教育示范、研究、展示、旅游相结合的教育胜地；深化"湖南一师"历史文化研究，把握历史文化资源真谛和综合价值，全面评估"湖南一师"文物遗存的价值、文物本体及保存、管理、利用及研究现状，根据价值判定和现状评估，确立并制定保护原则与措施，有效保护文物建筑和珍贵的文物藏品；制定展示规划，确立展示原则、内容、路线及管理措施；制定环境保护规划，提出文物环境保护原则与措施及该区环境保护要求；编制文物管理及基础设施专项规划、有关工程经济指标、规划分期、各时期实施计划等。以确保该项保护工程有效保护，充分展示"湖南一师"历史文化的综合价值。（图1～图4）

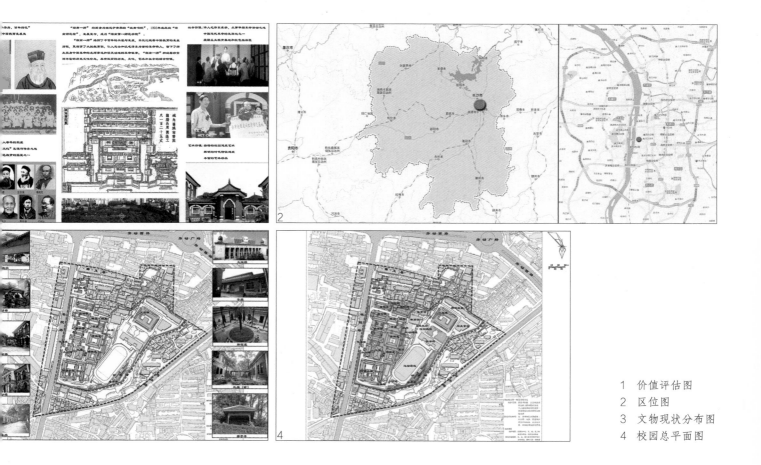

1　价值评估图
2　区位图
3　文物现状分布图
4　校园总平面图

陈震东

新疆维吾尔自治区建设厅厅长，中国建筑学会建筑会员，中国民族建筑研究会副会长。退休后曾任中国民族建筑研究会民居建筑专业委员会顾问专家，自治区专家顾问团专家，自治区城市规划管理委员会专家委员，新疆大学顾问教授，新疆美术家协会会员。国家首批认定注册规划师，退休后任新疆维吾尔自治区规划设计研究院返聘顾问，改制后在新疆佳联城建规划设计研究院（有限公司）任总规划师，中国民居建筑大师。

自1963年对传统民居在感兴驱动到认识渐入到着手研究。至1987～1990年编写论文《伊犁民居概说》、《哈萨克民居概说》、《访阿里麻里古城遐想》、《建筑在西部的断想》等，参加了汪之力主编的《中国传统民居建筑》有关新疆民居的章节编写。后又参与了严大椿主编的《新疆民居》的编写工作。1994年参加了在重庆举办的第五届民居学术研究会后，接手在1995年于乌鲁木齐举行的第六届民居研究学术会议、会期两周，参会人数107人。至后参加了民居学术研究的历届会议至今。其中，在1983年获国家民委、劳动人事部、中国科学技术协会特授"在少数民族地区长期从事科技工作荣誉证书"，2005年获中国民族建筑研究会授予"优秀民族建筑工作者"荣誉证书。

1 主要出版著作及论文发表情况

著作

汪之力主编. 中国传统民居建筑. 济南：山东科技出版社，1994.

严大椿主编. 新疆民居. 北京：中国建筑工业出版社，1995.

与毛佳梁等合著，新疆21世纪初的城镇住宅发展研究. 上海：上海社会科学院出版社，2001.

陆元鼎主编，中国民居建筑. 广州：华南理工大学出版社，2003.

陈震东. 同济人在新疆. 乌鲁木齐：新疆人民出版社，2007。

陈震东. 传统特色小城镇住宅·新疆篇，（国家建筑标准设计图集05SJ918—5）. 北京：国家建筑标准图集出版社，2005。

陈震东. 鄯善民居. 乌鲁木齐：新疆人民出版社，2007。

陈震东. 中国民居建筑丛书·新疆民居. 北京：中国建筑工业出版社，2009。

陈震东. 新疆建筑印象. 上海：同济大学出版社，2011。

发表论文

伊犁民居概说. 新疆维吾尔自治区科协刊用，获优秀学术论文奖，1990.

建筑在西部的断想. 西北建工院学报版，1991.

阿吾勒的春天. 入选《中国建筑画选》建设部、中国美协颁发佳作奖，北京：中国建筑工业出版社，1991.

清后叶新疆库车王府当议. 第五届海峡两岸传统民居理论学术论文集，2003.

新疆特克斯县八卦城城市风貌探索. 亚洲民族建筑保护与发展学术论文，2004.

传统建筑与城市环境的人性和哲理思考. 城市规划学刊，2005（5）.

塔城市城市风貌特色研究. 塔城市历史文集，2009.

2 获奖情况（除上已所述者）

1991年，《新疆霍城县惠远乡详细规划暨古城区城市设计》获自治区优秀工程设计二等奖。

《尼勒克县乌增乡牧民定居点规划》获自治区优秀规划设计一等奖，建设部二等奖。

1999年，《中国99'昆明世界园艺博览会·新疆园·"西域情"》规划设计获国际金奖。（在2004年又获自治区一等奖），所著论文《新疆园·西域情》获四川省世界经济学会优秀论文奖。

2002年，《克拉玛依市穿城河风景带详细规划》获自治区一等奖。

2005年，《鄯善县吐峪沟麻扎村保护规划》获自治区优秀城市规划设计三等奖。

2007年，《库车县热斯坦街街景规划设计》获自治区三等奖。

《特克斯县历史文化名城保护规划》，获自治区二等奖。

2012年，《疏勒县巴仁乡富民安居工程》规划设计获第九届中国人居典范建筑规划设计竞赛"最佳建筑·规划双金奖"。

2015年，《塔城市也门勒乡总体规划（2013—2030）》获自治区优秀城乡规划设计三等奖。

《乌鲁木齐市水磨沟区石人子沟村一队村庄规划》获自治区优秀城乡规划设计三等奖。

主要工程项目

　　《疏勒县中心绿地景观设计》、《疏勒县巴仁乡富民安居示范村修建性详规工程》、《疏勒县牙甫泉镇大街街景规划设计》、《库车县历史文化名城保护规划》、《河北省高邑县（主街两侧）步行街详规》、《特克斯县喀拉峻草原展示中心设计》《库尔勒市铁门关景区景观设计》《特克斯县琼库什台历史文村名村总规》等正在实施中。

　　《疏勒县张骞公园规划设计》、《疏勒县张骞纪念馆建筑设计》、《疏勒县文化中心建筑设计》、《疏勒县博望宾馆建筑设计》、《张骞公园景观建筑设计》、《特克斯县四套班子办公楼建筑设计》、《库车县龟兹乐舞广场修建性详细规划》等均为建筑主设计人（结构部分由结构专业人员完成）均已实施完毕，竣工付用。

主要代表论文

"火洲"民居探源与解析

一、前言

　　我们所说的"火洲"是指这里奇热异常的沙土荒原上，却又有着片片绿洲点缀其间的——新疆吐鲁番盆地的雅称。生活在这里的居民们从古至今本着适应当地的气候与地理、土产材料及自己的生活习俗和人文审美价值，在居住地的选择，村落位置及其组合、建筑的用材、单体的形象、建筑（群）的风貌等方面具有了与众不同的、鲜明的个性特色。对它的探究和解析，恐怕对同样为人所居住的，但因所处地域不同、民族不同而生成的不同的居住建筑和群体组合的研究，会有一定的启示和参考作用。

在前一时期对城镇大量扩容和高速建设之中，在乡村的撤村并点、拆旧建新的新农村居民点的改造建设之中，我们在改善居民生活，提升聚居功能所取得的成绩是毋庸置疑的，但出现在面前的千城一面、千村一面、万筑同貌的现象又是使人难以心安的。而在2015年党中央对于新型城镇化和城市工作会议中，所提到的从城镇规划理念到建筑设计倾向的种种问题和今后在城镇建设中应尊重发展规律：统筹空间、规模、产业三大结构；规划、建设、管理三大环节；改革、科技、文化三大动力；生产、生活、生态三大布局，政府、社会、市民三大主体；要保护弘扬中华优秀传统文化，延续城市、乡镇、村庄的历史文脉，保护好前人留下的文化遗产，要结合自己的历史传承、区域文化、时代要求，打造自己的聚居精神风貌，对外树立形象，对内凝聚人心，留住乡愁的方针、政策、正是切中了当前需要注意克服和纠正的要害。今天我们从传统聚居点、传统建筑中深探其起源，解析其成因，列出其元素，是建设有当地的人情风貌特色的城、镇、村的基础工作，从而传承、发扬传统，使当地百姓（含留居者和离乡者）认可、认同、生情、留恋。应该是必要的、也是必须的。

二、总体概述

（一）自然

"火洲"地处吐鲁番盆地，四周高山围合，中部低洼，地形北高南低，吐鲁番地区行政区划面积6.9万平方公里，低于海平面的有4000多平方公里，其中艾丁湖面-154米，是世界第二最低盐水湖泊。常年无雨，降雨量年均16.6毫米，无霜期300天/年，风力甚大，17.2～20.7米/秒者达100天以上/年，十一级大风屡有所见。日照量大，3000小时/年，6～8月酷热异常。土质以沙土为主，含碱量大，水源依靠高山积雪之融化，为防地面蒸发量大，需做地下暗渠输送，供以生活及农牧用水。

（二）人文

1. 居民

"火洲"原始居民极少，这里曾有车师、汉、匈奴、乌孙、月氏、柔然、高车、吐蕃、回鹘等古代部族先后在此活动，以后渐形成由汉、维吾尔、蒙古、回等民族长期在此居住的主体。

2. 聚落、城镇与建筑文化

本地区从古至今虽部族交替很多，后期逐步稳定在汉族、维吾尔族、回族三个民族为主的定居于此，他们本有自己的集居组合、建筑布局、装饰美学、施工技艺之常规，但经当地的炎热灼烤、地理地形、沙土地质、建材单一之长久考验，为适应所迫逐渐趋同，显示出了"火洲"的特殊风貌，蕴含了众多的"火洲"建筑特色元素。

3. 宗教

先秦时期以萨满教为主的原始宗教与各种图腾崇拜并存。佛教，自公元前1世纪始有佛教传入，并逐渐深入内地，经汉化后又回传至西域各处。伊斯兰教，自唐代传入中国。在党的宗教信仰自由的政策的指导下各教各派虽有差异，但都能各尊其是，相互尊重，共同为维护社会稳定和团结作出了积极的贡献。

三、关于本生型、移植型、融合型概念的定性

为了将组成一幢建筑及群体组合的各式元素分析清楚，故需将这些建筑所在地域，为谁所用，为什么会如此处理的、组成的等一项一项追根问源解析明白。在除了在地域性的气候、地质、地形、水　文和民族组成作为先期情况说请以后，就是对建筑的各元素进行分门别类地列出表来。但当一经分析，就发现了各元素中有些本来就已在此

不为繁华易匠心

应用得天长日久，属土生土长的本生型的；有些是移民在其原住地已成为本生型元素，因迁移至此从外地带来的，在他们所建的建筑上还应用着他们原来的元素，则属移植型的了；有些则是长期在当地的居民对移植来的建筑中某些元素有了好感拿来用到了自己本生型的建筑上，或经再加工提炼后融入自己的元素之中。故此，又产生了融合型和融入型的并蒂莲元素（图1）。

问题在于对"本生型"元素是长期经久形成的，这个"期"应该怎么定？本文认为：当地的人凭着自己的聪明智慧，适应着当地的自然条件（气候、地质、水文、土产材料等），为满足自己的生活需求和审美情趣，经历十代人的传承而元素不变，只有要增加或提升的，才算本生型者。那么这个"代"的时间应如何来估定。按今天的约定俗成，通常以二十年为一代。因为二十年的成年人定会结婚生子，便有了下一代了。但对建筑来说，生了子女不是传代，只在父辈去世后才传给了子女，这才是建筑的传代。而在古代人的寿命一般在50岁上下，60岁、70岁则算长寿者，当属例外。那么建筑传承十代应在400～500年。这样的建筑也可称为"传统建筑"。另外在边疆地区人口流动量小，建筑的进化和变化亦显滞缓，考虑于此，本文则以五～六代300年左右者来探索解析。另外，建筑的传代并非指一幢建筑传了十代，是指其元素的传承。有可能在传代之中该建筑会遇拆了重建或修缮或添加扩建等现象，但其元素仍能继续传承者是为例中。

四、元素三型的解析

（一）自然地理、气候、水文、植被、建材、居民等情况均属本生型的，计有：

1．气候因素

（1）日照：辐射总量139.5卡/平方厘米（晴天300天以上，年日照3000小时，光照、热量特丰）。

（2）温度：6～8月38°C以上，绝对最高气温达49.6°C，年平均气温30°C以上者达146天，故称"火洲"。地面夏日可达50°C～76.6°C（酷热）昼夜温差约20°C左右，春季如初夏，夏季酷热，秋季仍热，只有冬季才稍凉爽。

（3）湿度：在3%左右，几近无雨。年平均降雨量16.6毫米～25.5毫米，干旱（无霜期长达268天/年，最长可达324天，云量在八成以上者仅1～3天）。

（4）风向风力：盆地高差极大，形成空气冷热对流的地形风甚急，风口风力17.2～20.7米/秒者达100天/年以上，十二级大风屡有所见。

2．地理因素

（1）地形：北为天山一脉巴尔库里山，南为不高的觉罗塔格山，西有喀拉乌成山，东有七角井峡谷西口，整体为北高南低的天山中部盆地，4000多平方公里在海平面以下，其中2000多平方公里低于海平面100米，最低处为-154米为艾丁湖面，-161米为艾丁湖底。（吐鲁番地区总面积69712平方公里，含托克逊15660平方公里，鄯善38314平方公里，吐鲁番15738平方公里。）有居民者为火焰山周围及其南部的水源可及的戈壁，沙漠处之冲积平原上的绿洲，总量不足18000平方公里（含城区及村、镇用地）（图2、图3）。（2）土壤：大都为风蚀沙土地，土层含碱量大，以及部分戈壁地寸草不生。

3．水文因素

盆地干旱无雨，故几无气候成因的水源，其生活与耕作畜养用水全靠南北高山之雪水融化补给，因当地炎热干燥，沙土地又易渗漏，除极少之溪流尚存于沟壑之间，故人为设法使上游水流均入地下作潜流顺坡运行，需用水时才引（或提）向地面，称坎儿井（即地下水渠）为当地主要用水之来水途径（图4）。

4．植被元素

乔木：杨、柳、榆、桑、槭、桃、李等。灌木、草、花（从简）。

1　　　　　　　　　2　　　　　　　　　3　　　　　　　　　4

5．建筑用材元素

（1）泥土（含碱）：有干打垒（以侧横板和端横板按所需墙之厚度架框，填入干土，每30厘米左右厚夯实并逐层加高到所需高度。也可每层中加入少许草秆或小碎石的）；湿打垒（以侧、端模板按所需墙厚，填入潮湿土，每30厘米夯实并逐层夯筑到所需高度，也可掺入少许麦秆或小碎石）；垛泥墙（以草拌泥逐层堆垛至所需高、厚度，待稍干至有一定强度时，用铁铲平整墙面）；土坯墙（用泥浆或草拌泥浆入模成块状，脱模后晒干、砌墙）；窑洞（在土层厚处挖到所需大小和深度，再以土坯砌拱作顶，也可向前平掏如地道者）；泥浆抹平（用泥浆平抹墙面、地面和顶棚）六种用法。（2）卵石：作基础或勒脚（大卵石则敲碎使用）。（3）木材（杨、柳、榆……）：作柱、小梁、密肋等。（4）苇草：作屋面垫层和墙体抹面用的苇草、芨芨草、麦草等（绿洲附近的水渗地上生展）。

6．居民因素

（1）原住民：车师（故师）人（85%为西方人种，有称印欧人种的，15%为稍有白色人种血统的蒙古人种）放牧为主兼有农耕。另少量鲜卑、粟特人（粟特文属印欧语系）。车师前国（王治交河），东汉时又有车师后国（东且弥、卑陆、蒲类、移支等）形成车师五国。（2）居住500年以上至今者：两汉起有少量汉屯，唐起回鹘人和汉人，元起有蒙古、回鹘、汉、回等。维吾尔族为主，汉族、回族次之。

（二）宗教因素均属移植型的，但其宗教建筑和汉式民居建筑上的某些构件样式、图案、纹样被应用到原民居建筑之中，则属融合（入）型的

（1）宗教因素（移植型）：火洲（乃至西域）荒凉人少，至丝绸之路各商道开通，随人际交往而来的宗教现象才有出现，故为移植型的。先秦为原始宗教，两汉以萨满教为主，兼有匈奴的原始宗教文化。

（2）若在建筑形象上使用了宗教建筑的某些构件元素，则属融合型的：佛教据考西晋（公元292年）即传入吐鲁番地区，之后中原的汉化佛教兴盛并回传至此，与摩尼教并存，唐时有僧尼三千人左右。唐宝应元年（公元762年）后回鹘在漠北皈依摩尼教并西迁至西域后又逐渐信仰佛教，另有基督教、诺斯教等。元时丘处机到新疆带来（1220年）道教，其时昌吉以东信佛教（图5），以西为伊斯兰教（1148～1227年）。1347年东察合台汗国建立，1420年多次东征吐鲁番。因1426年攻占吐城，1437年佛教淹息，伊斯兰教盛行（图6～图8）。在佛教与伊斯兰教的长期影响下，当地老百姓有采纳寺庙建筑上的某些图案、符号移植到自己的居住建筑上并加以一定的修饰渐变，而成为民居建筑上融合型的元素。

（三）民居型属本生型的从宏、中、微观三层次解析于下：

1．宏观：城镇聚落中有关公共性的建筑

（1）纪念用——城堡（如交河古城）墓地及碑；军用——防卫建筑（烽燧）；政用——领主的办公房（实为民居的一部分）；民用（公用）——公共聚乐点（即较宽敞的节点，是为随机的）及商业建筑在近代始有个别居民以自己

不为繁华易匠心

的居屋以开窗处作小卖。商品交售主要在称为"巴扎"的空地上，露天，少量支棚者，仅在礼拜日进行（图9）。防卫用——烽燧、驿站、兵屯（图10）。（2）区域聚落布局形态元素：大分散，小集合（图11）。（3）聚合：低密度，依山势，傍水流（图12）。（4）形式：串珠式、裙带式、组团式、毯式（聚落密度较高）（图13）。

2．中观

1）聚落形态元素：

（1）就坡筑房（图14）。（2）因地形所致路巷肌理自由（宽路、窄巷）（节点随机）（图15）。（3）路水相伴（为了日常生活用水方便）（图16）。（4）围水而居（为了日常生活用水方便。）在可供较多居民在此聚居的空地上，先控一小水塘、引水至此，每家居屋便围水建造。这种小水塘在新疆逐渐被称为"涝坝"，是源自明代的《边政考》所记：今库车县东有"涝池"后俗称"大涝坝"而得（图17）。（5）建筑进退形成凹凸空间（图18）。（6）原植树木形成绿荫空间（图19）。（7）上居下耕（住宅在高处坡上，耕地在低处平地）因耕地少，引水坡势所致（图20）。

2）院落形态元素：

（1）院落形态灵活、自由、遇坡时建爬坡屋，院落亦高低两处（图21）。（2）院落间距、大小、衔接、因势灵

5　佛教石窟
6　伊斯兰型（麻扎）
7　汉式型（清真寺）
8　伊斯兰型（清真寺）
9　交河古城为本生型的；高昌古城为融合
型的（其城墙与中轴布局系汉式）
10　烽燧（移植型）
11　区域聚落
12　低密度，依山傍水
13　聚落形式
14　就坡筑房
15　因地形成成的街巷
16　路水相伴
17　围水而居

米玛哈那　代立兹　阿西哈那

基本单元

18 建筑进退形成的空间

19 绿荫空间

20 上居下耕

21 院落空间

22 院落间距与衔接

23 院落窄小

24 院落朝向自由

25 房间布置

26 低层建筑

27 爬坡屋

28 过街楼

29 厚墙小窗

30 平屋顶

31 有小平天窗的屋顶

32 高架棚

33 室内外延

34 不露天的阳台

35 无阳光照射的阳台

36 葡萄晾房

37 便于通风的墙体

38 夯土墙

39 减土式

40 土坯砌墙

41 砖木结构

42 卵石基础

43 石块或砖勒脚

不为繁华易匠心

活（图22）。（3）院落窄、小、深，布局紧凑，因居民建屋时期先后不一，有的是择亲附近建，有的是选择有利地段自由建所致（图23）。

3．微观

1）建筑形态元素：

（1）建筑朝向自由（图24）。（2）房间布置以维吾尔族民居建筑之基本单元为起点，基本单元为三间并立、中为小间（代立兹）两侧各一大间（左间米玛哈那，右间阿西哈那）多室者则并列延伸，其组合布局有一字式、折式、相对式，三合院式、围合式、若为拱式窑洞，则开间宽度相同，均为一字形排列。每间内可有前后隔断，间与间亦可有横洞相通（图25）。（3）低层（一、二层居多）（图26）。（4）爬坡屋（图27）。（5）过街楼（少量，受经济条件无力扩地，受行政限制无法扩地而使然）（图28）。（6）墙厚（因夯土或土坯墙均在60厘米以上）、窗小矩形（有花棱格窗或小高窗）。开窗、门处为虚，墙柱为实，由此在建筑立面上形成虚实比。此比例在火洲地域为：在正立面是2∶10左右，背立面或说组合式建筑的外立面是小于1∶10左右。总体形成实多虚少的形象（图29）。（7）平屋顶、无檐（当地建材所限）（图30）。（8）屋顶有小平天窗（图31）。（9）高架棚（为了院落内也能不使阳光直接照射，争取温度较低的空间）（图32）。（10）室内外延化，室外内处理（因室外有高架棚遮阳，比室内空气流通凉爽）（图33）。（11）不露天的露台（为了遮阳，避高温）（图34）。（12）无阳光照射的阳台（为了遮阳，避高温）（图35）。（13）葡萄晾房（当地特产，为便于储藏）（图36）。（14）当地30℃以上温度达300天左右为居处调节气温便于通风，围墙体均带孔建造（砌花格状）（图37）。

2）建筑用材结构施工元素：

（1）夯土墙（干打垒、湿打垒）（图38）。（2）减土式（窑洞、半地下室）（交河故城为典型例式）（图39）。（3）土坯砌墙，草泥抹面（图40）。（4）砖木结构（图41）。（5）卵石基础（图42）。（6）石块或砖勒脚（图43）。（7）屋顶结构有土坯砌拱，上部操平（凹处填土）者因砌拱之开间面宽相同而改变了其他地区之中小，两侧大的维吾尔族本生型基本单元组合形态（图44）。（8）小梁、密肋构架、苇席铺面，上覆草泥屋面、屋顶上部在迎风方向偶有部分女儿墙（图45）。

3）建筑装饰：

（1）檐饰：用砖砌作，平砌、立砌、斜角砌、组合砌等（图46）。（2）门、窗饰：（有以花棱格——二方相连，四方相连图案，线式为主）（图47）。（3）柱饰：砖砌方柱、矩形柱、木柱，均简洁朴素。后期有柱根、柱腰、柱身、柱头之类装饰，廊上柱间有尖桃形拱，变形拱装饰系从伊斯兰教传入后逐渐有所使用，亦有汉式柱础的（图48）。（4）围墙饰：（为通风留孔，以砖模数二方相连为主）（图49）。（5）栏饰：主要以木制少量有土坯砌的，至现代又有各式瓷砖贴面的（图50）。（6）壁式：在厚墙上有矩形、尖角形组合壁龛，可放置各式器皿（图51）。（7）高架棚高出屋面部分有围合之花棱格通风窗（气窗），也有四周透空不作围饰者（图52）。（8）院门形式和门檐饰之砖拼花（框与门）（图53）。（9）设色：简洁朴素，一般均以泥土、砖的本色为主，有石灰刷墙为白色，勒脚处抹面者刷赤色（砖本色）、木窗（花棱格等）为木本色、涂桐油或褐色，檐处露檩者刷熟褐色（油漆或桐油）。室内有少量装饰者设色朴素大方，无华丽色彩（以上所列各图已充分显示）。（10）少数住户在梁与柱的交接处有角撑，图案有佛教与汉式符号。门梁上部有门挡，门口两侧有户对，系采用汉式建筑元素，系融合（入）型（图54）。

【以上所述所例只是浅见陋作，敬请大家赐教。诚谢中国民族建筑研究会民居建筑专业委员会的关顾和中国建筑工业出版社的关注，并感谢这次帮助我资料整理的宋梅女士。】

参考文献：

［1］王炳华．吐鲁番的古代文明．乌鲁木齐：新疆人民出版社出版，1989，7.

44 屋顶结构　　　　47 门窗装饰　　　　50 栏饰　　　　53 拼花
45 屋顶梁架　　　　48 柱饰　　　　　　51 壁式　　　　54 门梁装饰
46 檐饰　　　　　　49 围墙饰　　　　　52 气窗

［2］严大椿，陈震东. 新疆民居. 北京：中国建筑工业出版社，1995，8.
［3］吐鲁番工作委员会. 吐鲁番文史. 政协吐鲁番地区工作委员会编辑出版，1998，11.
［4］田卫疆. 吐鲁番史. 新疆：新疆人民出版社出版，2004，8.
［5］陈震东. 鄯善民居. 新疆：新疆人民出版社，2007，8.
［6］陈震东. 中国民居建筑丛书——新疆民居. 北京：中国建筑工业出版社，2009，12.
［7］纪大椿. 新疆历史词典. 北京：新疆人民出版社，1994，8.

体味民居·心得二三

一、起说

　　我是1961年自同济大学建筑系城规专业本科毕业后，被分配到新疆生产建设兵团工作的稍具一点专业知识的懵懂青年。在1962年夏秋的伊犁、塔城、阿勒泰三地区边境带的少数民族农牧民大量越境外逃。建设兵团接受了开赴边境进行代耕、代牧、代管的任务，在那一线要建立若干个农场，继续进行生产、发展经济。我被派去那里进行新建农场的场部规划和塔城巴克图边防站的建设规划。这样我在额敏城区见到了维吾尔族的住宅和庭院；在塔城街区看到了俄罗斯族的居住院落和教堂，眼前一派异国风光使人心兴意迷；在边境区人已走空了的聚居村落里又看到了俄罗斯族、维吾尔族，乃至锡伯族、乌孜别克族的住宅。这些建筑与我所熟悉的江南水乡之青石板桥、白墙黛瓦、木棂格窗和上海街上的洋楼、别墅、里弄、石库门住宅等宛然不同，差异很大。规划任务完成后，回到天山脚下的农七师师部，这里只有几幢黄墙简窗的类苏式楼房外，全是一字形八间一幢的土坯平房，一簇一簇地散落在戈壁滩上，还有住地窝子的。我回看着在边境区画的十来幅速写，心想着：我是人，他们也是人，为什么住的房子之差异这么大呢？这就在心中埋下了要探个究竟的初衷。当然这仅是一种兴趣驱动。在以后的多次下兵团农场、去地方（指自治区辖下的县城）出差，为追溯各式民居之差异的成因，在工作的切磋、交流和请教中，逐渐明白了人的居住环境（含建筑和聚落）是与自然、山水气候、社会人文历史、民俗风情习惯互相关联、互相影响紧密融合着的。到1983年底奉调伊犁哈萨克自治州建设局（州局驻地伊宁市），管辖着伊、塔、阿三地区的建设业务，这样巡县市，走乡镇，下牧区的机会就多了，看到的民居更多了，使我旧兴复燃。借此收集了丰富的资料。每逢停留就实测、照相，尤其在伊宁市的老城区有大量的维吾尔族民居和俄罗斯族、乌孜别克、塔塔尔、哈萨克和满族、汉族的民居建筑。当时就撰写了《伊犁民居概说》（1985）、《哈萨克族民居概说》（1986）、《访阿里马古城（即阿力麻里城）遐想》（1987.9）、《建筑在西部的断想》（1992）等文章。当时"民居"的词条还不甚流行，直到20世纪80年代末90年代初去桂林参编了汪之力老师主编的《中国传统民居建筑》（1994版）、严大椿（新疆土木建筑学会）主编的《新疆民居》（1995版）和陆元鼎主编的《中国民居建筑》（2003年版），并撰写论文二十余篇。参加了历次陆元鼎老师发起的民居学术会议至今，可以说，我对民居的由"兴趣趋动"，到"认识渐入"，再到"着手研究"前后也有五十多年了。同时，也主编出版了《鄯善民居》（2007版）、《新疆民居》（2009版）和《新疆建筑印象》（2011版）以及《传统特色小城镇住宅》（国家建筑标准设计图集05SJ918—5）等书籍。

二、民居词条的概念释意

在体味民居的过程中，我对民居的有关词条词义有了一点自己的看法。在对"民居建筑"的研究中我发觉研究者因自己所属学科的不一，对其中论及的一些名词的概念（或说定义），虽然大致相似但也会有所差异，为使后文与我的认识互相贴切，不至矛盾。我先对这些名词的看法，根据我的理解逐一谈谈我对它们的概念。

（一）房子

人类之初为遮风挡雨，躲开禽兽虫豸的侵袭，求得一处能保障憩息和安全的安身之处。从开始只是藏身洞内、栖身树上，及至枝棚围栏，再至垒墙架盖才使自己安身于地面。这纯从功能出发，应用逐渐进化的技法所建起来的栖身之所，我认为这只是"房子"。房子是用四块墙板一个顶盖和地面，总称为六块板组成的容身之处，是一个容器。从上古至近代人们都沿用着"房子"这个名词，甚至今天还有不少人对所有建筑都通用着"房子"这个称呼。

（二）建筑

人类的本能是"吃饱肚子"，"生个孩子"，之所以有别于动物是因为人还有一项本能，就是"学点新知"，因而成为脑细胞发达的高级动物了。由此三项本能，而衍生出来的人的本性就有四十多项之多，此本性有善的，有恶的，有中性的。就"学点新知"本能衍生出来的人性是"趋同性"和"求异性"。人从呱呱坠地开始，这"趋同性"就起作用了。一个"自然人"不断地学着父母、同伴、师长们已经具有的知识。通过不断的学习使自己成长起来，能介入人群（社会）中有共同的语言、共同的生活习俗、共同的价值观念，而成为一个"社会人"。当趋同到一定程度，人也进入了青年、中年时段，见识开阔了，大脑的思维活动更加活跃了，就会产生与他人不同的想法和追求（求新知）。于是"求异性"也不断萌生，创造、发明也就此出现。一个人的知识丰富程度，论理清晰程度、人品高低程度、鉴赏水平程度就可鉴别出此人的求异方位和目标。对于人的生活容器——六块板的房子，在"求异"的驱使下，想把它组合得使用更方便舒适一些，结构更坚固安全一些，看起来更赏心悦目一些。这就使原始的"房子"（容器）进化到古代乃至现代的"建筑"了。所以"建筑"和"房子"的定义是不同的，建筑是通过对功能的舒齐，结构的安全，形象观瞻的愉悦美观之精心安排创造所得，从而建筑设计的专业工作也就此而生。而"舒齐"是当时、当地、当人的追求；结构安全也是当时、当地所具有的建筑材料在当人的建造技艺水平的条件下获得的；而赏心悦目的视觉形象则是当地、当时、当人的意识形态（注：意识形态：又称"观念形态"，指政治、法律、道德、哲学、艺术、宗教等意识的各种形式，是对于世界和社会的有系统的看法和见解，哲学、政治、艺术、宗教、道德等的具体表现）。审美价值所驱使的。在古罗马公元前1世纪出版的《建筑十书》中就提出了"实用、坚固、美观"为建筑构成三要素。1949年新中国成立后，对建筑方针的几番调整，最后也归纳到这三个要素中了。再往细里说：实用则包含着人的生理上舒适，健康的要求，行为上方便、适合的要求、心理上对环境气氛相吻的要求，这些都应以人的体态、尺度为依据；坚固则包含着建筑材料的可获性，结构处理的安全承载程度和施工时技术能力的高低，这些都在自然资源的前提下，也是人的心力之具体表现；而美观则应符合使用人的思想意识、民族（上古时为部落）习俗、文化传统、审美价值，因所在地域之差异而根据功能所需的空间形态的润饰与再创造和它们之间的联系，从而静、闹、开敞、私密、舒展、扭曲、交叉、包容的序列安排就上升到能够顺适地感美的处理手法，而在建筑的内外造型上形成了自己的一套，研究它则需提炼其当地当人的建筑之基本元素，在统一与变化、重点与一般、均衡与突兀、对比与微差、比例与尺度、韵律与节奏、色泽之冷暖、质感之粗糙与细腻及本建筑与附近环境中的它建筑之间的和谐相处，使建筑的体型、轮廓、比例、细部、质感、色彩、环境都遵循着美学原则、美的规律。总之，建筑是应人而生、为人所用、激人所兴、愉悦感情、陶冶精神至人的一种物质与精神、实与虚的特殊成品。

（三）民居

这是一个大概念，是老百姓居住生活的场所，包含着宏观、中观和微观的三个层次。宏观是指这个场所所在地区的自然环境及其聚落的分布和布局；中观是指聚落（含村、镇、城）街巷肌理和节点的空间布局和处理；微观是指民居建筑的空间组合、建筑物的体形（含一字形、曲折形、凹字形、围合形及其所组成的庭院及其中的植物和点景物）和形象（含平面布置、立面形式、结构方式、建材应用、施工技艺、内外空间组织、院落、围墙、门头、窗户及窗门楣、檐饰、墙饰、脊饰、地饰、柱饰、廊饰、压角饰、栏杆、图案、符号、植物和点景物的选择与落地的位置、色彩运筹多方面的分析），对于宏、中、微三观我在2003～2004年曾想写一篇心得，但当时事务繁忙而中止了。

（四）空间

"民居"的起文中说到民居在宏观、中观、微观的三个层次中均含有实体内容及其虚体内容，即"空间"的词汇，它是由实体内外及其所围合的虚的部分，无论它是封闭的或是敞开的，这空间都是由实、虚两者共同组成的居住生活场所。我在2010年新疆佳联城建规划设计研究院成立五周年的庆祝会上曾对"空间"做过这样的叙述城市是大建筑，建筑是小城市，城市和建筑都是为人服务的，积聚了人类所创造的物质文明和精神文明的总和。一幢建筑、一座城市必然体现出当地当人的所思、所需、所崇尚的价值取向。

老子在道德经中有一段经典语言说清了人对建筑和城市的营造和使用的实质，他说："三十幅共一毂，当其无，有车之用。埏埴以为器，当其无，有器之用。凿户牖以为室，当其无，有室之用。故有之以为利，无之以为用。""有"则为利，是一种物的产生和出现，是一种存在的价值，是人们追逐奋斗的目标，但它却永远地独立存在着，人们却不知道最具价值的东西恰恰是"无"，只有在"无"之中才能生出"有"的意义。因为"无"之以为用。人们使用的是"无"，感知的是"有""无"之间的边际，可见人们在建筑和城市中生活，使用的是他们的空间，

不为繁华易匠心

即"无"的部分，而体验和认知的是"实"与"虚"、"有"与"无"之间的边际信息，而文化、精神和价值恰恰就在这些边际信息之中。因而，人类之趋同性和求异性的异就表现在各地域各国家各民族在其"有"、"无"、"实"、"虚"的边际部分所传达出来的，具有自己文化个性的特色上，而此两者的组合我们称其为空间。要知道"有"之利，随着科技的发达、生产管理的健全、生活水平的提高，是逐渐在趋同着的，而组成"无"之用的形态和"有"、"无"之间的信息是各异的，这种"异"是必须"求"的，必须"保"的，因为那是文化，是精神，不是单纯的"物质"。那么，这种"无"的形态和"有"之间的边际信息，我们通称其为"空间"的东西怎么表达出"异"来，这种"中国话"应该怎么样来说清楚呢，我以为从大处说可以关注到这样的三个层面空间的内容。第一，是物质所形成的空间，这是指研究营造的建筑和城市应本着当地当人的自然条件、生活需要、行为规律的前提下，应用具体材料所构成的空间形态。其实在构成这种空间的过程中已经渗入了一定的文化伦理内容。第二，是意象空间（或称观念空间、精神空间），是在物质形成的空间的基础上，融入着当地人的意识形态、文化传统、价值观念、生活习俗、喜好忌讳等文化因子表现在以物质空间为基础的信息传递上（"有"和"无"之间的边际形象、形式、规模、符号、色彩等起到意象作用的差异），它起到物境、情境、意境逐步深化的作用，当意象空间能够得到这里居民的认知、认同、亲和、归属，那么这个空间就是好空间。可以这样说：未来世界能感动人心的无疑是各异的文化。第三，是权力空间，它包含着两个方面的权力，经常左右着物质形成的空间和因此而得的意向空间两者的努力趋向。其一为政治权力空间，它属于政治需要或说领导意志的需要，是一种硬性的权力，假若这种权力的付诸实践是符合当地当人的物质空间和意向空间的话，则起着促进、加强的作用，假若这种权利权力属于偏见、武断，则将会使精神文化逼入歪门。其二为学界及从业者的权威性权力，这是一种软性的权力。在学术界研究和从业者实践的过程中，往往出于其个人的研究倾向和在实践中的方向性钟爱，并且还取得了一定的业绩成果，而形成其一定的权威性影响力，使得具体在操作空间的部分个人或群体从而附和、跟踪乃至崇拜，从而产生了某些流派，甚至"主义"，在一定程度上引领了一时的"空间"潮流。同样，这种学术观点和设计实践若是切合当地文化传统之传承和发扬乃至出新的，将会使"物质"、"意识"两空间得到良性的、更为完美的进步和发展，将是和谐的、有机的和得到持续的。假若也是单凭个人对某种形象空间的偏爱乃至远离了自己文化的轨迹，又去似是而非地旁征博引、花言巧语地为自己的偏见张扬，那么这种软性的权力也将使今后的空间创造引向崎途。一旦这些偏颇的软、硬性权力的结合，那么无疑将使这种"空间"成为"无源之水，无本之木"，由此而生成的规划和设计也将步入崎途。

步入国力之强盛、文化之复兴、精神之日健、和谐之倡导的今天，我们作为一个城市规划和建筑设计者或设计单位，对过去已经创造了不少的"空间"需要反思，今后还将创造更多的"空间"需要深思，应该不断提高自己的学识和认知，多思和善思。

（五）乡愁

在近若干年中，正流行着一个热词"乡愁"。文人们通过媒体在诗词的吟诵，歌曲的咏唱，把"乡愁"扩延出十分美丽和情深的境界。其实"乡愁"是一个人远离故乡，经久未回的思乡之情。我也有故乡，在研究民居的逐渐深入中，在对江南水乡石桥小街、白墙黛瓦和西域绿洲、土路曲巷、泥墙平顶的感悟中，我领会到了"乡愁"实为老百姓在日积月累的生活中画出的一张平面图，是老百姓在长期琢磨追求美景而又对自己的记忆交融而画出的一张立面图；是老百姓世代经营寄以深情的一张五维度的动态效果图（长、宽、高组成三维效果，加以朝、午、昏、夜、春、夏、秋、冬和人的动态行进得到四维效果，再增世代经营传承传统则得到五个维度的效果了）。

一个民族的传统文化是必须传承和发扬的，世界地域之大，先进的科学技术和生产管理应该学习、相接无阻这是对物质而言。但文化是精神，是指领的根，必须互相尊重：世代相传的精神因素，如思想、价值、道德、伦理、制度、文学、艺术等统称文化，而体现在特定地域特定民族或特定人群时，因其生活条件相同经历长期的磨炼，而使思路方法相似，互相生成了认同感和归属感，这表现在民居上就与传统有了割不断、紧相融的关系了。所以，对民居的传统必须深加探究、认真分析给予传承。

（六）传统

在学者对"人本哲学"和"人文地理"的研究中，我们知道一个人在连续二十一天里重复着一个动作或一种思维方式的叫习惯，在群体中的磨合重复着叫习俗，表现在技艺上就叫门道，创作的艺术品、器物和建筑叫风格，语言、口音叫腔调，思想叫流派。这些固定的套路统称为"传统"，构成了文化的重要内容。

对于民居的传统我是这样认识的：（1）在微观的民居建筑上，祖宗在有所求异中的创造，在传代的过程中被肯定了下来则应认可为传统。问题是人的传代二十年（具有了生育的能力）就可传下一代（因为生的孩子十代百代血统是不变的），但建筑的传代就不是二十年了，只有在长辈亡故以后才算传给了下一代，而中国人的寿命，在当时约在五十年上下。我认为建筑之传代也应以五十年左右为依据，我称其为"建筑代"，若这建筑所具有的精神元素也是十代百代不变的话那就是它的基因传代了。当然，这基因（或说元素）在大体不变的情况下，也会在时代的进步中有所取舍和增减（微变），而这种基因落实到建筑上也叫"建筑风格"，按中国历史进展情况，其"不变"或"微变"者可从古代匠师（或称土木工匠，建筑家）：鲁班［即（公输班）春秋鲁国人，公元前500年前后］；蒋少游，北魏时人，公元500年前后；宇文恺，隋朝人，公元555～612年存有《明堂图仪》二卷；荆祥，明代人，在公元1375～1398年，参加了朱元璋都城即应天府（后改名为金陵即南京）的营建，1407年又应召赴北京，承担皇家宫殿施工任务，1421年迁都北京（其中承天门，即天安门即他建造）和北宋建筑师李诫奉旨编纂的第一部建筑法规《营造法式》；明代文震亨，所著《长物志》；明代计成，（公元1582年生）著有《园冶》；明末清初李渔，（1611～1680年）所著《闲情偶寄》六卷中的"居室部"，他认为建筑空间比例应考虑对人的心理影响，如向背、高下、出釜、装修与式样应与人的生活相适应，提出了"美观、别致、明透、潇洒"作为建筑的审美标准；清末姚承祖著述的《营造法原》对传统建筑形式和维修具有重要价值；以及民国时代梁思成研究成果的《清式营造则例》等历史资料可知，大凡朝代不变者，建筑风格也相对不变。而这些朝代能长时间不变的是春秋时期（公元前770年～前475年，近300年）。汉朝时期（约400年）、唐代（公元618～907年，近300年）、宋代（公元960～1127年，约300余年）、明代（公元1368～1644年，近300年）、清代（公元1644～1911年，近300年），它们形成了"汉式""唐风"（也说"汉唐风格"）、"宋式"、"清式"（有说"明清风格"）。这都说明它们有着自己一套稳定成熟的套路。那么，这三百年左右的时间建筑风格成熟了，稳定了，这不正是建筑传代（"建筑代"）有着五至六代的时段了吗？所以，在建筑中深究传统元素的，要在已有二三百年历史的民居建筑中去探找。当然按照传统建造的建筑因各种外因会有损毁，甚至坍塌，但仍能保持着传统元素的修复和在新建的建筑中仍能传承着传统元素者也是值得从中探寻的对象。

元素或称基因、密码、模式……民居的传统元素要从宏、中、微三个层次去认识并解读：从上述"汉唐风"、"宋式"、"明清风"之三百年左右的成熟、稳定的推理，则可从建筑传承五至六代的自然到人文，从积淀到系统，从认定到乡愁，从记忆到生情，从感觉到认同、归属，而凝固下来的内容。当然，因为人的迁移流动是不可回避的生态现象。如新疆群体迁来的人就有：在统一并治理新疆的过程中军屯、民屯和犯屯等大量中原百姓西迁的出现和新疆内部在清朝从南疆迁移大量维民到北疆伊犁农垦的称"塔兰奇"的维吾尔族百姓。在中原受北侵的战乱时，大批老百姓逃离家乡迁向南方成为今日世居赣、闽、粤乃至桂滇琼台等地的客家人（实为汉族之一部分）世居的现象（也含因饥饿而南迁的）。来自西亚（为了经商沿海上丝绸之路）初落脚东南沿海之广州、福州、温州、杭州乃至西安等地聚居的回族祖先、后因政治、经济、生活等原因回民分布全国各地形成大分散小集中的聚居群落世代传承。以上因移迁定居的都已超过三百年的时间了。从而各地域、各民族、各不相同的民居建筑也会出现在异地的已具传统的建筑组合之中。因此，深探它则需从其本生型、移植型、融合（人）型三个类型去挖掘。

（1）本生型：指当地土生土长的老百姓，在自然条件和人文习俗于自己的居住环境里长期积累的宏、中、微各项元素，并经历五至六代"建筑代"传承而得的传统元素。

（2）移植型：指因人口的流动，由甲地移居到乙地，并将他们的本生型传统民居建筑建在了乙地，这对乙地来说是移植来的，故属移植型者。当然，外国建筑的出现，因为它不是中国的，故不在本议题之列。

但是在（鸦片战争后）上海（英国1885年开始，法国1849年开始、美国1858年开始）、天津等地出现的众多西洋的欧式建筑（注意至今还不足两百年），且成组成片地建造，它们虽为移植，但因是外国的，就不属我们去探究的内容（自有研究西方建筑者去著述）当然这种建筑甚至片区是中国城市发展历史沿革的一部分重要内容，应该确认为"历史文化风貌区（街、个体）"，加以着力保护。

（3）融（入）合型：此型若再细分则有"拿来"、"融合"、"融入"三种表现。"拿来"是不加改变地搬来此处。"融合"是采用移植到此的某个元素嵌入进自己本生的建筑之中。

（七）景观

"景观"一词初见于英文中的使用，是在16世纪从荷兰语中转译过来的，是当时以绘画交流时的一个术语词条，原意指"一块土地，一个区域"。在圣经旧约中也用此词意指耶路撒冷的美丽景色。在1885年丁温默将"景观"一词引入地理学的概念中。《说文》中解："'景'日光也，"观"容饰，外观、景象、情景。"景观者，据《现代汉语词典》解释为：指某地或某种类型的自然景色。泛指可供观赏的景物：如"人文景观"、"街头雕塑"也是这个城市的景观之一。问题在于"景色"、"景物"是客观存在，需通过人的观看才有景观。而人的观景所得决定于该人的生理能力和欣赏水平。人的"生理能力"决定在人的视觉能力，人的视觉能力就有一个视域和视距的问题，正常人的视域以平视（还有仰视与俯视）为例：是视平线以下40度、以上30度、左右夹角60度，所围成的不规则椭圆形的范围内为视域圈，在此范围以外者只是视力之余光所及，其景色在大脑的反映是含糊的，视力还有视距的因素：在30米范围内能看清楚，60米范围内能看明白，距离100米左右范围内能看概貌，300米左右距离及以上者看轮廓，包括天际线、地界线和色彩明显者的色界线。"欣赏水平"又决定于该人之文化水平和对观赏对象的注视程度，在其观念和观点的左右下，对景物的浏览（大略地看）、观看（注视着看了一下）和观察（细看），通过联想、遐想、意想所得到的景情（景色使人产生的情感）。两者的结合才是景观的确切含义。这样的景观是无处不在的，在赏景行为中有句成语是"景随步移"，意思即为你的步履到处就会在你眼前出现一幅景观图像，随时在变。"步随景移"则是说：你的步履为前后左右之不同景色吸引着，就迈步前行看到不同的景色。上述又说明着你是在动着观景的，那么站着或坐着观景呢？这就又有"动观"和"静观"的区别了，即使你走着、站着坐着都可以向上看（仰视）、向下看（俯视）、前后、左右不同角度地看，此为"微动观"。这样，一个较好的景色点所在位置就会提供众多的景观。

对于景观的选择、提炼、提升、设计、创作，在古代的文震亨之《长物志》、计成的《园冶》、李渔的《闲情偶寄·居室部》、现代的陈从周老师之《说园》等著作和文匠们所创作的西安《曲江池》；广东的《东莞可园》、《顺德清晖园》、南京的《玄武湖》、苏州之《拙政园》、《狮子林》、《留园》、《网师园》、《怡园》；杭州的《西湖》；江西的《九江烟水亭》；北京的《西苑》《颐和园》等太多的园林实践中已总结了太多的创造景观的理论和手法，这些都是我们的文化瑰宝和精粹，必须学习和传承下去。但在城、镇、村的新建区或离它所建的"新天地"、"新世界"、"旅游度假区"……的居住环境和居住建筑所显示出的景观则风格多出、花样翻新，奇异凸现，归纳起来大概可有五类：（1）中国风格或说民族风格、地域风格、传统风格。要知：即使在一个特定国家的辖区内并有不同地域不同民族之别，同一地域中亦有不同民族聚居点之别，同一民族在不同地区之别。我们在创造新区和新建筑时，应该注目于为当地人服务的，有当地当人的传统风格，应该在传统建筑（含民居的）基本元素的总揽下，创作他们能认可、认同、生情、留恋的新作品来。（2）流派风格：前文已有所述，试看在西方盛行过的哥特式建筑、巴洛克风格、洛可可潮流、古典主义、新古典主义、浪漫主义、未来主义、后现代主义、结构主义、解构主义，乃至自然主义、仿生主义等流派，随着时间的推移，已属云烟飘忽或烟消云散了。（3）个人风格：若不从传统民居及建筑元素中去选择、提炼、升华、恰当地应用。"创新"，那只是追怪求异的个人行为，只能昙花一现罢了。（4）时代风格：这也是在西方首起的。只是把某些潮流冠以时髦的头衔，套上新鲜的桂冠而已，中国的某些流派也有仿效者。（5）权力风格：前文在"权力空间"中已有所述，设计者听命绘图，换一个领导换一种风格，甚至一任领导今天喜欢这、明天喜欢那，而同届异风的也有。再加上某些开发商、大老板，自以为腰缠万贯就可以"有钱能使鬼推磨"了，硬要造出挂着自己商号的特异建筑以作广告。甚至官商勾结，使建成区的景观杂乱无序、风格混乱、颠三倒四到无风格可言。

以上所述，各风格中只有第一种是可以深究、深思的，在基本元素中取精华、去糟粕地继承发扬下去。这样在那里显示的景观和风格就有着我们自己的文化之根。

三、对传统民居元素的应用

（一）宗旨

宗旨即指目的和意图，旨在对传统民居元素的采用。词典上说："文化是指人类在社会历史发展过程中所创造的物质财富和精神财富的总和。"那么民居环境和民居建筑正是人类在物质和精神（科技和艺术）方面所创造的总和之一个部分。往大里说是要弘扬祖国优秀传统文化的具体行动，往小里说是为了中国各地域（地区）、各民族、各聚居点的老百姓，在他们长期浸润其中之生活的环境形象和功能得以弘扬、继承和发展。谁都知道，文化是一个立体系统，含有物质、心物、和心理三个层面，也可以这样说：文化产生于人群的共同心理素质，这种心理的人生态度，思维方式、伦理规范、情操理想、价值观念和审美情趣都反映在这一群人的互相认同、认可的大脑中，今天所谓的某一民族也只是某类文化的载体而已。传统文化是在适时适地的人们长期创造、层层积淀、不断积累而形成的，即文脉之根。其已成为当地人们的文化心理的印记或说烙印，并又反作用于文化。故文化是心理的外化、心理是文化的内化，两者互相转化又交融的成果。各地各民族的文化之不同就在于文化心理的不同。

故，最终的宗旨为：从人出发、以人为本、为人服务。对传统民居的元素下功夫给以深探、解析、列表建档是为了应用，也是为了这个宗旨。

（二）如何应用

从历史沿革中我们的民居已积累起无数的基因元素，在今后的应用实践中怎样把它们用好，这犹如从时间的密林中射进一束明亮的光，针对着具体要求选择其中的恰当部分、精粹部分给予合适的应用。这就有以下三种情况的要求：（1）对于已列入和将会列入国家省、市、区级的应保护的村、镇、城和城镇中的某街区或某建筑及建筑群，应该将其元素原样复原、修缮好、保护好。（2）对在保护区内和区外的有历史文化价值，已破败或坍塌的建筑及其组合，也应按当地的元素给以复原，包括原材料、原构造方式。但若原材料已经无法寻觅，原构件之构架方法无法实施的情况，可以按原形态，使用现代材料予以填建或重建。（3）新建的：在保护区外的城、镇、村之新区新建的街巷和建筑，从遵守该区的总体规划要求之下，在修建性详规和城市设计的工作中就应该在基本元素中寻找相应元素加以应用，如不违背主干道（含交通性和生活性）的交通功能及管理的要求，但在生活区的街巷肌理，还应从元素的宏观、中观类中提取给予应用。而在建筑部分，应从中观、微观元素中提取应用。含主干道两侧的建筑，可以现代建筑概念设计予以建造。我认为，现代建筑绝不是现代化建筑，因为"化"者是一个动态词义。我们谁也没有这个能力能够远视到现代化那时的建筑是怎么回事。所以，我理解现代建筑就是当代建筑，就是当今（现在）我们所建的建筑。那么，当代（现代）建筑当然是我们当代人所建为当代人所用所观的。

不为繁华易匠心

现代建筑的定义我认为应该是：用现代的设计手法（即满足现代人的适用和美的要求）以现代的建筑材料，现代的施工技艺，贯彻以当地人的行为规律、审美情趣，即传统的基本元素，建成后为当代人服务、使用的建筑。建筑的建造必须考虑其受众，无受众的建筑是浪费！城、镇、村的面貌是面对着每一个人的，同样，民居和民居建筑的建成也是面对着每一个居民的。所以，在这些地方应该少谈印象，免谈抽象。应该对具象、概象、意象三层次着力研究，大致可在大环境上要着力意象，小环境上要着力概象，某幢建筑上意、概、具象选择斟酌着用。但这不是死规定，应尊重作者自身的修养和造诣。如此，元素的应用便首当其冲了。应用元素可有多少之分，但必须是当地地域的主要成分，即本生型为主，融合（入）型为辅，移植型次之，不要没根的和变种的。

（三）需要注意的和避免的问题

（1）注意加强自己的文化修养，深入探索民居的传统文化元素，合情、合理地应用于现实的工作中。

（2）避免张冠李戴，凡地域、地区、民族的民居元素都是以当时、当地、当人为根据的。在应用这些元素时可以选择、继承或合理地提升，但应用中必须避免将甲地的元素套用到乙地来，造成"张冠李戴"的现象，脱离了当地、当人的记忆影像、文脉线索，使当地人不认识，感到陌生，不是自己的。

（3）避免失度的夸大，甚至走调：有的确也应用了当地当人的民居元素，但"提升"得没有了"适度"，跨大得超越了"限度"，就是过分了。例如，火洲民居的背立面（和院落的外墙面）其窗、墙的虚实比在<1∶10，是虚小、实大，若跨大到4∶10，虽然仍是虚小实大，但已丢失了"度"的概念，或说"没有了分寸"。而火洲民居院落的外墙体与和田"阿依旺"民居外墙之虚实比是相同的。但火洲民居院落中间高出屋顶的大体量的为了遮阳光的高架棚，而和田阿依旺在院中凸起的既通风又挡沙尘的通气窗是小体量的，其功能不同，形象也各异。由此可知，应用元素还不能只选一项，并将其还跨大、走调，应该选择当地的恰切的多个元素共同组合着应用。

（4）必须着力避免的是玄学的辩解：设计者总要把自己别出心裁的怪异设计和当地的"传统"、"自然景像"攀上点亲缘关系，于是挖空心思地想出它三分"理"来。例如，甲设计者介绍自己的创作时说："你看这立面上通贯左右的三条白墙和两条斜向的赭红色线以及屋顶部位的波浪式天际线是象征着茫茫戈壁与沙漠的地界线和远处山势起伏的天际线。这是当地的地形给我的灵感！"乙设计师介绍一项全部由红砖砌起的大体量建筑，指着那墙上横竖开设的几条玻璃幕墙，解释说："这是火焰山赤红底色上当地人为了农业生产在地下开凿的纵横相贯的坎儿井以利灌溉。整个建筑看起来既现代又结合当地情况。"以上两例听起来似乎也有所依据，但对受众来说，则犹如四大金刚腾空到了云里雾里，悬空八只脚了。

四、结语

我们说："学术应该民主。"那是在宽松、平等、开放、能各抒己见的社会氛围中，才有的百家争鸣的和谐、兴盛的认知成果。这在我国公元前历时550年之久的春秋、战国时代已经出现过的，应该是中华民族的传统了。我们还说："创作容许自由。"那也是在宽松、平等、开放，能各显所长的社会氛围中才有的百花齐放的繁荣、丰富、多彩的、雅俗共赏的创作精品。我想，对于民居的研究和今后的继承和发展，也是应该本着这样的态度。何况今天，我们的中国特色社会主义新时代已经降临。对于民居范畴的争鸣和齐放，只要牢记"以人为本，为人服务；文化传统为根，文脉血统为线"。通过争鸣、齐放、辨识、选择，民居研究和创作勿跟潮流左右摆，不为繁华易匠心，牢记：利用当地地形，回应当地气候，不忽视当地地域材料，应用当地民居元素依山就势，因地制宜、灵活多变、再现历史风貌，留住历史记忆、紧沿历史文脉，彰显人文精神，意境深远地利用现代技艺，体现当地时代景观。必能给当地当人的老百姓以认可、认同、生情、留恋、归属、回家的实感，必有昌盛光明的前景。

工程项目设计

阿克苏市多浪人家农家乐（2009年）

　　本居住组团地处阿克苏地区，在提供的用地条件下，以当地维吾尔族民居村落的布局形态及民居建筑的本生型元素，以错落围合、高低、虚实、凸让互融、大小、动静的有序空间，使环境形成一有机整体。在建筑单体风貌上充分吸收"苏帕"、双梁、栏杆、园拱、纹样、色彩等元素形成当地当人丰富的景观特色，并营造农家乐的应有气氛。

疏勒县张骞公园历史文化区中心建筑组合（2009年）

　　疏勒县位于南疆塔里木盆地西缘，帕米尔高原东麓，喀什市南侧。古为疏勒国辖地。西汉时张骞通西域后，在此设西域都护府，驻兵、屯垦。唐高宗（公元675年）在此设疏勒都督府，建汉城，为安西四镇之一。本组建筑位于今疏勒县西侧张骞公园历史文化区内，有门阙、张骞纪念馆、疏勒县科技文化中心、博望宾馆、园林景观建筑及小品共同组成。本区中心建筑群空间形态及形象，以汉唐风格提炼其基本元素，结合展览馆功能需求，运用现代建筑材料，现代设备，现代施工技艺，着意构筑起具有汉、唐历史形象的公共建筑。

　　（本例各图中均系建筑完工后情况，
　　　　　　　绿化种植尚未完成。）

1　疏勒县张骞公园张骞纪念馆
2　疏勒县张骞公园大门
3　疏勒县张骞公园建筑小品

不为繁华易匠心

库车县龟兹乐舞广场（2010年）

中国乐器丝竹之一——琵琶系南北朝时期自西域传入中原后改进而成的。本广场以纪念北周时西域的善弹琵琶，精晓龟兹乐律的苏祇婆（男性，曾随突厥皇后至中原，入周武帝皇宫献艺）为主题。其布局循东西主轴线以一轴、三功能区（导入、集散、休闲）、四景点（铭石怀古、汉唐廊道、乐舞飞天、滴水成音）组成。以苏祇婆雕塑为中心，辅以广场，廊架、水池、景墙、浮雕、花池、辅雕（乐器演奏者）十余座，树木花草组景，其花棂格漏窗、短垣、基座、台围、檐饰均以汉唐风格之基因处置，体现出庄重、大方、整体、富涵美学观赏价值的纪念性广场主旨。

1　龟兹乐舞广场主入口实景图
2　龟兹乐舞广场小品

疏勒县巴仁乡富民安居工程（2012年）

巴仁乡在疏勒县城东侧。原系为维吾尔族为主的，沿着农田小路，零散无序地自建的大小宅院，质量较差、无服务设施，孩子在邻村上学距离也远。政府为提高村民的居住生活水平，集中建设一富民安居新村。本规划设计在村中心设村委会、幼托和初级小学，商店设在村口（也可为其他乡村居民服务）。共安排九十户左右，每户院落用地宽窄不一，约300㎡左右，院内可自主布置，按当地民族习俗，以七至八户一组地分布在弧形园路上，以放射式小道通向居民小组内，每组有自己的公共绿地节点，满足居民平时聚谈、社交的习惯。住宅建筑充分应用维吾尔族民居建筑元素，从功能及形象上努力刻画并体现当地当人的生活和精神需求。

1　疏勒县巴仁乡富民安居鸟瞰图
2　疏勒县巴仁乡富民院落布局图

黄汉民

福建省建筑设计研究院副院长、院长、首席总建筑师（1984~2008）；现任福建省建筑设计研究院顾问总建筑师；教授级高级建筑师、特许一级注册建筑师；中国民居建筑大师。

曾任福建省建筑设计研究院院长；首席总建筑师；福州大学建筑学院、国立华侨大学建筑学院兼职教授，厦门鼓浪屿总建筑师。

中国《建筑师》杂志编委（1985~2002）；《古建园林技术》杂志编委（1990~2013）；中国建筑学会第十届理事会常务理事（2005）；中国建筑学会建筑师分会理事（1989~1997）；中国建筑学会生土建筑分会副理事长（2000~2014）；福建省建筑师分会会长（1997~2016）；福建省勘察设计协会副理事长（1988）；厦门市建筑景观艺术委员会专家委员（2014~2016）；鼓浪屿总建筑师（2015~2016）；福建省优秀专家（1992）；国务院特殊津贴（1992）；福建省勘察设计大师（2011）；中国民居建筑大师（2012）。

三十多年来，致力于福建传统民居的研究，促进了传统民居的保护与开发。并将研究成果运用于建筑创作实践，取得突出的成绩。

1. 专注福建土楼研究。20世纪80年代初最早发现南靖县客家土楼，后来又发现闽南地区存在大量与客家土楼不同的单元式土楼。从建筑、历史、民俗等多角度对福建土楼建筑进行深入研究。1994年在台湾出版专著《福建土楼》，在台北举办"福建土楼建筑考察特展"。这本专著对福建土楼的建筑形式、空间、防卫、建造以及装饰的特色作了深入分析，被称为福建土楼研究的"奠基之作"，荣获台湾《中国时报》评选的"十大好书奖"。在对闽粤赣客家土楼作比较研究的基础上，1995年又出版专著《客家土楼民居》，对生土建筑进行科学分类，对福建土楼作了概念界定，纠正了学术界把土楼统称为"客家土楼"的错误。2003年学术专著《福建土楼——中国传统民居的瑰宝》由生活·读书·新知三联书店出版。2009年出版了修订本，2017年再版精装本。2010年出了英文版，2016年出版俄文版。福建土楼研究从单体深入到聚落，研究土楼的聚落环境、聚居方式、民风民俗，并挖掘其文化内涵，初步厘清了福建土楼的产生发展脉络。对圆楼的成因提出了独到的见解，作出"圆楼的根在漳州"的论断。福建省文史研究馆馆长卢美松先生称该书为"揭开土楼之谜的上乘之作"、"说它是关于土楼的百科全书亦不为过"。清华大学陈志华教授评价这本书"是目前关于福建土楼的最详尽、最全面、最深入的著作，这不但是中国民居研究的重大收获，也是中国建筑史研究的重大收获"。

多年来应邀到美国、日本、韩国及中国香港、台湾许多大学讲演介绍福建土楼。日本土楼研究第一人、东京艺术大学茂木计一郎教授正是看到本人发表的论文后，才开始了对土楼的研究。意大利罗马大学克劳迪欧教授出版的《福建土楼》一书大量引用了本人的成果，是欧洲第一本介绍福建土楼的著作，由本人撰写序言。2002年韩国仁荷大学建筑系创立40周年纪念活动，应邀作福建土楼专题讲演。中央电视台"发现之旅"栏目以本人发现闽南土楼为主线拍摄专题片、中央台"走进科学"、"探索发现"栏目、香港凤凰卫视以及韩国SBS电视台都拍了本人的专访节目介绍福建土楼。

福建土楼的研究成果有力地推动了福建土楼保护和开发。本人最早测绘并发表的"二宜楼"，1996年率先列入国家级文物保护，至今已有数十处土楼列入"国保"、"省保"。本人最早推介的石桥村被评为省级历史文化名村，田螺坑村被评为国家级历史文化名村。永定洪坑村辟为"土楼民俗文化村"，仅这个村年接待游客近三百万人。福建土楼从世人不太知晓到如今扬名天下并于2008年列入世界文化遗产名录，从默默无闻到如今已成为福建旅游的一大品牌。

2. 多年来潜心研究福建乡土建筑，做了大量的调研和抢救性保护工作。论文《福建民居的传统特色与地方风格》1984年在《建筑师》发表，1999年荣获"纪念《建筑师》出版20周年优秀论文奖"。1994年出版《福建传统民居》一书，荣获福建对外出版物优秀作品一等奖。1995年与李玉祥合著《老房子——福建民居》，对福建传统民居作了全面介绍。1999年主编出版《中国民族建筑·福建篇》内容涵盖民居、寺庙、宫观、牌坊、桥梁等，是第一本系统研究福建传统建筑的专著。同时，在国内外杂志上发表四十多篇福建民居的研究文章。1994年6月作为大陆建筑界第一个赴台交流的学术团体的成员，赴台湾参加"海峡两岸传统建筑技术观摩研讨会"，并在会上发表论文：《闽南民居建筑文化的特性》，深入分析了闽南民居的神秘性、多样性、乡土性、独特性、开放性、炫耀性和辐射性，首次提出"红砖文化区"的概念。1997年本人任副团长率中国传统民居研究会代表团赴台湾、香港交流，发表论文《福建民居的特质》，对福建民居的分类区划、民居建筑与地域文化的关系进行深入探讨，从而更鲜明地揭示福建民居的地域特色。

在沿海经济腾飞，传统民居面临建设性破坏的非常时期，跑遍福建几十个县市进行调查，拍摄了大量传统民居照片，留下了第一手测绘资料，为濒临毁灭的传统民居留下宝贵的历史记忆。

近年来，本人作为校外导师指导清华大学研究生进行福建闽东、闽南民居研究、武夷山下梅村保护整治规划研究。作为华侨大学、福州大学兼职教授，指导研究生进行"和平古镇保护规划"以及"福建土楼生态技术"研究。最早发现福建邵武和平古镇的价值，积极推动其保护与开发。为福州三坊七巷、朱紫坊等历史街区保护及省级历史文化名村镇保护做了许多实际工作。本人的传统民居研究工作得到国内外专家的肯定，不少研究成果被引用。参加与日本学者合作的"中国福建省·琉球列岛关系史研究"课题成果，已在日本出版。本人十九年连任福建省建筑师分会会长，是福建省传统民居研究的领头人、建筑学科的学术带头人。

3. 任福建省建筑设计研究院总建筑师23年。注重从乡土建筑中汲取营养，对新建筑地域特色的创造进行不懈的探索。设计作品：福州西湖"古堞斜阳"、福建画院、福建省图书馆、福建会堂、中国闽台缘博物馆、龙岩博物馆等，以鲜明的地域特色获得好评，均荣获省优秀设计一等奖。同时在《建筑学报》前后发表四篇探索地域特色创作的文章。1997年在台湾参加学术交流会以《传承与创造——新建筑地域特色的探索》为题作专题讲演，系统总结在建筑创作中传承地域特色的理念与手法。设计作品在台湾学者傅朝卿研究中国大陆现代建筑中的地域主义趋向的论文、天津大学邹德侬教授对中国建筑师创作轨迹中的传统观念和文化趋同的对策研究论文以及《苏联建筑艺术》杂志论文中，都作为20世纪八九十年代中国建筑地域特色探索的一种典型实例加以介绍。中国闽台缘博物馆设计，在适应地域生态气候、传承地域建筑特色方面又得到广泛赞誉，荣获中国建筑学会中华人民共和国成立60周年建筑创作大奖。

参加国家科技攻关题《传统特色小城镇住宅技术研究》，主持泉州地区小城镇住宅的研究工作。作为成果之一《传统特色小城镇住宅（泉州地区）》标准设计图集已经出版。

2 主要出版著作及论文发表情况

黄汉民. 福建土楼——中国传统民居的瑰宝. 北京：生活·读书·新知三联书店，2003.（2009年、2017年出"修订本"。2010年出英文版。2016年出俄文版）

黄汉民. 福建土楼（上、下册）. 台湾：台湾汉声出版公司，1994.

黄汉民. 福建传统民居. 厦门：厦门鹭江出版社，1994.

黄汉民. 客家土楼民居. 福州：福建教育出版社，1995.

黄汉民. 中国民族建筑（第四卷·福建篇）. 南京：江苏科技出版社，1999.

黄汉民，李玉祥. 老房子——福建民居（上、下册）. 南京：江苏美术出版社，1995.

黄汉民. 福建沿海民居的地方特色. 日本（株）第一书房出版，1995.

黄汉民. 福建民居的传统特色与地方风格. 建筑师，1984（19）（20）：178-203，182-194.

黄汉民. 建筑的地域特色. 建筑百家谈古论今——地域篇，2007：108-118.

黄汉民. 传承与创造——新建筑地方特色的探索. 1997年"传统民居与现代生活之探讨"研讨会, 台湾省·台中国立自然科学博物馆的国际会议厅。

黄汉民. 门窗艺术（上、下册），北京：中国建筑工业出版社，2010年.

黄汉民. 福建土楼建筑. 福州：福建科学技术出版社，2012.

黄汉民主编. 福建村镇建筑地域特色. 福州：福建科学技术出版社，2012.

黄汉民主编. 福建传统民居类型全集. 福州：福建科学科技出版社，2016.

黄汉民. 鼓浪屿近代建筑（上、下册）. 福州：福建科学技术出版社，2016.

主要工程项目

黄汉民、刘立德，福州西湖"古堞斜阳"设计，1988年获福建省优秀建筑设计 一等奖。

黄汉民、梁章旋，"福建画院"设计，1993年获福建省优秀建筑设计一等奖。

黄汉民、刘晓光、王小秋，"福建省图书馆"设计，1997年获福建省优秀建筑设计一等奖。

黄汉民、林天赐、郑平、张伟，"福建会堂"设计；2002年获福建省优秀建筑设计一等奖，2007年获全国首届城市标志性建筑优秀设计奖。

黄乐颖、黄汉民、江枫，"中国闽台缘博物馆"设计；2009年获福建省优秀建筑设计一等奖，中国建筑学会建国六十周年建筑创作大奖。

黄乐颖、黄汉民、黄晓冬，"龙岩市博物馆"设计，2011年获福建省优秀建筑设计一等奖。

黄汉民、赖岳峰、陈岗、吴震宁，"福建省公安专科学校图书馆"设计，2004年获福建省优秀建筑设计二等奖。

黄汉民、王小秋，"福建省物资贸易中心大厦"设计，1993年获福建省优秀建筑设计 三等奖。

黄汉民、刘成聪、林晓嵩、林鑫，"武夷山风景区游客中心"设计。

此外，由本人担任项目负责人、方案主创的设计作品还有：

（1）宁化海西客家始祖祭祠主轴；（2）长乐博物馆；（3）平潭岛始祖文化园（方案）；（4）蓉城商贸中心；（5）华福大酒店；（6）"盛世名门"住宅；（7）福建省保险公司大厦；（8）福州画院

不为繁华易匠心

主要代表论文

重新定义福建土楼

福建土楼虽然已经列入世界文化遗产名录，但福建土楼的概念实际上仍极其混乱。不仅各个地区的理解不同，在学术界的解读也不统一，媒体的报道也常常流于片面，正因为如此，普通老百姓就更弄不清其所以然，经常被一些歪曲的宣传所忽悠。可见对福建土楼概念的界定存在许多误区。

首先是把有夯土墙建造的建筑都叫土楼。其实中国传统木结构民居，很多都是就地取材，用夯土墙作为围护结构，而不是作为承重结构，真正承重的是木结构的柱子，所以才会"墙倒屋不塌"。至于用夯土墙承重的楼房全国各省都有，在福建土楼所在的县就更多。永定人说全县有大小土楼一万多座，南靖人说全县有两万多座，似乎说得越多越好、越吸引人。其实恰恰相反，物以稀为贵，关键是特色！如果从土楼两个字的字面出发来理解，把大量小型夯土楼房都归入福建土楼，大江南北几乎到处都有此类夯土楼房，世界各国更不用说了，那福建土楼的唯一性体现在哪里，福建土楼的独特性还存在吗？是否还谈得上"世界上绝无仅有"？

其次，很多人把客家土楼等同于福建土楼，实际上这是两个概念。客家土楼只是福建土楼中的一种类型。福建土楼除了很有特色的客家土楼之外，还有闽南土楼、粤东北土楼等，之所以出现这种偏差，主要的原因在于客家土楼发现得早、开发得早，20世纪40年代学界就有介绍，60年代就吸引了不少国内外学者的关注。客家土楼的旅游也是最早开发，客家土楼的概念早已深入人心。而闽南土楼则是20世纪80年代初才发现并开始出现在学术杂志上。由于两者外观极其相近，虽然内部平面布局相差甚远：客家土楼是内通廊式的布局，闽南土楼是单元式的布局。非专业学者通常只去永定县看客家土楼，不知道在闽南的华安县、平和县等地还有另一种形式相异且独具个性的土楼。由于缺乏深入比较，只看外形，或被不甚了解的媒体所误导，出现认知的偏差就不奇怪了。

此外，客家土楼早已成为客家人引以为自豪的伟大创造。如今杀出个非客家人的闽南土楼，造成一种心理上的不平衡也不奇怪，部分人出于狭隘的心态，为了吸引游客，抬高自己贬低别人也时有所见，这就把普通大众搞得更加糊涂。

由于上述原因，在福建土楼申报世遗时，取什么名字就颇有争议，有的坚持"客家土楼"，有的说应该统称"福建土楼"，最后虽然统一到"福建土楼"，时至今日各个县的旅游开发还是各搞各的、各唱各调，尚未很好地实现统一布局、统一规划。因此，要深入进行福建土楼的研究、保护与开发，对福建土楼的概念作一个明确的界定，也就是给福建土楼下一个准确的定义就显得十分必要。实际上就我个人的认识来说，从第一次接触土楼，进而对福建土楼进行研究，至今整三十年。三十年来我本人对福建土楼的认识也有一个逐步深化的过程：

1982年在我撰写福建传统民居硕士论文时，还只见到过永定县及南靖县客家人的土楼，所以仍称之为客家土楼。直到1987年发现了闽南人建造的华安县的二宜楼，随后又调查了平和县以及闽南地区各县的土楼之后才改用"福建土楼"这个统称，分别介绍福建的客家土楼与闽南土楼。1994年《福建土楼》一书在台湾出版，当时还未对福建土楼下定义。

1995年福建教育出版社出版客家系列丛书时，我在《客家土楼民居》一书中尝试把客家土楼定义为："客家人聚族而居，并用夯土墙承重的大型群体楼房住宅"。这个定义使客家土楼不会与分布全国各地的土墙民居相混淆，又能与闽南人居住的土楼区分开来。显然，作为客家人的生土建筑，当然必须涵盖永定客家人的五凤楼，赣南客家人的土围子，粤北的围垅屋以及粤东北客家人的围屋。

2003年我在生活·读书·新知三联书店出版的《福建土楼——中国传统民居的瑰宝》一书中，给福建土楼下了这样的定义："福建土楼是特指分布在闽西和闽南山区那种适应大家族聚居，具有突出防卫功能，并且采用夯土墙与木梁柱共同承重的巨型居住建筑"。很显然，给福建土楼下定义不是一件简单的事儿。既然是定义，就要全面、完整、准确地体现福建土楼的个性特色，在三联书店2010年出版《福建土楼——中国传统民居的瑰宝》修订本中，我又做了些许调整，把"山区"改为"地区"，因为沿海地区的土楼并非在山区，在"巨型"前面又加上"多层的"。

定义的第一段文字，说明了福建土楼所处的地域。由于江西省的赣州地区也有客家人的生土建筑，我在《客家土楼民居》一书中已将福建的客家土楼与闽南土楼、江西的客家土围子做了全面比较，找出了它们之间的差异，然而江西仍有少数方形土围与福建方楼极其相似。在与福建省交界的广东省的蕉岭县、大埔县、饶平县也有少量与福建闽西、闽南完全相同的土楼。由于地域相邻，建筑形式相互影响并不奇怪。虽然广东省此类土楼的数量不多，仍应归入"福建土楼"，所以我现在认为"特指"二字应改为"为主"，以更加明确其地域特性。

定义中第二段文字："适应大家族聚居，且有突出防卫性能"，反映了福建土楼特有的大家族聚居和具有独特防卫体系的个性特色。

定义中第三段文字："以夯土墙与木结构共同承重"，表明了其建筑结构的类型，夯土墙作为承重结构出现。以往的定义中只提夯土墙承重，未提木结构部分，显然是不够全面的。定义最后归结为："多层的、巨型的居住建筑"是为了强调楼房建筑以及巨大的规模，点明了作为住宅的使用功能。至于以往的定义中"大型群体楼房住宅"，其中"群体"二字的出现，实在出于无奈。几十年来人们一直把永定县的客家五凤楼归入福建土楼，由于五凤楼的确有特色，其夯土墙最高建到六层，是福建层数最多的夯土墙建筑。出于难以割舍的心理，为突出福建土楼的丰富性，我也把五凤楼列为福建土楼的一种类型。这就给福建土楼的定义出了个难题。在土楼的定义中加上"群体楼房"几个字正是出于涵盖五凤楼这种类型的目的。然而，这样做恰恰遗漏了福建方圆土楼最突出的个性——居住空间沿外围呈线性布置、住房一律均等，这个世界上独有的也是土楼最大的个性特色。

很显然从五凤楼演变到方楼进而出现圆楼，是无数现存土楼聚落发展的事实所证明了的发展进程。五凤楼三堂两横的布局与客家人府第式民居（如客家九厅十八井民居、殿堂式民居）以及闽南人的官式大厝（如泉州、漳州带护厝的传统民居）在平面布局上没有太大差异，只是五凤楼用的是夯土墙承重罢了。闽南民居单层的护厝变成了五凤楼层层迭落的横屋。从五凤楼住房尊卑有别、长幼有序，这种彰显封建礼教的建筑布局，演变到福建土楼居住空间沿外围布置，丝毫不见封建等级尊卑、住房一律均等的布局，这不仅是量的改变，而是质的改变，这种变化无疑是颠覆性、革命性的变革。正因为如此，我才意识到，只有把五凤楼这种类型的生土建筑排除在福建土楼之外才能凸显福建土楼的个性特色，更何况目前已列入的世界文化遗产名录中并没有五凤楼。无疑，五凤楼是中国夯土建筑的巅峰之作，是福建客家民居中最富特色的一种形式。它只能作为福建土楼形成发展过程中的一种过渡形式。

比较一下最有代表性的五凤楼——永定县高陂镇大甲塘村的"大夫第"与永定县湖坑镇洪坑村福裕楼的差异：大夫第的三堂与两横之间单层的连廊，在福裕楼中变成了楼房，显然大大提高了其防卫性能，五凤楼大夫第单层的下堂（即门厅）在福裕楼中也不复存在，大夫第的中堂变成福裕楼方形内院中二层的厅堂。虽然福裕楼与大夫第在屋顶外观造型上有诸多相似之处，但本质上它已经从五凤楼演变成为方楼。因此，福裕楼显然应该归入方形土楼一类。

把五凤楼排除在福建土楼之外，福建土楼定义中就可以不必强调"群体"一词了。虽然福建方圆土楼内院有的还有多圈环楼及祖堂书斋等建筑，但更重要的一点在于，福建土楼的居住空间集中在外围，整个家族上下人等集中

不为繁华易匠心

在外环楼平等聚居，而非中国传统民居中大家族聚在单体建筑组合而成的一组建筑群或乡村聚落之中。所以，仅仅描述成"聚族而居"，并没有真正体现福建土楼与中国其他地区大型传统民居聚居形式的差异。

综上所述，重新定义福建土楼确有必要。现在我给福建土楼下的定义是：福建土楼主要分布在福建闽西和闽南地区，具有突出防卫性能、采用夯土墙和木结构共同承重、居住空间沿外围线性布置、适应大家族平等聚居的巨型楼房住宅。

我想这个定义应该比以往的定义更加全面、更加准确、更能体现福建土楼的独特性与唯一性。有助于统一认识、厘清福建土楼的个性特色，进一步推动福建土楼的深入研究。有助于统一宣传口径，使大众能更正确地认识福建土楼的历史价值与艺术价值，推动福建土楼的旅游与开发。虽然随着研究的深入，随着对土楼特色与文化认识的提高，这个定义可能还会有所发展。但现在应该可以说作为阶段性的成果，福建土楼的这个定义与它作为世界文化遗产的身份能够相匹配了。

（本文为《福建土楼建筑》节选，福建科技出版社）

福建建筑的地域特色

福建省地处我国东南沿海，全省地貌以低山丘陵为主，连绵的武夷山脉是福建省与江西省的分界，它挡住了西北的寒流，使福建的气候自成单元；福建的河流绝大部分在本省发源并在本省入海，故福建的水系也自成单元。因此，在地理上福建省犹如陆上的"孤岛"与大陆相对隔绝。

历史上，西晋以降北方改朝换代的动乱，促使中原的汉人陆陆续续南迁。他们与福建古代闽越人的融合，形成了福建人的主体，使唐宋时代中原的文化在福建这个相对封闭的环境中积淀下来。因此，在福建省可以发现诸多唐宋中原文化的"活化石"，这种现象在福建的传统建筑文化中也有生动的展现。福建的传统建筑积淀了唐宋中原建筑的形式与风格。

福建省内的主要山脉是南北走向，福建的江河却是东西走向，并切割丘陵流入东海，形成诸多的崇山峻岭和激流险滩，使省内交通联系极其不便。福建的方言十分复杂，省内互相听不懂的方言竟有三十种之多。交通不便，语言不通，使福建文化被天然划分成无数亚文化区，因此，福建各个地区的传统建筑表现出极大的差异和明显的个性：聚族而居、规模巨大的福建土楼形式之独特，在世界上绝无仅有；闽南建筑的红砖文化，在中国独一无二；闽东建筑曲线形风火山墙形式之丰富，在大陆首屈一指；福建沿海及海岛上的石构民居独具一格；福建建筑石雕、门窗漏花和剪粘装饰之精美，在国内无与伦比……福建的传统民居一个地区一种形式，几乎一个县市一个样式，各具特色，很容易识别。福建传统建筑形式之丰富、特色之鲜明在国内罕见。

一、福建传统建筑文化的特性

福建传统建筑文化是丰富的、多层次的，包含多样性、神秘性、乡土性、独创性、开放性、炫耀性和辐射性这七个方面，可以对福建传统建筑文化的特性作一个较为完整的勾划：

1　永定县下泽镇初溪镇土楼
2　永安安贞堡
3　红砖红瓦的闽南传统民居（泉州市亭店杨阿苗宅）
4　木结构民居
5　永定县湖坑镇振福楼
6　方楼

7　南靖县书
8　半月楼
9　横向护厝式民居
10　"马背"形式1
11　"马背"形式2
12　福清市民居山墙

13　闽清县岐庐防火墙
14　各地不同的门窗漏花形式（闽北）
15　各地不同的门窗漏花形式（闽南）
16　各地不同的门窗漏花形式（闽东）
17　各地不同的门窗漏花形式（闽东）
18　尤溪县桂溪村民居梁架雕饰

（一）多样性

福建传统建筑的多样性在传统民居中表现最为突出，形式独特的福建土楼是汉畲文化在特定历史地理环境相互撞击而产生的特殊民居形式（图1）。福建的土堡民居则是历史上盗匪等肆虐的产物（图2）。闽南红砖民居具有鲜明的海洋文化的印记，是东西方和阿拉伯文化兼容并蓄的结晶（图3）。布满装饰的莆仙民居明显可见华侨文化的影响。清水木构的闽北民居，是山林文化的写真，又是书院文化的延伸（图4）。闽东民居多姿多彩的特色则是多种文化交织的产物。

福建传统民居的类型多样：有土楼、土堡，有大小合院式住宅，有骑楼式商店住宅。福建传统民居的平面形式也丰富多彩。福建土楼有圆楼、方楼、五凤楼、半月楼以及种种变异形式（图5～图8）。传统民居有一字形、三合院、四合院等平面形式。同是合院式民居，在闽北、闽东是纵向多进式，在闽南、闽西则是横向护厝式（图9）。泉州的"手巾寮"和漳州的"竹竿厝"则以超大的进深构成前店后宅式民居典型的福建特色。

福建传统民居的建筑装饰也是丰富多彩、形式多样。以闽南民居"大脊头"做法为例：或"马背"或"燕尾"，形式多样。同是"燕尾"式脊头，在闽南各县市或粗壮或细巧都有各自约定俗成的模式。"马背"式脊头的轮廓线因地域而异，变化更多，其方圆曲直各有隐喻（图10、图11）。闽南民居山尖上浮雕式的悬鱼又称"归垂"，其装饰花纹变化无穷，均为象征吉祥的器物和花草图案，起到了画龙点睛的作用。福建闽东民居的风火山墙分为"金、木、水、火、土"五种形式，变化极其丰富（图12、图13）。

福建建筑门窗漏花形式极其多样，或卡榫圆案或木雕花饰，以各种吉祥图案组合，构图变化繁复，各地做法不同、风格各异（图14～图17）。闽南民居建筑的梁枋、叠斗、雀替、鸡舌等构件上的木雕彩绘极其精细，且色彩浓艳，而闽东民居建筑则是清水木雕质朴素雅，显现出各自的地域特色（图18）。

（二）神秘性

中原传统建筑都是用灰砖建造，三国两晋后，"中原板荡"，中州八族入闽，同样是从中原迁来，定居在闽北、闽东的仍用灰砖建房，为什么迁到闽南会出现红砖民居？闽南民居的双曲屋面，脊部高耸两端翘起，它与闽北闽东民居平缓的坡屋面和近乎直线的屋脊又是如此的不同，这是唐宋时期中原建筑形式的积淀还是海洋文化的产物？闽南的红砖建筑以及剪粘装饰与欧洲的红砖建筑以及类似的装饰手法可以拉得上亲缘关系吗？闽南民居墙面的红砖组砌、贴面、镶嵌与西亚阿拉伯建筑满装饰处理之间有什么联系吗？

15

16

17

18

福建土楼尤其是福建圆楼为什么要建成圆的？闽南的单元式土楼与闽西客家人的通廊式土楼外观相近，但平面布局全然不同，到底它们是如何产生，如何发展的？到底哪一种出现较早，又是怎样相互影响的？如此等等，一连串难解的建筑文化之谜，既充满神秘色彩又诱人深入探究。

（三）乡土性

地方材料的巧妙运用更凸显福建民居的乡土特色。福建传统民居仅外墙的用材各地的差异就极大：福建土楼用夯土外墙；山区的民居完全用清水木板作外墙（图21）；闽北闽东民居用清水灰砖空斗墙体（图19、图20）；福州民居是一律的白粉墙；闽南民居则是红砖墙；沿海或海岛上的民居完全用花岗石作外墙。

福建沿海岗峦成山峻岭皆石，这里盛产的花岗石材质均匀强度很高，这使得拱券结构在福建未能充分发展，因为采用石梁结构完全可以满足民居建筑的要求，而且加工建造又相对简便。在惠安县沿海不仅民居梁柱用石头，楼梯、门窗框也用石头，不仅外墙用石头，室内隔墙也用石头，不加任何饰面（图22）。花岗石墙面的砌法也多种多样，青石白石相间砌筑形成色彩的对比、蜂泡石与规整石并用形成质感的对比、顺砌与丁砌相交替，这些都表现出结构技术与建筑艺术的统一。

石塔是福建传统建筑的一大特色。闽侯尚干的雁塔，建于南北朝距今一千多年，塔高10米，七层八面，完全是花岗石仿木结构。泉州开元寺的东塔、西塔更是名声显赫，东塔始建于唐咸通六年（公元865年），两塔都是花岗石仿木楼阁式建筑（图23）。福州崇妙保圣坚牢塔则是五代所建，也是花岗石结构，八角七层仿楼阁式。

福建的石桥首推泉州市安海镇的安平桥，它始建于南宋绍兴八年（1138年），全长2235米，是我国古代首屈一指的梁式长桥，素有"天下无桥长此桥"之誉（图24）。

石材的运用形成福建特有的石文化，体现了福建建筑鲜明的乡土特色，表现了福建人对石头特有的感情。人们不仅是用石头建房，而是用石头表现他们的喜好，抒发他们的情感，以至于侨居海外的游子思及家乡的石头也会魂牵梦萦。

此外，莆田、惠安的石雕艺术驰誉中外，特别是惠安的青石雕，不仅雕工精细，而且对人物、鸟兽、花卉的刻画都达到了栩栩如生、出神入化、惟妙惟肖的境地，赋千钧顽石以永恒的艺术生命，达到很高的艺术水准（图25）。

以夯土墙、土坯墙作建筑的围护结构全国到处可见，可是以夯土墙承重建造高楼大厦则是福建一绝。直径几十米甚至上百米，高十余米的巨大圆土楼是传统民居的奇迹。漳州沿海的土楼还在夯土中加入红糖水、糯米浆，夯出的土墙坚硬如石，不惧台风不怕雨淋，因此沿海的土楼不做像象永定土楼那样巨大的出檐，而是取女儿墙式，它以其古堡式的造型，与永定土楼显著区别，凸显乡土特色（图26）。

福建的寺庙建筑，平面布局规整，严谨对称，以泉州的开元寺和福州的涌泉寺为代表，宽阔的敞廊围合成庭院，以及依山就势层层迭落的布局是其显著的特点，从而形成福建寺庙鲜明的乡土特色（图27）。

福建的廊桥更凸显地域特色和乡土气息。福建廊桥的类型多样：有石拱廊桥、梁式廊桥和木拱廊桥等，尤以酷似"清明上河图"中虹桥的木拱廊桥著称。其结构奇巧、形式优美（图28）。仅福建的寿宁县就保存19座木拱廊桥。

（四）独创性

福建土楼是世界一绝，自不待言。闽南护厝式民居也是独树一帜，其平面布局与其他地区多进式布局全然不同，它是在四合院的两侧各建一排、两排甚至多排护厝、左右拼接沿横向发展，用过水房相连。这种布局为护厝中的卧房创造了阴凉舒适的居住环境，这是适应闽南气候特点的产物。

闽南建筑外墙用面红砖组砌和拼贴的做法、利用彩色碎碗片粘贴的"剪粘"装饰是当地特有的装饰手段

不为繁华易匠心

19 永泰清水木构民居

20 尤溪县木构民居

21 宁德市七都居民

22 惠安屿头石构民居

23 泉州开元寺仁寿塔（西塔）

24 泉州市安海镇安平桥

25 闽南传统民居精美的石雕装饰

26 漳浦县锦江楼

27 泉州开元寺

28 武夷山市木拱廊桥——余庆桥

（图29）；泉州地区砖石混砌的"出砖入石"墙面（图30），据说是1604年当地8.1级地震造成大破坏之后，就地取材创造的一种新的墙体形式。这些都凸显了福建传统建筑文化的独创性。

（五）开放性

福建沿海多岛屿、港湾，为海上交通发展创造了理想的条件。自古以来泉州港与南海诸国往来密切。从波斯、印度和东南亚诸国，沿着海上丝绸之路而来的各国使节、商人、僧侣和传教士将西方和南洋的建筑文化带到了福建，使福建民居明显地刻上外来文化的印记。中西合璧成为福建沿海民居的一大特色，尤其在沿海的侨乡，诸多中西合璧的"洋楼"，其平面布局仍然是传统的四合院，既保留了适应中国传统生活习惯和伦理观念的布局模式，又吸取了西洋建筑的处理手法，如利用屋顶平台作为活动空间、增加外廊等，使内向的民居增加了外向的因素，其平面布局也有不对称的，但宅内的祭祀场所完全保留，其中心地位仍明显可辨。在立面处理中采用西式柱廊、瓶式栏杆，在窗盖上吸取东南亚等地的做法，但山墙处理仍保留地方传统的形式。从平面到立面，中西处理手法融为一体（图31）。即使在最具地方特色的福建土楼中，其石砌圆拱门也是西洋文化影响的痕迹。

厦门集美学村中的近代建筑，其闽南式的屋顶、西洋式的墙身是近代中西合璧式建筑的典型，形成了福建特有的"嘉庚式"建筑风格（图32）。

中西文化交流、碰撞的结果，使得福建传统建筑在继承传统的基础上又有所改进、有所创新，创造了颇有特色的中西合璧式建筑。在这种建筑形式中，不同的建筑语言并非简单的叠加与拼凑，而是经过一定的心理意识选择，从而达到有机的融合。综上所述，可见福建的建筑文化较内陆地区有明显的开放性，对外来建筑文化既不拒绝又不照搬，而是大胆引进并加以改造利用，达到发展创新的目的。

（六）炫耀性

由于福建沿海的地理位置以及古代海上交通的发展，使得福建人多出洋谋生或出外经商，能衣锦还乡以荣宗耀祖是他们最高的追求，这种社会的群体心态强烈地反映在福建沿海的民居建筑上。在福建侨乡，华侨富商衣锦还乡新修屋宇不惜巨资，他们实际上并不注重于住宅内部使用功能的改善和设备的更新，而是竭力追求建筑的规模与气派，注重炫耀外表装饰，以此达到一种心理上的满足。尤其是莆田、仙游的民居，过分堆砌的装饰：木雕、石雕、砖雕、泥塑、壁画和瓷砖贴面共用，圆雕、浮雕、镂空透雕并存。满铺的装饰使建筑外观极其花俏，建筑细部处理繁琐复杂，好用刺眼强烈的色彩，这种做法总觉得珠翠满头，艺术格调较低，但这的确成为富商财主的炫耀心理不可缺少的表现形式，也成为闽南工匠表达内心世界的手段，同时也反映了当地人的审美情趣，这使得闽南建筑形成自己独特的装饰风格，表现出明显的炫耀性。

（七）辐射性

福建建筑文化对外的辐射性也是显而易见的。随着海上商贸发展和历史上移民的热潮，福建尤其是闽南建筑文

29 闽南传统民居"燕尾"和"归垂"的"剪粘"装饰
30 泉州民居"红砖入石"的外墙
31 中西合璧的石狮市传统民居
32 厦门大学"嘉庚风格"近代建筑

不为繁华易匠心

化直接传播到台湾，甚至辐射到东南亚。台湾的闽南式民居正是源于福建的漳州、厦门、泉州。东南亚各国的不少传统民居可以找到与福建闽南建筑的亲缘关系。

二、福建建筑地域特色的延续

福建地处"海防前线"，新中国成立后很长一段时期城乡建设发展缓慢。是"改革开放"迎来了福建建设的春天。20世纪80年代开始，随着厦门特区的建立，福建的对外开放，经济的起飞使福建城乡面貌大大改变。但是，飞速的发展和现代化的冲击，伴随着一个不容忽视的建筑"特色危机"，使原本特色鲜明的城市、乡村基本失去了个性。

旧城区盲目的成片改造，推土机式的建设使城市丧失了历史的记忆，割断了城市之根。方盒子的"混凝土森林"割断了地区的文脉。光怪陆离、平庸粗俗的新建筑充塞城乡。这不能仅仅归罪于"长官意志"、归罪于低层次的开发商，作为建筑师也有不可推卸的责任！改革开放以来，中国的建筑师经历了这么多年"与国际接轨"的实践，风行一时的玻璃幕墙瘾过了，诸多浮躁的建筑时髦也赶了，如今是到了收回心来好好来重新认识地域传统文化的时候了。在实现现代化的同时，如何延续建筑的地域特色，做到实现真正意义上的设计创新，是摆在我们面前严峻的课题。应该说，福建的建筑师这些年来在这方面进行了不少探索，认真地回顾、总结，会给我们有益的启发：

（一）传统聚落的保存

沿海经济的飞速发展，所谓"奔小康"的农村建设，拆毁了无数特色的聚落，近年来才开始进行抢救性的保护，推动了聚落的保存。马祖岛的聚落保存在"长住马祖"的理念指导下，把马祖的特色聚落变成可居可游的住所。如北竿乡的芹壁村，重修的民居沿用了传统的石墙砌筑工法和屋顶压瓦石的做法，保留了海岛石构民居的特色。他们挖掘民俗文化，利用传统民居作为商店、茶坊、咖啡座、家庭旅店等服务设施，既延续了传统文化，又推动了旅游的发展。使聚落保存能可持续发展，创造了很好的经验，成为福建聚落保存的典范（图33）。

福建土楼已列入世界遗产预备项目，在申报"世遗"的过程中，政府投入巨资拆迁不协调的新建筑，恢复了土楼传统的环境风貌。南靖县田螺坑村，一方、四圆土楼的群体组合，成为福建土楼的"名片"，率先列入国家级历史文化名村（图34）。南靖县石桥村以其土楼与山水的有机融合，赢得了省级历史文化名村的称号（图35）。最近，客家村落——连城县的培田村和武夷山传统茶商集散的聚落——下梅村（图36），以及邵武县的和平古镇相继被列入国家级历史文化名村镇。这些都促进了福建乡村聚落地域特色的延续与发展。

（二）城镇传统特色的延续

在闽北，20世纪80年代"武夷山庄"的设计开创了延续闽北民居传统风格的建筑形式，带动了武夷山市的城市建设，从"宋街"和溪东旅游度假区到星村旅游点的建设，武夷山的新建筑风格逐渐成熟（图37）。

在闽南，红砖白石墙面的对比，曲面生起的红瓦屋顶是红砖文化区传统建筑的两大特色。骑楼式沿街商业建筑又是闽南建筑海洋文化特性的突出展现。泉州在旧城改造中确定了三个城市设计的原则，即建筑的外墙以红砖为主、屋顶取传统闽南的式样、沿街设计骑楼，在东街、涂门街、新门街的旧城改造中坚持贯彻落实，使得泉州古城在"千城一面"的建设大潮中能脱颖而出，人们来到泉州顷刻就能感受到它鲜明的个性特色，博得各方的好评是理所当然的（图38）。如今，在新编的《传统特色小城镇住宅标准图集》中，搜集了最有地域特色的单体住宅平立面和建筑部件编成标准图集，用以推动泉州地区小城镇的建设，使之能延续地域的传统特色。

（三）在新建筑的创作中多方面探索延续地域特色

首先，在特定的历史地段宜直接采用仿古的手法，以表现建筑的地域特色。如福州西湖"古堞斜阳"景点的设计，直接延用福州地区粉墙黛瓦的民居风格，把福州最有特色的曲线形风火山墙的形式加以简化、利用，结合现代行为科学的理论，把一个小小的滨湖茶室景点演绎得生动、活泼、实用且美观（图39）。又如武夷山的"玉女宾馆"，借用福建圆楼的形式，设计了一个颇有福建特色的现代酒店（图40）。

其次，汲取传统民居空间布局和设计手法的精华，运用到新建筑的设计中。以"武夷山庄"为代表的武夷山新建筑，传承了闽北民居的传统特色，以白墙、红瓦和露明的木构架，成功地创造了武夷山新建筑的风格，成为地域特色新建筑的典范。

此外，把福建传统民居中最有特色的建筑语言提炼、变形、简化，创造新的建筑语言，在新建筑中突出加以表现，以此体现福建建筑的地域特色。如在"福建省图书馆"的设计中，把福州的曲线山墙、闽南建筑的屋顶曲线、红砖白石相间的砌筑、福建土楼的立面形式、莆田建筑外墙的白石点缀等这些民居建筑语言综合运用，使图书馆建筑打上福建的烙印，成为只能是属于福建的新建筑（图41）。再如厦门大学"嘉庚楼群"的设计，采用嘉庚式建筑"一主四从"的总体布局。厦门大学新校区建筑设计更是汲取中西合璧的嘉庚风格，把闽南建筑的屋顶形式赋予时代精神，不仅延续了嘉庚建筑风格，而且为创造现代建筑的地域特色提供了一个很好的范例（图42）。"福建公安学校图书馆"的设计，汲取福建土楼的特色：对外封闭对内开放，隔绝了外围嘈杂的环境，创造了宁静的阅览空间（图43）。厦门中山路的新建筑，延续了传统骑楼与中西合璧的形式，形成了与传统骑楼商业街相协调的新型商业建筑。

（四）重新认识地域建筑文化的价值，把传承建筑地域特色提高到新水平

延续建筑的地域特色是时代的要求。如今在全球化的浪潮中，强势文化的入侵，淡化了我们中国文化的主体意识，引发了城市建筑空间形态的趋同，导致了建筑地域特色的沦失，这是我们所不愿意看到的现象。随着我国现代化进程的推进，我们愈加深刻地意识到：全球化与地域化并不是一个绝对对立的概念。全球化的发展结果绝不是单极化，恰恰是多极化、多中心化的"多元共存"。只有多元文化的共存，才能使世界的文化更加绚丽多彩、更有活力、更有朝气。全球化实际上并不排斥地域化，相反"越是地方的，越是世界的"，我们有必要重新认识传统地域文化的价值，发扬自觉、自尊、自强的精神，宽容差异，倡导个性。深入挖掘民族的地域的文化资源，实现中国现代文化地域特色的传承与创新，只有这样才能对世界文化做出独特的贡献。

无疑，我们在建筑领域，同样也要以多元共存来回应全球化。一方面我们必须看到在信息化高度发达的现代，世界趋同的倾向、文化的共享是必然的，我们要善于汲取异质建筑文化中的精华，使之融入并丰富我们民族的地域建筑文化，才能避免本土建筑文化的衰微，才能真正实现地域建筑文化的创新与发展。另一方面，我们在继承和弘扬地域建筑文化中，绝不应该仅仅停留在建筑符号简单的附加，而是要认真发掘本民族本地区的文化资源，取其精华，合理地、高水平地加以利用。

首先，必须明确把地域传统建筑最有特色的形式加以提炼、简化，作为符号在新建筑中装点、运用是必要的。因为它是启发地域建筑形式的认知，延续历史的记忆，最终达到文化的认同所必不可少的。因为建筑毕竟属于一种造型艺术，建筑的地域性必然要表现在建筑形式上，必然要通过一定的形式语言来传达，通过清晰具体的形象来表现。高明的建筑师不能停留在简单地抄袭效法，而是要根据今天的需要，消化、吸收和发展地域传统建筑中最有特色的精华，加以抽象、提炼，并巧妙地运用，使新创造的形式能吻合大众对某个地域建筑特色的"标准意象"，只有这样才能为大众所认知为大众所接受。

其次，我们又不能仅仅停留在建筑形式上，更要发掘地域传统建筑空间的文化内涵。很显然，地域的自然、地理环境和政治、经济、社会、科学技术以及文化心理，民俗民风等因素，都是地方性建筑文化继续存在和发展的基

础，因此建筑的地方性，不仅仅是历史的产物，它一定有继续存在和发展的必要和可能。然而，建筑地方性的延续又是一种抛弃与再适应的过程。要在传统建筑的精神层面，传承地域建筑文化精神。这包括建筑空间对精神功能和物质功能的适应、对地方建筑材料的合理运用、对基地环境资源的利用、对地域气候的适应等。福建新建筑在这方面也作了不少有益的探索，如建在泉州市的中国闽台缘博物馆的设计就是一例。它充分利用福建闽南的红砖、白石等地方材料，表现闽南建筑的地域特色（图44）。在长乐市博物馆的设计中，用白墙灰瓦和简化的山墙表达乡土气息，用巨幅壁画表现作为郑和下西洋的出发地"航城"的特色。然而，气候的因素相对于文化、社会、经济等因素是最为恒定的因素，传统地域建筑千百年来形成的特色，很重要的表现在对地域气候的适应，适应地域气候所形成

33 马祖北竿岛芹壁村
34 南靖县书泽乡田螺坑村
35 南靖县石桥村
36 武夷山下梅村
37 福建武夷山庄

38 泉州市旧城新貌
39 福州西湖"古堞斜阳"大门
40 武夷山"玉女宾馆"
41 福建省图书馆
42 厦门大学漳州校区

43 福建公安学校图书馆
44 长乐市博物馆
45 福建会堂

34

35

39

37

38

41

42

44

45

的建筑空间特色是最为重要的、最应该引起我们重视的特色。因此，传承地域建筑特色的重点，就在于要从传统建筑适应地域气候的经验中汲取营养，用低技术或适宜技术创造舒适的人居环境，以达到节约资源、保护生态环境、实现可持续发展的目的。

近年来，在福建流行的"北厅大进深"板式高层住宅的平面形式，正是在住宅空间布局上对地域气候适应的产物。福建大部分地区属于冬暖夏热地区，冬天不冷，设计北厅大众能够接受，客厅对朝向的要求让位于景观要求。板式平面大进深、大凹槽，不仅节约用地，易于组织穿堂风，保证了卫生间自然通风，更创造了阴凉的环境，这在福建炎热的夏季有很大的意义。因此，这种住宅模式在福建广受欢迎，这也是传承地域特色最新的成功实例。

福建传统民居建筑中由小天井、宽廻廊和开敞的前后厅组成"厅井"空间，是一个对室外开敞的半室内半室外的空间。在温暖的冬季，置身其中，寒风被阻隔，阳光穿过天井直射正厅，坐在厅里就能晒到太阳，创造了温暖舒适的居住环境。在炎热的夏季，小天井中太阳直射的时间很短，前后大小天井的温差形成自然气流，使"厅井"空间既阴凉又通风。天井中的花木带来大自然的绿意。夜间的星光月影、雨天的滴水雨声，更增添了"厅井"空间的诗情画意。这种空间布局形式是对福建气候最好的适应。汲取这个经验，在"福建画院"、"福建省图书馆"的设计中，采用大小庭院来组合平面，使室内大堂、中庭空间与庭院空间流通、开敞，达到既融合自然又节约能源的效果。在"福建会堂"的设计中，采用开敞的前庭，一方面表达了开放、民主的人民会堂形象，另一方面突破了基地空间局促的限制。既延伸了楼前广场的空间，又延伸了会堂门厅的空间，同时利用开敞的前庭空间，补充休息厅的功能。这种设计也是对福建气候的适应，也是只能在温暖的南方才可能出现的建筑形式（图45）。

探索地域传统建筑的特色的传承现在还仅仅是开始。我们要牢记建筑师应有的责任感与使命感，端正创作态度，更新观念，在发掘地域传统实现建筑现代化的进程中，为社会创造出饱含地域特色的精品建筑。

（本文为《建筑百家谈古今》·地域篇，中国建筑工业出版社）

5 主要工程项目

福州西湖"古堞斜阳"

不为繁华易匠心

福建省画院

中国闽台缘博物馆

福建省图书馆

龙岩市博物馆

福建会堂

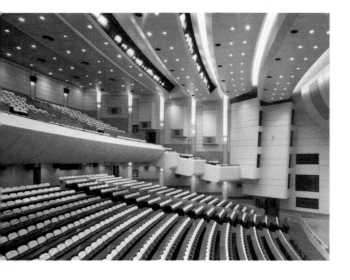

福建省公安专科学校图书馆

福建省物资贸易中心

长乐博物馆

武夷山游客中心

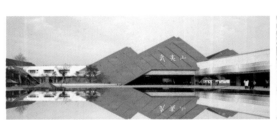   

平潭岛妈祖文化园

宁化海西 客家始祖祭祠

华福大厦

不为繁华易匠心

住宅盛世铭门

福州画院

榕城商贸中心

福建省保险公司大厦

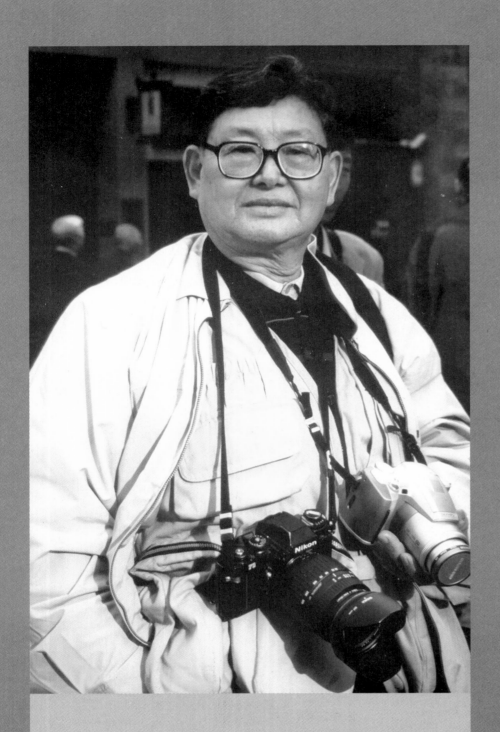

李长杰

教授级高级规划师、国家注册规划师、国家资深规划师、中国民居建筑大师。

1939年出生于重庆，1959～1964年重庆建筑工程学院建筑系毕业。分配在桂林市设计院长期从事建筑设计、规划设计，从事了50年的传统民居研究工作。其间曾任桂林市规划局局长、兼任规划建筑设计研究院院长。是最早的中国民居研究会会员，中国民族建筑研究会会员，中国风景环境学术委员会会员；重庆大学建筑学院兼职教授，西南交大建筑学院兼职教授，德国慕尼黑大学客座教授，瑞士比尔大学客座教授，意大利巴勒莫市建筑师学会永久会员。百色市、贺州市、上饶市、阳朔县、婺源县等市县的规划建筑顾问。1994年9月～1995年2月，应邀到德国慕尼黑大学、瑞士比尔大学讲学；应邀到德国卡塞尔市米歇尔建筑与景观设计事务所、汉诺威斯图特建筑师事务所、法兰克福斯特隆克建筑师事务所等部门作"中国传统民居建筑"讲学半年。1997年4～5月应邀到台湾台北、台湾东海大学和香港大学、香港中文大学建筑系等大学作"中国传统民居建筑"讲学。

从事建筑、规划设计工作54年（1964～2018年），其中从事传统民居研究50年（1968～2018年）。50年来完成主要建筑与规划设计项目260多项。其中作为总设计师设计的"桂林风景游览城市总体规划"，于1990年获得国务院批准，并获建设部奖。

主要出版著作及论文发表情况

独著

桂北民间建筑. 北京：中国建筑工业出版社，1990，5.《桂北民间建筑》，书中包括民居、鼓楼、风雨桥、戏台、寨门、萨堂、井亭、路亭、公厕、鼓楼广场等，全部为钢笔画，共1105幅，547页，是一本"建筑艺术"民居专著。

桂北民间建筑. 台北：台湾地景出版社，1992，12.

桂北民间建筑（第2版）. 中国建筑工业出版社，2016，11.

风景游览城市　历史文化名城——桂林. 桂林：广西师范大学出版社，香港亚洲出版社，1990，5.

中国传统民居与文化. 中国建筑工业出版社，1995，8.

合著

中国羌族建筑. 成都：西南交大出版社，2000，2.

中国传统民居建筑. 济南：山东科技出版社，1994，3.

中国民族建筑（第五卷）. 南京：江苏科技出版社，1999，8.

建筑小品实录. 中国建筑工业出版社，1993，6.

杂志创刊

1985年初，创刊了《规划师》杂志，并担任主编15年。《规划师》杂志，创刊初期，为内部刊物，季刊。1988年，被广西科委批准为省级杂志，双月刊。1993年，被国家新闻出版署批准为国家级杂志，向国内外发行，后改为月刊。

发表论文

浅议保留的城中村规划及民居建筑风貌的改造与协调. 全国城市规划研讨会，合肥会议学术报告论文，1973.

风景环境与村寨的相辅相成. 全国风景环境学术研讨会，武汉会议学术报告论文，1982，5.

山村型景区探讨. 广东飞来峡景区规划研讨会，学术报告论文，1982，12.

浅论国外半木结构的民居与风景环境相协调. 全国风景名胜区规划研讨会，武夷山会议学术报告论文，1983，6.

国外古村古镇的立法保护浅议. 西南三省一区建筑学会年会，贵阳会议学术报告论文。会后应邀到遵义建筑学会再次作学术报告，1983，8.

意大利古城及古建筑的保护、维修与修复. 建筑学报，1983（12）.

传统民居与风景建筑的相融性. 中国风景园林学术会，辽宁医巫闾山会议学术报告论文，1985，10.

风景建筑的民居特性. 全国风景名胜区规划研讨会，山东石岛会议学术报告论文，1987，9.

江南水乡民居特色. 全国风景环境、风景名胜学术研讨会，杭州会议学术报告论文，1989，11.

侗族民居建筑文化探索. 建筑学报，1990.

窑洞民居与王屋山精神. 风景名胜专委会成立大会，焦作、济源会议，演讲论文，1990，10.

云南民居的奇葩———一棵印. 中国民居第二届昆明会议，学术报告论文，1990，12.

传统民居是城市建筑风格的泉源. 中国民居第三届桂林会议，学术报告论文，1991.

侗族民居——桂北村寨的明珠. 中国建筑（英文版），1992，3.

桂北民间建筑专题片电视剧本.

由广西电视台拍摄，作为策划与现场指导进行拍摄。1992年中央电视台、浙江电视台、四川电视台、广西电视台等多家电视台多次播出。荣获1992年全国第四届少数民族题材电视艺术"骏马奖"、"西南专题节目一等奖".

徽派民居的门楼与三雕特点. 中国民居第四届景德镇会议，学术演讲论文，1992.

桂北传统民居与桂林山水风景. "山水城市"研讨会北京会议，学术报告论文，1993，2.

传统民居与城市风貌. 中国传统民居与文化，中国建筑工业出版社，1995，8.

苏南水乡民居的亮点一雕花楼. 苏南水乡民居研讨会南京会议，宣讲论文，1996，4.

浅议山西的大院民居. 中国民居第七届山西会议，学术宣讲论文，1996，8.

四川民居的穿斗结构特色. 中国风景环境研讨会，成都会议，学术报告论文，1996，10.

湘西侗族民居与文化. 海峡两岸传统民居研讨会，福建会议，学术报告论文，1997，5.

传统民居与建筑创作. 中国民居第八届新疆会议，学术报告论文，1997，8.

浅议福建民居的梁架. 中国风景环境学术会厦门会议，学术报告论文，1997，11.

传统民居与城市建筑的地方特色. 中国民居第九届贵阳会议，学术报告论文，1998.

外朴内秀的庄寨民居. 中国民居第十一届西宁会议，学术报告论文，2000，8.

本土文化、地方特色的阳朔西街建筑整治. 建筑学报，2001（8）.

浅析传统民居的村落空间. 中国古村落研讨会，浙江浦江会议，学术报告论文，2002，11.

福建民居的丰富性. 第五届海峡两岸传统民居青年学术会，武夷山会议学术报告论文，2003，12.

四川民居的奇葩——羌族碉楼. 亚洲民族建筑保护与发展研讨会，成都会议，学术报告论文，2004，7.

桂林山水甲天下，桂北民居贯中华. 第16届中国民居广州会议，分会宣讲论文，2008，11.

传统民居与文化.

"海峡两岸传统民居建筑保护研讨会"，台湾会议，在台湾国立师大国际会议厅，大会学术报告论文，2007年4月22日。参加听讲的除了台湾建筑界人士外，还有台湾行政院吕司长、内政部温司长、文化部建设司林司长、台湾省文物局局长、台湾省文化局局长、台湾工商大学陈锦赐校长、专门从金门赶来的金门议会秘书长等。

建筑创作与传统民居.

"传统民居与现代生活探讨会"，台中会议，在台湾台中东海大学国际会议厅，大会学术报告论文，2007年4月25日。参加听讲的除了台湾建筑界人士、东海大学部分学生外，还有东海大学校长王亢沛教授、东海大学建筑系主任洪文雄教授、建筑系关华山教授，台湾省文献会高级官员等。

侗族村寨的公共建筑与文化.

在香港大学纽鲁诗楼国际会议大厅，学术报告论文，2007年4月30日。参加听讲的除了香港建筑界人士、香港大学部分学生外，还有香港大学副校长张佑启教授、香港大学亚洲研究中心主任黄绍伦教授、建筑系主任刘秀成教授、建筑学院院长韦伯利教授、建筑学院教授盛怀汾博士等。

建筑文化的泉源——传统民居.

在香港中文大学建筑系学术报告厅，学术报告论文，2007年5月5日。本次学术报告，是应香港中文大学建筑系主任李灿辉教授的邀请去讲学。参加听讲的有香港中文大学建筑系部分学生和教授，建筑系主任李灿辉教授等。

浅议羌族村寨与民居的特点. 中国乡村规划论坛会，重庆会议，学术报告论文，2008，7.

传统民居在建筑设计中的传承与应用. 第19届民居会南宁会议，大会学术报告与幻灯演示，2012，10.

民居风格与历史街区的恢复整治. 中国建筑研究室成立60周年暨第十届传统民居理论国际学术研讨会南京会议，报告论文，2013，11.

在国外发表论文两篇

侗族传统民居与文化. 加拿大蒙特利尔大学学报，1992，6. 并将论文和插图在校内展出。

四面山风景与川南民居的美妙相融. 新西兰新报杂志，1998，2.

独著，1990年中国建筑工业
出版社出版

独著，1992年台湾地景出版社
再版

独著，2016年中国建筑工业出版社
第二版

主编，1990年香港亚洲出版社出版

主编，1995年中国建筑工业出版社
出版

合作编著，1994年山东科技出版社
出版

不为繁华易匠心

1 合作编著，1999年江苏科技出版社出版
2 合作编著，2000年西南交大出版社出版
3 合作编著，1993年中国建筑工业出版社出版
4 李长杰1985创刊，1993中国出版署批准国内外发行，
　任主编15年
5 李长杰主持主笔桂林《风景游览城市》总体规划设
　计，1985国务院批准
6 出版的书与出版的杂志

获得奖项

2

1986年6月，被授予全国"先进科技工作者"奖。

1988年获省级奖。

1993年10月，被建设部授予"首届村镇建设优秀科技人员"奖。

《桂北民间建筑》一书，获1990年中国"优秀图书"奖、"优秀图书装帧"奖。

《桂北民间建筑》一书，在台湾地景出版社1992年12月再版后获台湾"金鼎奖"。

《桂北民间建筑》一书，1991年获桂林市文化名城"优秀科研成果特等奖"。

《桂北民间建筑》电视专题片，获1992年全国第四届少数民族题材电视艺术"骏马奖"、全国优秀电视专题片三等奖，

1992年第六届西南省级电视"专题片一等奖"，广西优秀电视专题片一等奖，中国华夏一奇1993年一等奖。

《历史文化名城风景游览城市——桂林》一书，1991年获桂林市文化名城"优秀科研成果一等奖"。

1991年，被广西建委授予1980～1989年十年的"村镇规划建设先进个人"奖。

1989年，被广西建委和广西建筑学会授予"1989年六塘村镇规划优秀奖"省级奖。

在2003～2005年中，指导设计院做龙胜金坑村寨群与龙脊景区规划及传统民居的修缮、修复设计，并获得广西2005年一等奖。

1．传统民居与城市建筑的风貌、特色研究

桂林是风景游览城市，历史文化名城，城市建筑风貌讨论了多年，均未合理树立起来。为了取得地方特色和民族风格，民居是建筑溯源的源头，应该从传统民居中去找元素。经过多年研究，笔者将传统民居研究成果应用在桂林的城市建筑风貌中，反映出地方特色与民族风格，与山水环境相融。因此，我把桂林的城市建筑风貌元素定为："小青瓦、坡屋顶、浅灰砖、吊脚楼"。从传统民居中提炼出来的这些建筑元素，作为山水风景城市桂林建筑风貌，体现了地方特色与民族风格。市里多次组织专家讨论，同意这些建筑风貌元素。这一建筑元素的确定，解决了多年悬而未定的悬案。既是传统民居研究的应用，又是传统民居研究的传承与发展。

2．传统民居的保护与改进研究

桂北村寨中，多为干阑民居建筑。底层架空，作为防潮空间，也存放农具杂物、猪牛关养等。第二层才是居住层，木楼面。正中是堂屋，两侧是卧室。火塘设在堂屋中，火塘四周用30厘米宽的青砖铺砌，与木楼面分开。火塘烧木材，是村民祖辈做饭的炉灶。而且"火"是神的象征，不能熄灭，村民出工时将黑灰把红碳覆盖即可。这样很容易失火，一旦失火，整栋民居，甚至整个村寨都被烧光，十分惨烈。单是三江县过去每年要烧掉2～4个村寨，极不利于传统民居的保护。

1　前面一栋民居正在加建"披厦"，作为改建厨房用　　　　5　经过整治的桂北村寨风貌基本协调1
2　李长杰"聚精会神"考察民居　　　　　　　　　　　　6　经过整治的桂北村寨风貌基本协调2
3　李长杰"聚精会神"考察民居　　　　　　　　　　　　7　经过整治的桂北村寨风貌基本协调3
4　李长杰考察民居，总是"聚精会神，一丝不苟"

在桂北民居的多年研究中，笔者常走村串寨，无数次住在村民的木楼中。发现"火塘"是失火的最大危险处。为了保护传统民居的存在和改善村民的做饭生活条件，我研究出一种村民能够接受的火塘改进厨房：即"在民居的背立面一侧扩建12～15平方米的木结构的二层披厦作为独立厨房，厨房外立面与民居统一，底层架空，第二层为厨房，厨房楼面满铺木色面砖，面砖上砌筑几眼砖砌炉灶，内墙四周刷防火漆，作为民居的改进厨房，厨房与堂屋连通"。

凡是建了这样的改进厨房，既可改善村民的做饭生活条件，又可大大减少失火的可能性。原有的火塘保留，作为传统民居的象征，节假日村民都在家，仍可启用火塘。

3．新建传统民居的研究

近20年来，桂北"民居旅游"发展较快，很多村民将自己住的民居改作"民居旅馆"，仍然大大不够需求。如龙胜县平安寨，近百户的小村寨，黄金周每天最多涌入村寨的国内外游人高达6000多人，"民居旅游"十分火爆。村民们为解决"民居旅馆"的紧迫需求问题，在村寨内自发新建了几栋"民居旅馆楼"：梁柱均为钢筋混凝土，底层为红砖外墙。笔者2005年去平安寨看了大吃一惊！这几栋新建的三层"民居旅馆楼"，完全破坏了村寨民居的传统风貌。我立即找到了几家新建主人，给他们出方案解决实际问题，我的方案是："（1）将钢筋混凝土梁柱作木包装，或刷木色；（2）底层砖墙室内外均作木包装"。他们都愿意按照我的意见做这种少花钱的"风貌协调整治"。

2007年我到龙胜金坑金佛顶等几个村寨，指导村民新建的几栋三层"民居旅馆"，都能与原有民居风貌协调。村民的模仿能力很强，以后他们又建了几栋"民居旅馆"，都作了木包装，与原有民居风貌协调。

4．改进民居村寨环境的研究

2008年我去三江程阳八寨等村寨，看见村寨的道路系统几乎都建了1米多宽的水泥路面，白色的路面线条非常刺眼；还有的干阑民居的底层架空部分，用红砖砌墙，与村寨环境和传统民居极不协调。水泥路不是村民的个人问题，于是我找了当时三江县政府办公室主任和当时三江建设局局长，谈了我的改进意见："（1）在水泥路上铺一层薄薄的石板，形成石板路；（2）"红砖墙面作木包装"。他们都同意这样少花钱就能协调风貌的整治方法。

5．中国传统民居向国际弘扬、传播

《桂北民间建筑》一书，在法兰克福国际书展中，对国际建筑界影响较大。1994年9月～1995年2月，笔者应邀赴德国慕尼黑大学、瑞士比尔大学、德国卡塞尔市米歇尔建筑师事务所、法兰克福斯特隆克建筑师事务所、汉诺威斯图特建筑师事务所等部门作"中国传统民居与文化"主题讲学半年。

8　经过整治的桂北村寨风貌基本协调4
9　原是水泥路面，与村寨环境格格不入，后加铺一层石板，成为"石板路"，与村寨环境完全协调
10　木包装的墙面风格协调
11　用木贴面的混凝土立柱风格协调
12　原是水泥路面，与村寨环境格格不入，后加铺一层石板，成为"石板路"，与村寨环境完全协调
13　意大利巴勒姆市建筑师学会"永久会员"证 1983.2.2
14　1997年应邀都香港中文大学建筑系讲学

13　　　　　　　　　　　　　　　　　　　14

1994年10月3日，慕尼黑建筑学院沃尔夫教授召集20名教授开了个座谈会。我在会上放了几本《桂北民间建筑》的书，他们都争着翻看。座谈会开了一小时左右，有位教授坐立不安，多次说："我醉了!我醉了!……我不是喝酒醉了，而是看了《桂北民间建筑》这本书醉了"! 他又说："我看不懂中文，但我能看懂建筑图，《桂北民间建筑》这本书太精彩! 不但书编得好、画得好; 书中的传统民居建筑、鼓楼、风雨桥等，美极了!因书尾附了照片，才知确有其如此罕见的建筑存在。希望这些难得的'稀世建筑'，要好好保护，不要损坏了，更不能'绝迹'了"。其他的教授都有共同的看法，他们都打算到中国来亲眼看看这些"露天博物馆"似的罕见建筑奇观。还商量要用德文翻译出版这本书。

　　1994年10月17日，在瑞士比尔大学讲学。他们向"建筑界名流"发了听课邀请。上课前，图特教授与我说："今

天安排在大型阶梯教室听你讲课，还邀请了许多'同行名流'听课，你要准时下课，凡超过5分钟不下课，听课人会自动走掉。"国外上课时，学生和听课者可插话提问，今天"同行名流"提问多，也有人到讲台的黑板上画个图，问怎么解决？但都提的是传统民居内容，所以迎刃而答。我的讲课都附有幻灯，他们喜欢对照实物听课。我在最后一节课，超过5分钟，没见一人走，再超过5分钟，也没见一人走，直至超过半小时才讲完下课，仍然没见一人自动离开讲堂。他们听课看幻灯，人人都"醉了，忘了时间问题"。图特教授对我说："我刚才捏着一把汗，很怕听课人自动走掉，这是因为你的讲课和幻灯内容太精彩，大家都"醉了"，不愿离开课堂，你创造了我校超时最多而无一人走掉的欧洲纪录。"

15 李长杰应邀于1994年到德国慕尼黑大学讲学1
16 李长杰应邀于1994年到德国慕尼黑大学讲学2
17 李长杰应邀于1994年到瑞士比尔大学讲学
18 李长杰应邀于1994年到德国卡塞尔建筑与景观事务所讲学1
19 李长杰应邀于1994年到德国卡塞尔建筑与景观事务所讲学2
20 1997年应邀到香港大学建筑学院讲学

20

4 主要工程实践

"复建"传统民居与村寨公共建筑

1990年，当时的市民和旅游者极难到桂北龙胜、三江一带去观看美轮美奂的"传统民居"。为了弘扬传统民居建筑文化，让市民和国内外广大旅游者，能在桂林就近看到优美的"传统民居"。我提出在桂林"复建"一处"传统民居"和民族村寨，供参观旅游用。可以引进资金建设，建成后作为"桂林民俗风情"的一个旅游点。我的这个提议，得到了市里的认可。我联系了台湾的一个老板，李明夫先生，他喜欢中国传统文化，他愿意拿出260万美元（相当于当时约1500万人民币），作为建设"桂林民俗风情园"的投资。我当时选择在市区的漓江东岸小东江与漓江交汇处的河滩地上，不占良田好地，共47亩用地，建设"桂林民俗风情园"。

"桂林民俗风情园"，按照一个古村寨设计，选择了壮、侗、苗、瑶四个民族的传统民居和村寨公共建筑：风雨桥、鼓楼、戏台、寨门、鼓楼广场、斗马场、路亭、井亭等一应俱全。以"修旧如旧"的原则，完全按照桂北"传统民居"和村寨的"原样复建"。

"桂林民俗风情园"，1991年8月8日开工建设，1992年11月2日竣工。1992年11月8日"中国电影百花奖、桂林山水电影节"就在"桂林民俗风情园"内举行。中央电视台播放后，桂林民俗风情园名气大振。不但市民能就近看到传统民居和村寨，也是桂林一个受欢迎的"民俗风情"旅游点。

21 民俗风情园大门
22 民俗风情园总图
23 民俗风情园风雨桥
24 民俗风情园风雨桥内景
25 民俗风情园民居
26 民俗风情园鼓楼
27 整治改造后的阳朔西街1
28 整治改造后的阳朔西街2

不为繁华易匠心

2000年1月1日，笔者应阳朔县政府聘请担任阳朔西街历史街区的传统风貌的整治改造技术总顾问、总设计师，驻现场蹲点一年多。

　　阳朔西街位于阳朔古城历史街区中心，是一条历史风貌、旅游休闲、商业娱乐及标志性的阳朔古城老街。原有建筑，多为清末民初阳朔民居式小建筑。这里外国人很多，称为"洋人街"。"文革"中，历史街区及西街两侧建了不少"方盒子"、玻璃幕墙、琉璃瓦，青石板路也改为水泥路面……为了整治西街，笔者将传统民居研究的成果，科学地运用与结合到西街建筑传统风貌的改造与整治中，制定出西街的传统建筑元素为："小青瓦、坡屋顶、白粉墙、花格窗"；环境元素为："石板路、素街巷、小桥流水、桂花香"。恢复传统建筑历史风貌的原则："本土文化、阳朔风格、阳朔特色"。

　　整治的主要方法：（1）将平屋顶改为坡屋顶；（2）将琉璃瓦改为小青瓦；（3）将瓷砖墙面、玻璃幕墙改为喷涂白粉墙，铝合金窗改为阳朔花格窗；（4）将钢筋混凝土栏杆与阳台改为阳朔木栏杆、木阳台；（5）将钢筋混凝土雨棚改为小青瓦披檐雨棚；（6）将卷闸门、拉闸门、铝合金门改为阳朔木门；（7）凡是危房建筑，按原样重建；（8）商店室内，按阳朔地方特色装修；（9）水泥路面改为石板路；（10）架空蜘蛛网线路全部下地，增设上下水和电力电信管道；（11）增设小广场，扩大街道空间；（12）种植大桂花树，强化景观绿化效果；（13）将垃圾沟整治为桂花溪，增设小桥、丁步石、叠石，形成"小桥流水人家"的民居环境景观。

　　西街整治完成后，省市领导多次到现场视察，结论说："西街整治达到了四满意：领导满意、专家满意、旅游者满意、市民满意"。西街整治后一年多，门面价格翻了好几番。政府又决定按西街模式再整治五街一巷。

　　我研究传统民居多年，在阳朔找到了用武之地，将传统民居文化大面积的传承、弘扬、发展与再现。

28

29

30

29 整治改造后的阳朔西街3   31 整治后的阳朔西街小巷口加建牌楼
30 整治改造后的阳朔西街4   32 整治改造后的西街会馆外廊

31

32

不为繁华易匠心

桂林生存谷等旅游度假区"传统民居风貌的建筑设计"实践

　　桂林生存谷旅游度假区位于桂林以南30公里的会仙镇七里村山谷内，石山环抱，小溪纵横，为典型的桂林山水环境，平地以森林草地为主。包括部分石山山体总用地20平方公里，投资20.8亿元人民币，属大型景区。投资者（甲方）喜欢桂林地方特色与传统风格，邀请我担任总设计师。

| 33 景区"水庄别墅苑"设计 | 35 景区风景建筑设计1 | 37 景区别墅建筑设计 |
| 34 景区商业街设计 | 36 景区风景建筑设计2 | 38 景区寺庙建筑设计 |

不为繁华易匠心

39 景区风雨桥设计
40 景区鼓楼设计
41 景区戏楼设计
42 景区酒店建筑设计
43 景区酒店建筑设计
44 景区餐馆建筑设计
45 景区路亭建筑设计
46 景区水车设计
47 生存谷景区（20平方公里）总体规划设计

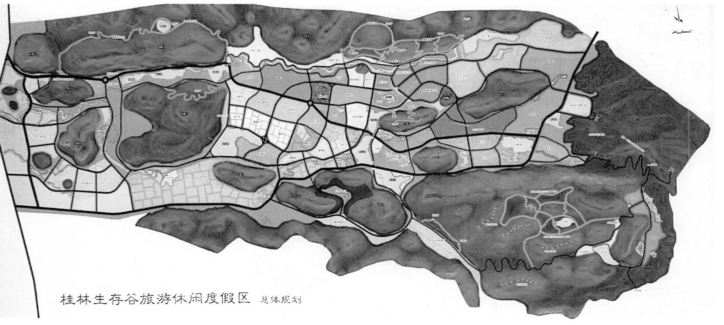

桂林生存谷旅游休闲度假区 总体规划

湖南周家大院古民居恢复、重建、整治设计

　　湖南永州周家大院古民居，是宋代理学家周敦颐后裔，保留下来的多为明清古民居，是典型的湘南古民居群，称"潇湘第一古院"、"中国民间故宫"。周家大院，占地100余亩，总建筑面积3万5千多平方米，现存6座门楼，180栋房屋，3600个房间，136个天井，36座游亭，40多条巷道与走廊。

　　这样的民居瑰宝，在"文革"中受到严重的损坏，长久失修，破烂不堪，有的已成危房。整修已迫在眉睫。

　　我将多年传统居居研究成果和阳朔西街历史建筑的传统风貌重建、整治设计的经验用在湖南"周家大院"的恢复设计中。虽然民居群很大，但风格较统一，东边损坏西边存，都有参照之处，可以大大省力。看似一堆乱麻，房屋很多，理顺后就易解决。我按照分院子，分组群，分院落……分头理顺作恢复设计，变复杂为简单，我做的"周家大院"恢复设计的方案，几经研究讨论，于2012年9月4日，在永州市政府二楼会议室，我向永州市魏璇君市长、主管副市长、市规委、市各部委办局等部门汇报审查通过。

海南"和皇庄园"民族风格的建筑设计

　　海南"和皇庄园"位于海南岛临高县博厚镇，占地1500多亩。甲方杨玉刚先生聘请我设计这个项目，1997年3月承接设计任务。

　　我结合地形，适当扩大原有水面，将岸边设计成优美的曲线，湖中设计长岛、玉岛、狮岛三个小岛。围绕水面设计成生态种植、生态养殖、生态旅游三结合的生态旅游庄园。

　　庄园的所有房屋都设计成海南民居特色式的低层建筑，几座小桥也设计为海南风格的廊桥、丁步桥等。4公里长的庄园围墙全部设计为铁刺绿篱。甲方对设计很满意。1997年10月随同甲方赴京，我向铁道部汇报设计方案获得通过与好评。1997年11月全面开工建设，我在现场蹲点指导施工3个月。

51

52

53

阳朔民居特色的凤楼酒店设计

罗德启

　　1941年出生，江苏人，1965年毕业于东南大学建筑系。曾任贵州省建筑设计研究院院长、总建筑师，贵州省八届政协委员、九届政协特聘委员，中国建筑学会第五至十届理事、第十一届副理事长，省科协第二、三、四届委员，省城规委委员等，现为住建部传统民居保护专家委员会顾问，贵州大学、贵州民族大学客座教授、贵州省勘察设计大师、教授级高级建筑师、中国民居建筑大师。

　　从事设计及管理工作50年，参加并主持规划、设计、科研70余项，先后获得全国建筑创作大奖、全国优秀工程设计铜奖、省优秀工程设计奖及科技进步等奖项。

　　出版著作（独著或合著）11本，在国内及德国、日本发表论文70余篇，被授予"国家有突出贡献的中青年专家"、享受"国务院特殊津贴"，荣膺"全国优秀勘察设计院院长"、"全国建设创新工作先进个人"、"建设部劳动模范"、省"五一"奖章、首批"省管专家"等荣誉，被推选为中华人民共和国成立60年"中国建筑设计行业杰出人物"。

1　20世纪80年代与戴复东教授在贵州山乡调查
2　调查收集资料
3　在修复现场指导
4　侗民设宴款待
5　与日本学者浅川滋男、上野邦一等在苗居调查
6　与日本学者田中淡等共同研究干阑民居（日本
　　媒体报道）

不为繁华易匠心

2

3

5

6

10

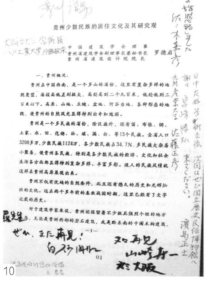

11

005年7月中国建筑学会代表团访问希腊，以　　4 第九届民居学术会，香港、台湾代表向贵州灾区捐款　　8 日方发布的报告会日程单
长身份与国际建协前主席斯库塔斯互赠礼品　　5 在香港第八届中国民居学术会上　　9 个人大师集《原筑新章》
九届民居学术会议代表合影(贵阳)　　6 在德国弗莱堡大学作学术交流　　10 报告会后日本学者在讲稿上签名留言
第十二届亚洲建筑师大会上　　7 在第十二届亚洲建筑师大会中、日、韩代表团予备会上　　11 在日本建筑学会学术演讲证书

3 主要出版著作及论文发表情况

罗德启，汤洛行. 干阑建筑空间与营造，北京：中国建筑工业出版，2018，5.

省住建厅编，罗德启主编. 贵州传统村落（第一册、第二册），北京：中国建筑工业出版社，2016，1. 2016，12.

陈顺祥，罗德启，李多扶. 贵州古建筑，北京：中国建筑工业出版社，2015，12.

罗德启等五人. 千年家园——贵州民居，北京：中国建筑工业出版社，2009，6.

罗德启. 贵州民居，北京：中国建筑工业出版社，2008，11.

罗德启主编. 花溪迎宾馆，天津：天津大学出版社，2008，1.

罗德启主编. 21世纪贵州城市与建筑，贵阳：贵州人民出版社，2002，1.

罗德启撰文，李玉祥摄影. 老房子——贵州民居，南京：江苏美术出版社，2000，10.

罗德启，谭鸿宾，金珏. 贵州侗族干阑建筑，贵阳：贵州人民出版社，1994，9.

戴复东，罗德启，伍文义. 石头与人——贵州岩石建筑，贵阳：贵州人民出版社，1989，12.

罗德启，叶麒松. 新型住宅设计，贵阳：贵州人民出版社，1989，12.

4 工程规划设计获奖项目

贵州花溪迎宾馆，获中国建筑学会建筑创作大奖，创作大奖，2009，12；全国优秀工程勘察设计奖，国家铜奖，2007，8；省第十四次优秀工程奖，一等奖，2006，6。

贵州织金洞接待厅，获全国"建筑设计"大奖，设计大奖，2009，10。

贵州省博物馆新馆可行性研究，获省优秀工程咨询成果奖，一等奖，2009，8。

世界自然遗产提名地荔波锥状喀斯特保护规划，获省第七次优秀规划设计奖，一等奖，2005，9。

贵州凯里经济开发区总体规划，获省第七次优秀规划设计奖，三等奖，2005，9。

贵州农村住宅图集（苗、侗分册），获省2005年优秀村镇建设奖，三等奖，2005，9。

堂安侗族生态博物馆保护规划，获省城乡建设优秀规划奖，二等奖，2003，11。

青岩古镇保护规划，获省第五次优秀规划奖，一等奖，2000，7；省城乡建设优秀规划奖，一等奖；省优秀工程咨询奖，一等奖。

贵州省中国科学院天然产物化学重点实验室工程，获省第十二次优秀工程奖，三等奖，2000，8；省城乡建设优秀工程奖，二等奖，2000，8。

贵州织金洞风景区接待大厅工程，获第20届世界建筑师大会，艺术与创作成就奖，1999，6；建设部优秀工程奖，表扬奖，1993；省第十次优秀工程奖，二等奖，1993，1。

北京人民大会堂贵州厅室内设计，获全国建筑装饰行业一等奖，1999，7；省第十次优秀工程奖，一等奖，1998，6；省城乡建设优秀工程奖，一等奖，1998，6。

龙洞堡机场航站楼设计，获建设部优秀工程奖，表扬奖，1999；省第十次优秀工程奖，一等奖，1998，6；省城乡建设优秀工程奖，一等奖，1998，6。

织金洞风景名胜区总体规划，获省第四次优秀规划设计奖，三等奖，1998，6；获省城乡建设优秀规划奖，二等奖，1998，6。

风景资源评价体系研究，获省城乡建设科技进步奖，二等奖，1997，5。

贵州锅炉厂装配车间工程，获省优秀工程奖，二等奖，1984。

框架轻板住宅试验研究，获省科技进步奖，三等奖，1983，12。

装配式大板住宅设计方案，获全国城市住宅设计竞赛，二等奖，1979，12。

工业厂房天窗通风实验研究，获贵州省科学大会奖，科学大会奖，1978。

5 主要代表论文

关于干阑建筑……

"干阑"是人类最早的居住形态之一，是历史悠久古老的建筑文化。干阑建筑源远流长，就中国而言，从考古学的资料以及学术界一般认为，自新石器时代起，古代南方的长江中下游及珠江中游流域的水网地区，是干阑建筑最早的主要分布地区。后遂民族迁徙，扩大至海外琉球、日本和东南亚等地，再后来进入中国西南境内。但随着历史的演进和社会经济文化的发展等各种原因，反而在长江及珠江中上游流域的西南山区完整地保留下来，成为南方族群的主要民居形式，其中尤其以贵州、云南、广西少数民族的干阑建筑最为典型，成为今天尚存的这类建筑形态的遗脉。

干阑建筑并非只在中国南方所有，从全球角度看，它还较集中地分布在东南亚及整个环太平洋地区，构成干阑建筑文化生态圈。干阑建筑能广泛适应长江以南和东南亚诸岛，且千年不衰，其生命力之强大，就在于有相同或相似的自然文化，有着相似的地理学、生态学、民族学以及技术背景等因素，还有相似的自然环境和自然条件及其丰富的竹木资源。这一时期的民族征服与迁徙，扩大了中国文化的传播与影响，对干阑建筑的分布形态也有很大关系。

由于地理、民族、经济、文化等因素，各区域的干阑建筑相互独立而又相互影响，这种共同性和差异性造就了区域内干阑建筑类型多样、风姿多彩的地域建筑文化特色，也映现出特有的自然和建筑形态，凸显有"和而不同、与自然和谐共生"的文化特性和精神特质。这些干阑建筑不仅反映各地的民族区域特征，也成为干阑建筑区别于其他建筑文化的个性标志。中国南方干阑建筑体系不仅与北方穴居体系同为中华历史悠久古老的建筑文化，而且它对中国传统木结构的产生、发展及其演变规律，以及在建筑历史与理论上的重要地位就不言而喻（图1）。

干阑建筑最本质的特征是下部架空，"吊脚楼"是因所处环境条件不同，利用山地地形为目的的一种产物。自古以来，其实这一建筑思想一直为人们所用。追其原因，主要来自地理环境、森林文化和民族文化诸方面。还在于它能在各种地形环境条件下具有广泛适应性。从本书列举的我国西南地区颇多极富个性特色的干阑建筑文化实例可以看出，不同类型的干阑建筑，娴熟地使用乡土材料，依山而建，临水而居，创造了人与自然和谐的聚居形态，凸显了"和而不同、和谐共生"的文化建筑性格。纵观干阑建筑演变发展的历史进程，以及当今形形色色的建筑思潮和城市建筑实例，可以说，都无一不是受这一建筑思想启示所表现出来的创新精神。

干阑建筑因地而异的外部空间，充分展示广博深邃的文化内涵和不同民族特色。因此，干阑建筑是以"变通"手法展现它的地域特色和艺术价值。当人们窥见干阑文化缤纷灿烂的同时，那种适应环境、妙在多变的处理手法，是留给后人最大的启示（图2）。

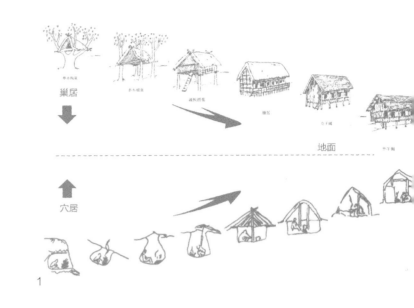

在现代工业文明社会大潮中，具有民族地域特色的干阑建筑营造方式和营造程序，是非物质文化遗产重要组成部分。而有独特营造技艺和熟练技术的民间工匠，对传统文化和传统技艺的传承，将起到承上启下的历史作用，是推动当代社会的人们，保护传承文化和文明的宝贵财富，也是珍贵的非物质文化遗产。

干阑建筑这一古老建筑形态，在当代城市建设中还有没有应用价值和现实意义呢？答案也是肯定的。

干阑建筑随着社会经济的发展而兴衰，这一建筑类型在发展后期不如前期那样充满生机。虽然趋于停滞状态，即便如此，干阑建筑在建筑史上，还是留下不少可供后人借鉴和吸收的科学合理成分，特别是支座底层架空的核心思想，在当代城市建设中，仍然具有现实意义。

干阑建筑追求建筑空间与建筑环境融合协调的理念，特别是当今，它与维护地域的自然生态体系，实现建筑与生态环境和谐共生，提出保护生

不为繁华易匠心

态，少破坏、少污染、减少地表水土流失和城市地形地貌改变的生态环境理念相一致。因此，干阑建筑可以为当今人们探索人、建筑与自然环境的关系、寻求和创造生态建筑环境的途径和方法，提供了一个很好的思路。

自柯布西耶1925年提出了"新建筑五点"，干阑建筑支座架空思想在当代城市建设中，至今依然犹存。干阑建筑的架空思想包括"鸡腿"建筑、高架道路、抬升广场等，都是保护原有地形地貌环境的有效措施。架空层对于城市的融合、视线的通透、边界的交融、建筑与环境空间的呼应等，都起到了很好的作用。因此我们从干阑建筑支座架空思想中寻找创意与灵感、进行传承、融合与创新，对于传统建筑文化如何传承延伸，具有很好的启示与借鉴意义（图3）。

建筑底层架空既是柯布西耶提倡的现代建筑法则，也是保持城市空间视觉连续性的有效手段。日本江户东京博物馆底层用巨大的柱子抬起，由此形成一个人流疏散广场，起到较好的交通人流疏散作用。东京工业大学新图书馆，新的功能、新的结构方式与技术手段带来建筑形态的巨大发展，同时体现出传统干阑建筑底层架空思想的当代创新，对于建筑的实际意义，则可以有效防止书刊受溯（图4、图5）。

美国科罗拉多州丹佛市白老汇1999大厦采取底层支座架空的方式，使新建筑与旁边原有一座有着悠久历史的天主教堂相呼应，充分体现尊重原有建筑的设计理念，标志着当代建筑正向着以绿色生态的方向，重新回归到"天人合一"自然观的思想中来。世博会中国国家馆以33.3米高的开敞底层架空作为观众人流疏散和通往上层各展厅的休息服务大厅，四个大小相同的竖向交通筒体支承高区各展示空间，厚重敦实，底层架空打造了一个宽敞的公共交往空间，建筑与环境相得益彰（图6）。

此外，架空思想理念和模式，已经进一步拓展到高层建筑物，譬如结构转换层的架空，创造出高层建筑物的空中地面，并加以绿化后形成高层建筑里的空中花园，解决高层建筑与室外环境绿化相结合的问题。随着现代观念意识和建筑材料结构技术的不断发展，建筑架空的形式还会继续深化，它足以显示出干阑建筑最初的底部架空思想理念的广泛性和适应性。

当今某些特定地区，还可以借鉴干阑建筑形态以表达地域文化特色，借鉴干阑建筑的形式传承传统建筑文化，延续可持续发展的文化生态元素，将传统建筑文化的神韵和灵魂融合到当代中国建筑创作之中，以满足广大群众精

1　穴居与巢居的发展序列
2　干阑建筑因地而异的外部形态
3　勒·柯布西埃——萨伏伊别墅
4　日本江户东京博物馆

5 东京工业大学新图书馆
6 世博会中国国家馆

神生活需求。

　　传统的干阑建筑，虽然它的形成和发展受到地域生态环境分布的影响，然而，它所蕴含着的建筑生成逻辑联系和基本的空间元素构成，及其精神内涵的可变因素，正是我们今天需要深入研究思考，以及如何从中获取更多有价值启示的实践创新机会。干阑建筑空间与营造一书是对干阑建筑相关的考古、文化、历史等资料，结合调查搜集的应用实例，通过系统梳理整合而成的一份较完整的综合性研究成果。通过本书可以领略到干阑建筑丰富的建筑文化类型，较系统地了解到干阑建筑的演变发展过程，及其蕴含的精神文化价值。从这个角度来说，干阑建筑对于当代社会文化发展的现实意义就在于此。

（本文摘选，详见《干阑建筑空间与营造》一书）

论建筑创作传统文化的当代表达

　　建筑创作如何传承传统文化，其表达方式和有效途径有哪些？根据多年的创作实践经验，将其传承手法归纳如下几点：

一、原态模仿手法

　　"原态模仿"是借鉴传统建筑形态，用其"形"，对整体或局部建筑形态与建造方式进行模仿复制。形态元素直

不为繁华易匠心

接运用，外在表现直观，形态特征与延续的形状结构类似，传承是以复制和吸纳为主，再现地域传统文化风韵。

原态手法的关键在于如何对待"模仿"？今天我们更需要以发展的观点和眼光来对待。

四渡赤水纪念馆为纪念中央红军长征"四渡赤水"的经典战役而建，设计以黔北民居建筑风格为基调，将传统文化元素和现代建筑语言互相融为一体，以现代手法的表达方式传承历史文化，体现新时代特征。

邓小平故居陈列馆，采用维护结构和主体结构分离的建构方式，以其精炼简朴的建筑语言，处理钢筋混凝土对传统坡顶与梁柱挑檐的表达，具有强烈的建筑个性。做到传统与现代融合共生，在体现小平同志家乡传统文化特色的同时，也衍生出纪念建筑的时代精神。

花溪宾馆建筑形态源于地方民居，建筑形态运用现代语言——构架和新型瓦材再现坡顶，体现地域文化内涵。使建筑造型，既保持传统的韵味，又不失文化的内涵，给人以崭新的感觉（图1~3）。

1 四渡赤水纪念馆
2 贵州花溪宾馆
3 邓小平故居陈列馆

坡屋顶元素

二、符号叠拼手法

文化符号既是可感知的形式，也是一种内在精神。建筑是文化符号的载体，通过选择符号语汇，巧妙地组合变化后，再进化到新的形态。"符号叠拼"蕴含有解构和新古典主义的设计思想，是当代传承传统文化的发展创新，它为建筑创作提供了丰富的表达方式，注入深远的精神内涵，人们通过解读符号元素，容易全方位、深层次地认知感悟建筑，体现作品传承文化的意韵。

凯里体育馆、凯里博物馆选择经典的鼓楼和风雨桥传统文化符号，通过解构、叠加、拼接、重组，在保持传统精髓的同时，以新的形态表达传承文化的精神内涵，给人以联想，使建筑彰显地域文化特色和乡土气息（图4、图5）。

三、元素变异手法

"元素变异"是指对某种传统建筑文化符号、构件、纹样等原状和结构，通过局部拉伸、扭曲、展开、收缩变形，形成夸张、显化、张扬的符号形态，并以现代手法重组，使原有形态发生变化，其故有的传统文化精神以新的形式展现，衍生出具有时代特点的崭新建筑形象特征。变异手法使建筑形象构成强烈的视觉冲击，展现崭新的人文精神，以其新的精神含义表达对传统文化的传承意向。

贵阳火车北站方案功能和形式的相互融合，避免了空间的简单化、形式化，层层叠叠的水平线条来源于花桥和鼓楼的抽象形态，设计理念大胆创新，民族特点突出，是现代与民族的有效统一。

荔波、铜仁两座支线机场航站楼，建筑设计手法共同之处都是放弃原有传统外形特征，提炼其精神内涵，通过将水族、瑶族传统民居原有构件，俗称"二滴水"、"叉叉房"的具象元素变异重组，以崭新的建筑形态展现，建筑效果耳目一新，既展现现代建筑的简洁大气，又体现传统建筑的文化意韵。

贵州省老干活动中心建筑主体的屋顶取材于传统四坡顶元素，设计通过运用构件变异的手法，将坡顶局部压缩切割，变为平缓的幕结构屋盖形态，并将锥体坡顶在建筑群体重复运用，产生韵律，借助变异后的建筑形象，传递传统建筑文化的精神内涵。

某学校大门体型，与现代材料结构以及细部、色彩等诸多元素的综合运用，变异后的形态呈现民族传统文化的精神内涵，形成新的具有时代特色的建筑效果（图6~10）。

四、象征隐喻手法

"象征隐喻"是借助某一具体形态，表达一个抽象概念或思想，由具象建筑造型演进到抽象的文化精神，以传递意蕴、影起联想与共鸣。"象征隐喻"手法是取其形、延其意、传其神，达到"形散神聚"的表现效果。强调对传统语境的转译创新，赋予传统新的活力，以全新的方式达到形散神聚的意蕴，且使作品体现有现代简约特性的高尚境界。

以"形"表"意"、以"神"会"意"的意象表现常成为一种有效的解答。贵阳奥体中心创作立意是表达一个抽象"牛"的地域文化内涵，设计通过塑造建筑的"形"，表达对传统文化的传承意蕴，使主体育场具有浑厚的地域精神和丰富的民族文化内涵。

贵州省图书馆设计取意来自中国古代线装书籍，竹简是中国独有的书的形式，"书"字又是图书馆的标题。塔楼取意为一本打开的书，其思想内涵则渗透着书山学海、学无止境的精神和思想情感。设计取形传神的思想内涵充

不为繁华易匠心

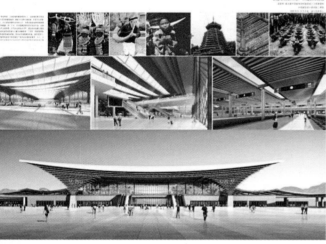

4　贵州凯里体育馆
5　贵州凯里博物馆
6　贵州黔南师范学院大门
7　贵阳铁路北站方案
8　贵州省老干活动中心屋顶变异
9　荔波支线机场航站楼"二滴水"变异
10　铜仁支线机场航站楼叉叉房变异

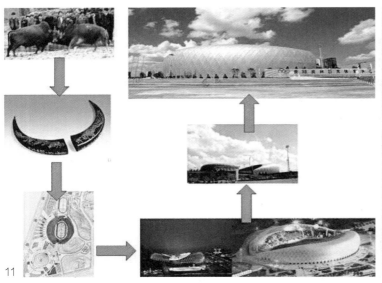

11 贵阳奥体中心牛角演变示意
12 贵州省图书馆

分得到表达（图11、图12）。

由于建筑创作的外部环境和条件千变万化，因此传统文化传承表达方式也并不是只有以上几类，同时表达方式不能绝对化，要善于互相融合、灵活掌握，注意策略和方法。成功的关键在于能否保留传统文化的精神灵魂。此外，还应该注意满足功能需求，充分利用现代技术和材料，体现建筑的时代精神。

五、传承的演进轨迹特征

从以上列举的传承手法可以寻找到传承传统文化的发展轨迹：从总结归纳的几种传承手法：从运用形态模仿到建筑元素叠加拼接、元素符号变异重构、异质文化因子交融，再到运用象征隐喻手法，我们可以从传承手法的变化演进过程的轨迹（表1），清晰地看出，传承的渊源是传统文化，文化传承是一个动态发展演进的过程，受社会经济水平和技术发展的影响与推动，何况向现代发展又是一个不断更新的过程。

传承方式演进的轨迹特征　　　　表1

传承方式	模仿	叠拼	变异	交融	象征
特征	延续传统原味、原态传承	保留传诜精髓、形态再生进化	传统渗入新思想文化、衍生崭新形态	异质结合、传统显观新的形态特征	取形传神、形态语境创新表达
轨迹			传统—现代		

（本文摘选，详见《中国传统建筑解析与传承》第六章）

　不为繁华易匠心

6 主要工程项目

贵州织金洞接待厅建筑设计理念——石魂

　　织金洞接待厅，建筑位于岩溶洞穴入口前区山腰处，设计以"石魂"作为构思立意，总平面布置保留了一组原生态巨石，将建筑骑于巨石之上，屋面坡度与山坡走势一致，屋顶覆土植草，构成倚山骑石建筑融汇在大山之中的交融景况。建筑材料取自当地山石，完全就地取材。室内环境自然简朴，一组巨石的点缀，粗犷别致，更增添了"幽"、"美"、"净"的空间效果。设计手法简约，多现无为而治的生长感和延续感，使建筑融入广阔的自然环境之中，体现建筑与自然的和谐共生。

"石魂"为主题，粗犷、自然、朴实；室内装修运用传统元素，体现地域文化内涵。

保留一组山石
建筑"依山骑石"

　　设计将彝族文化元素运用于大厅内的图腾柱浮雕中，以天上七十二星宿的名字为内容，取材于彝族文字，立柱正中表达的是彝族守护神资格阿洛。着墨不多，却足以反映出黔西北地域建筑文化的民族特征。

　　作品入选"国际建协第20届世界建筑师大会——当代中国建筑艺术展"，并荣获"当代中国建筑艺术创作成就奖"、"国庆60周年建筑设计大奖"等奖项。

花溪迎宾馆设计理念——尊重环境、传统与现代交融

　　总体设计采取分散式布局，保留场区718棵树木。因地制宜，利用地形高差，采取吊层、错层、局部架空、地下地上结合等手法，使建筑群体高低错落，层次丰富，若隐若现在青山翠绿之中，体现尊重环境的山地建筑设计理念。

　　突出"水花之美"的"花溪"意境。做到"借景"于自然，"融入"于环境，形成山因树而韵，水因花而流的画意。

　　传统建筑元素增添了建筑文化特性，富有乡土、简约、平易、理性和民居文化内涵，体现了地域传统文化特色与时代精神兼容的建筑风格。

　　设计作品荣获"全国建筑设计创作大奖"、"全国优秀工程设计铜奖"等奖项。

北京人大会堂贵州厅室内设计——元素变异地域文化创新表达

北京人大会堂贵州厅立意构思为"迷人的山国"，贵州多山，以山为构思基础。山——形成各种岩溶地貌和瑰丽的风光特色；山——造化多样的自然资源和山地经济。设计采用"基本单元+特色题材"作为空间主导建筑语

不为繁华易匠心

言；"基本单元"下部墙裙以"山"形寓意高原山地的基本省情。上部由"吊脚楼"变形与山字墙裙相连。中部汉白玉石材镶嵌鼓楼玉石浮雕。取材于传统民居的形象元素，设计通过变异、升华重复体现构思主题，使空间效果具有鲜明的地域文化特征和时代气息。

设计荣获"贵州省第十次优秀工程一等奖"、"全国建筑装饰行业发展成就展一等奖"、"省城乡建设系统优秀工程一等奖"等奖项。

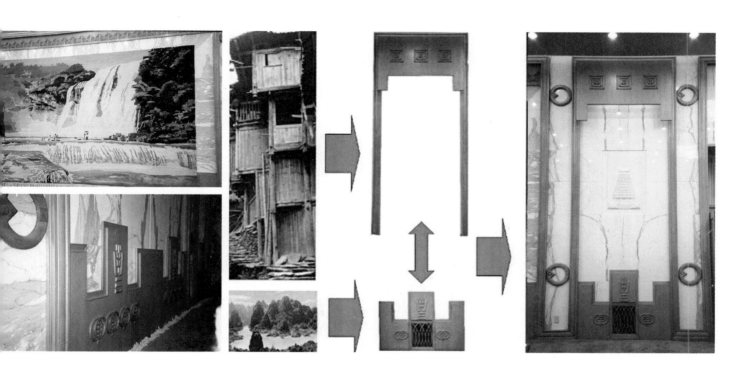

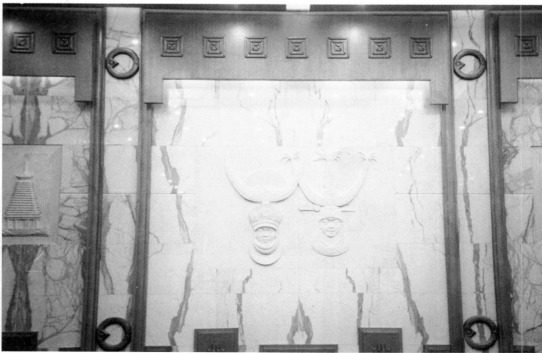

青岩古镇保护规划

1. 青岩古镇保护规划从全局和整体发展出发，做好保护。

2. 重点解决保护古镇的传统风貌以及历史形成的肌理、格局，解决好保护区内的人口控制问题。

3. 确定保护措施。

4. 划定保护范围和建设控制地带。

5. 确定保护项目和保护的历史街区，并提出保护和整治要求。

6. 对重要历史文化遗产提出整修、利用的意见。此外还要注意对自然及人文环境保护。

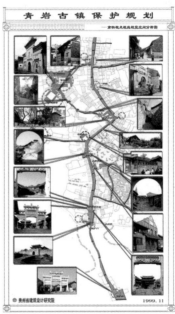

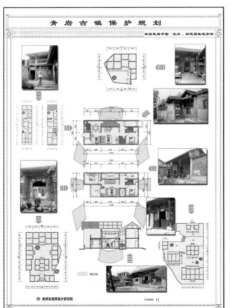

不为繁华易匠心

镇山村生态博物馆保护规划

　　生态博物馆是保护文化和自然遗产的一种好形式，是文化与经济的有机结合，是两个文明建设的有机结合。镇山村生态博物馆保护规划由民族文化社区和信息资料中心组成。生态博物馆有两项任务，一是为所属民族社区服务，保持传统的民族文化，发展民族经济，增强民族自豪感。二是为观光旅游者服务，让国内外游人认识、了解、研究贵州，增进交流，提高知名度。

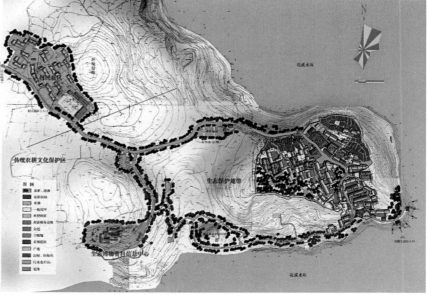

张玉坤

天津大学建筑学院教授、博士生导师；天津大学学术委员会委员；建筑文化遗产传承信息技术文化部重点实验室（天津大学）主任；文物建筑测绘研究国家文物局重点科研基地（天津大学）主任；国务院政府特殊津贴专家；中国建筑设计奖–建筑教育奖获得者；国家一级注册建筑师；中国民居建筑大师。

中国建筑学会会员、中国长城学会会员，曾任全国高等学校建筑学专业教育评估委员会委员（1999～2014年），现任中国民族建筑学会民居建筑专业委员会副主任委员、住房和城乡建设部传统民居专家委员会副主任委员。

1 承担科研项目

2015年1月~2018年12月，主持国家自然科学基金项目《明长城军事防御体系整体性保护策略研究》（批准号：51478295，代码：E080101，批准经费83万）。

2014年1月~2016年12月，主持科技部十二五科技支撑计划课题《明长城整体性研究与保护规划示范——以京津冀地区为例》（2014BAK09B02，批准经费255万元）。

2013年1月~2016年12月，主持国家社科重大项目《我国线性文化遗产保护及时空可视分析技术研究》子课题（12&ZD231，批准经费80万元）。

2008年12月~2013年12月，主编《中国长城志卷四：边镇·堡寨·关隘》（经费35万）。

2006年1月~2008年12月，主持国家自然科学基金项目《明长城军事聚落与防御体系基础性研究》（批准号：50578105，代码；E0801批准经费25万）。

2006年1月~2008年12月，主持建设部研究项目《无人机在建设领域中的应用研究》（经费自筹）。

2005年1月~2007年12月，主持教育部高等学校博士学科点专项科研基金项目《中国古代农村聚落分布规律与文化生态学研究》（项目编号：20040056059，批准经费6万）。

2003年1月~2005年12月，主持国家自然科学基金项目《中国北方堡寨聚落研究及其保护利用策划》（批准号：50278061，代码：E0801，批准经费21万）。

2003年1月~2005年12月，主持国家"十五"科技攻关重大项目《小城镇绿色住宅产业技术研究与开发》课题1：小城镇住宅节能技术研究，课题2：小城镇新型住宅建筑体系研究（批准经费共计75万）。

2 对外交流

2017年10月7日~10月10日，受邀赴香港中文大学太空与地球信息科学研究所访问，并作"中国长城防御体系研究报告"的学术报告。

2017年2月20日~2月25日，受邀赴英国剑桥大学李约瑟研究所访问，并作"China's Great Wall: A Great System"的学术报告。

2016年8月15日~8月16日，受邀赴台湾"中央研究院"人文社会科学研究中心地理资讯科学研究专题中心访问，并作明长城防御体系专题报告。

2015年6月21日~7月3日，受邀赴希腊参加第二届Changing Cities国际会议，访问意大利罗马大学、米兰Boeri事务所，参观米兰世博会。

2011年9月3日~9月19日，赴英国卡迪夫大学参加低碳建筑培训（领队），获培训结业证书。

不为繁华易匠心

2010年6月25日～7月10日，受邀赴西班牙马德里理工大学邀请进行学术访问，观摩世界大学生欧洲太阳能十项全能竞赛。

2009年6月23日～6月28日，受邀赴德国柏林工业大学邀请参加博士学位论文答辩，受邀赴法国拉·维莱特建筑学院商谈两校合作事宜。

2008年12月12日～12月22日，受邀赴联合国UNISCO法国工作站，访问法国建筑院校遗产保护研究机构，介绍天津大学建筑遗产保护情况。

2008年4月1日～4月30日，受法国巴黎社会科学高等学院邀请任客座教授，讲授中国长城军事聚落、原始时空观、里坊制度等课程。

2007年11月5日～11月20日，受邀赴法国巴黎拉维莱特建筑学院参加Asia-Link项目工作会议，作关于中国长城军事聚落的学术报告。

2006年5月12日～5月16日，受韩国釜庆大学邀请，作"长城之外的长城——明长城军事防御体系与军事聚落"学术报告，就该校建筑专业评估咨询。

 获奖情况

2018年3月，《中国长城志卷四：边镇·堡寨·关隘》获天津市人民政府第14届天津市社会科学优秀成果二等奖（排名第一）。

2016年12月，"第二自然：梯田森林城市生态再造"获碧桂园·森林城市地标建筑国际竞赛学生组优秀奖第一名（第一指导教师）。

2016年6月，获中国民族建筑研究会"中国民居建筑大师称号"。

2016年3月，"山东栖霞古镇都村沿街十二栋住宅改造"获住宅和城乡建设部第二届田园建筑优秀实践案例一等奖（排名第一）。

2013年7月，"明长城防御体系与军事聚落基础性研究"获天津市人民政府第13届天津市社会科学优秀成果二等奖（排名第一）。

2010年10月，"牟氏庄园旅游区规划"，获中国建筑学会、环境保护部环境发展中心、中国建筑文化研究会，2010年全国人居经典建筑规划方案设计竞赛（规划、环境）双金奖（排名第一）。

2009年12月，"四川省阿坝州汶川县映秀镇鱼子溪村震后重建修建性详细规划及建筑设计"获全国优秀城乡规划设计奖灾后重建村镇规划一等奖（排名第三）。

2007年12月，"小城镇绿色住宅产业技术研究与开发"，获建设部华夏建设科学技术奖二等奖（排名第三）。

2005年9月，"建筑教育全方位开放式教学体系的研究与实践"获天津市教学成果一等奖（排名第三）。

4 主要出版著作及论文发表情况

著作

张玉坤主编.《六合文稿》长城·聚落丛书. 北京：中国建筑工业出版社，2017.

李严，张玉坤，解丹. 明长城九边重镇防御体系与军事聚落. 北京：中国建筑工业出版社，2017，6.

魏琰琰，张玉坤，王琳峰. 明长城辽东镇防御体系与军事聚落. 北京：中国建筑工业出版社，2017，6.

王琳峰，张玉坤，魏琰琰. 明长城蓟镇防御体系与军事聚落. 北京：中国建筑工业出版社，2017，5.

杨申茂，张玉坤，张萍. 明长城宣府镇防御体系与军事聚落. 北京：中国建筑工业出版社，2017，6.

刘建军，张玉坤，谭立峰. 明长城宣甘肃镇防御体系与军事聚落. 北京：中国建筑工业出版社，2017，1.

谭立峰，刘建军，倪晶. 河北传统防御性聚落. 北京：中国建筑工业出版社，2017，5.

张玉坤主编，李严、谭立峰、王绚、王江华副主编，中国长城志卷四：边镇·堡寨·关隘，南京，江苏科学技术出版社，2016，8.

杨昌鸣，谢国杰，张玉坤. 军事村落——张壁，北京，中国建筑工业出版社，2016.12

宋昆，张玉坤. 古城平遥. 北京：中国建筑工业出版社，2016，6.

魏挹澧，方咸孚，王齐凯，张玉坤. 湘西风土建筑：巫楚之乡 山鬼故家. 武汉：华中科技大学出版社，2010，10.

发表论文

张玉坤. 居住解析[J]. 建筑师49期，1992：31-36.

张玉坤，严建伟. 城市历史地段的活化与再生——岳阳楼旧城改造修建性详细规划设计[J]. 建筑学报，1995，5:10-15.

张玉坤，宋昆. 山西平遥的"堡"与里坊制度的探析[J]. 建筑学报，1996，4:50-54.

张玉坤，建筑与雕塑的互补关系[J]. 天津大学学报（增刊），1998.

张玉坤，李姝. 湘西吊脚楼[J]. 小城镇建设. 2001，9:38-41.

张玉坤，刘欣华. 农村生态和居住环境的综合整治——天津蓟县邢家沟村规划案例研究[J]. 小城镇建设，2001，3:22-25.

张玉坤，李姝，宋昆. 建筑中的商业化倾向[J]. 天津大学学报（社会科学版），2002，3:233-236.

张玉坤，郭小辉，李严，李政. 激发乡土活力 创建名城新姿——蓬莱市西关路旧街区改造设计方案[J]. 小城镇建设，2003，4:62-65.

张玉坤，李贺楠. 中国传统四合院建筑的发生机制[J]. 天津大学学报（社会科学版），2004，2:101-105.

张玉坤，李贺楠. 史前时代居住建筑形式中的原始时空观念[J]. 建筑师，2004，3:87-90.

张玉坤，曲静. 浙江金华、温州地区小城镇住宅现状问题思考[J]. 小城镇建设，2005，4:58-61.

张玉坤，黄水坤. 山水照人迷向背，只寻孤塔认西东——在历史的理性中反思当今标志性建筑[J]. 中外建筑，2005，6:45-48.

张玉坤，李哲. 龙翔凤翥——榆林地区明长城军事堡寨研究[J]. 华中建筑，2005，1:150-153.

不为繁华易匠心

张玉坤，李哲，李严. "封"——中国长城起源另说[J]. 天津大学学报（社会科学版），2009（1104）:318–322.

张玉坤，王琳峰. 户均居住用地、容户率、资源税——基于社会公平与可持续发展的城市住宅建设用地控制策略[J]. 建筑学报，2009. 8:82–85.

张玉坤，孙艺冰. 国外的"都市农业"与中国城市生态节地策略[J]. 建筑学报，2010，4:95–98.

张玉坤，李贺楠. 中国古代"冬夏两栖"的居住模式[J]. 建筑师，2010，1:60–63.

张玉坤，陈贞妍. 基于都市农业概念下的城郊住区规划模式探讨——以荷兰阿尔梅勒农业发展项目（Agromere）为例[J]. 天津大学学报（社会科学版），2012（1405）412–416.

孙艺冰，张玉坤. 国外城市与农业关系的演变及发展历程研究[J]. 城市规划学刊，2013，3:15–21.

张玉坤，贺龙. 人口和耕地要素作用下中国传统聚落规模的层级分布特点[J]. 天津大学学报（社会科学版），2015（1703）261–264.

张玉坤，范熙晅，李严. 明代北边战事与长城军事聚落修筑[J]. 天津大学学报（社会科学版），2016（1802）135–139.

张玉坤，郑婕. "新精神"的召唤——当代城市与建筑的世纪转型[J]. 建筑学报，2016. 10:114–119.

张玉坤，刘芳. 景观、建筑、岩画的考古天文学特征探析[J]. 建筑学报，2016，2:47–51.

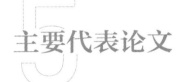

主要代表论文

居住解析

摘　要： 从文化角度研究建筑在我国建筑理论界已然成为时髦的课题。其实，建筑和所谓的文化的产生有着同一的心理基础。本文从人与外在环境的关系入手，提出"安全图式"这一概念。安全图式是人为维护自身的安全而发达出来的，建筑、城市和其他文化现象都是它的具体化。因而，用文化解释建筑只是整个文化系统的内部循环释义。

　　长期以来，我国建筑界从各种角度对民居进行的研究，已经取得可喜成果。早期的民居研究主要以收集资料为主，进而归纳整理，汇集了大量优秀实例，为民居研究奠定了良好的物质基础。随着国门开放，人们眼界大开，特别是文化及哲学研究的振兴，给民居的研究带来新的生机，文化深层的阐释已然成为时髦的课题。为此势助一臂之力的，首推美国拉普普的《住屋形式与文化》（张玫玫译，台湾镜像出版社，1979年，第二版）。书中论述之详尽，观点之明确，颇具启发意义。为此，拟对拉氏理论及与其相关的论点予以阐明，并将由此而引发的一些思考介绍于后。

一、拉普普（Amos Rapoport）的《住屋形式与文化》

象拉氏所言，此书"堪称初创"。作者从诸多的研究理论中独辟蹊径，从影响民居形式的各种因素中理出一条主线来，确实令人佩服。首先，作者将以往的研究理论概括为几个主要论点，并划分为两大类（见该书第二章）：

1．物理的

气候与庇荫之必要

材料技术及基地

2．社会的

经济、防御和宗教

拉氏认为，这些观点都有"过分简化"之嫌，不足以恰如其分地解释形式与影响因素之间的关系。据此，他指出，住屋形式是一种文化现象，是在已存在的可能性中进行选择的结果；而文化、风气、世界观和民族性等观念形态共同构成"社会文化构件"。[①]

文化——一个民族的观念和制度的整体和传统化的活动。

风气——对当行之事的组织化的观念。

世界观——一个民族对世界之特有看法和解释。

民族性——此民族之特殊类型，此社会中人之特殊性格。

接着作者又提出了五点"生命因子"[②]：某些基本需要、家庭、妇女的地位、私密性，社交等作为补充；气候、构筑方法，材料和技术等则为修正性因子；其中心论题是：有不同态度和理想的人们在不同的物理环境下求生存。

虽然作者未提出"文化决定论"这一名词，从概念上看却完全是文化决定的味道，因而受到指摘和质询。以下拟选择一个与此完全对立的观点，以便在接受一个理论之前有一个清醒思考的余地。

二、《民居空间理论模型之试建》[③]

此为台湾学者陈志梧的一篇论文。陈氏认为，形式之所以被限定在特定的格式之中，并非所谓"文化选择"的结果。其一，文化仅是这些结果笼统的总称，在滋生程序上不应先于环境或物质存在；其二，所谓"选择"是不存在的，空间形式不能不受经验的限制，而首先在脑中玄想一番，这在原始及落后的乡村社会是不可能的。为证明论点的正确，陈氏对原始社会和农业社会的民居形式进行了较详细的考察，继而得出了自己的结论："……各文化的住屋形态的塑造，显然除了受社会经济所限制外，尚且受制于该民族所处之生态环境。这种社会及自然环境的制约大致可分成两种：其一为直接来自于地区之物理条件提供的机会与限制，另一则为间接受制于来自自然对早期人类社会发展的制约所产生的地域性格"。[④]他进一步指出，这种社会与环境的影响通常迂回地表现为特殊的生活方式及生产方式，而附着于居住形态的一般性格上，行之以地域色彩，即为民居形式的特殊面貌。随后，他将民居形式

---

① 拉普普. 住屋形式与文化. 张玟玟译. 台北：台湾镜像出版社，1979：59.

② 拉普普. 住屋形式与文化. 张玟玟译. 台北：台湾镜像出版社，1979：74.

③ 陈志梧. 民居空间理论模型之试建. 台北：台湾大学建筑及城乡研究学报. 1983，2（1）：21~22.

④ 同上：28.

的影响因素分为人的生物属性，地的生态属性及群的社会属性的三大项：①

1．人的生物属性

基本需求，包括人体尺度，由人体直立所产生的感觉，活动及对舒适的要求。

2．地的生态属性

（1）自然资源，材料之取得、材料之物理性质。

（2）地形景观：自然地形之机会与限制，空间开阔与包被。

（3）气候、温度、湿度、日照、风向及降雨雪量。

3．群的社会属性

（1）生活及生产方式，即生产活动，生产方法与类别（如农村、游牧等）及其他活动（如宗教等）。

（2）社会关系，社会分工与阶层关系，社会经济单元之组织方式及团体或个人间之利害关系。

至此，两种观点的对立已十分昭然。对这两种不同的民居研究理论，本文尚无力作出认真的评介与批评，或化解他们的矛盾，因为它不属于我们的研究范畴。对此，仅将自己在二者理论的启发下所进行的思考予以阐述。

三、几点思考

1．居住与环境的关系

从文化的角度探讨建筑问题会忽视外在环境的作用，难以做出确凿的结论。

在此，并不是抵制从文化角度谈论建筑的研究倾向，而是觉得建筑和所谓的文化着实是一回事。居住文化是整个文化系统中较为明显的一相，它与其他诸相一起共同构成人类文化的总体，以连续的功能形式发挥着文化的目的性作用。文化学家对文化概念的认识已从以往的片面强调精神而转向强调文化是关于人和自然的一个文化生态系统。②为了寻求对文化有一个总体的把握，从认识的难易程度上人们将文化分为不同的层次，在各层次之间并不存在明显的界线和高低贵贱之分。于居住文化而论，如果不将其置入文化产生的源头——人和自然之间进行考察，而从某一被认为起支配作用的东西（如民族性、世界观等）入手进行研究，无疑会束缚我们的手脚。当然，不能否认人的行为是受观念支配的，但观念的形成和变化又无可置疑地受到外在环境的作用，进而影响人的行为。人们用等级观念、伦理序位和堪舆理论等分析民居建筑，其有效性是显而易见的，但其局限性亦无可避免。如用伦理序位分析北京四合院就可以找出伦理与建筑的对应关系来。但是，如果就此认为四合院的形式是受伦理和其他所谓文化的因素所支配，似乎就难以自圆其说了。为何大的宅院往往壁垒森严？为何在布局上还有护家奴和仆人的位置？为何还要养一两只狗？人之生存不论贫富皆需一个维持系统，否则便难存在。父母之尊子女维之，为图舒适而择仆人，为安全计而树高墙，墙高不敷用而择护院家奴，家奴无能则有养狗之用。我们之所以能借助伦理观念分析某些建筑特点，原因在于伦理与建筑之间存在着同一的心理基础，确切说存在着由心理情感而呈现出来的同一拓扑关系模式，而心理之源乃在于人和自然环境与社会文化环境的作用。

文丘里曾言："建筑是在实用与空间的内力与外力相遇处产生的。这种内部的力与外部环境的力，是一般的同时又是特殊的，是自己发生同时又是周围状况决定的。"③人居于地表之上，自然环境对人既有害又有利，人总在索其利

---

① 陈志梧. 民居空间理论模型之试建. 台北：台湾大学建筑及城乡研究学报. 1983，2（1）.

② 司马云杰. 社会文化学. 济南：山东人民出版社，1985.

③ 建筑师26期：278.

而避其害。一方面，为保证生命的延续主动地向大自然索取生活资料；另一方面，对自然环境中不利生存的因素，如狂风暴雨，酷暑严寒以及野兽的袭击等则尽量予以回避或抵抗。生命之摆忽而由人体向大自然进发，忽而迫于外界的压力归于原点。为了积蓄能量，抵御外在环境的伤害，人类一直期望着一个既为归宿又为出发点的安全庇护中心。

外部环境的力在时空分布和作用的力度上是明显具有差别的，但长期的经验告诉人们，力的作用是全方位均匀分布的（自然环境中也确实存在着均匀分布的力，如空气的温度和湿度等），给人以一种"场"的感觉，在心理上产生一种强烈要求围护周身的情感，人体则以相应的内力与之对应。当外力和内力在距人体一定范围内达到一种相对平衡状态时，便形成一个以人体为中心的"圆"。这个圆在尚未与实质性的环境契合之前，就像一个"无形的罩子"跟随人体形影不离。

2．"原始圆圈"

如果留意两三岁幼儿的自发性绘画，他们在经过一段似乎漫无目的的乱涂乱抹之后，大体上能画出一个不太规则的圆圈来，四五岁左右便由一个封闭的圆圈改为一组向心的圆圈。心理学家指出，儿童所画的圆圈是知觉对环境刺激的反映，是一个"保护性的容器"，因而被称为"原始圆圈"。[①]

既然"原始圆圈"是由外界刺激作用于知觉而产生的保护性容器，也可以认为它是一种庇护情感的表达，那么它就不应该仅仅存在于儿童画中，在凡遇外界刺激，且人类的认识水平与儿童相当的情况下，都有产生这种"圆圈"的可能性。

（1）居住形式

一个盎然有趣的问题是人类在史前时代的居住形式几乎毫无例外地经历了圆形住宅的阶段（图1）。据此，有人推测圆形被广泛采用是因为它是"最简单的封闭形"，"随处存在于自然界中"，"构造简单，所需的做工少"。[②]与其说圆是最简单的封闭形，不如说圆是内聚力最强，安全感最强的形。至于"随处存在于自然界中"是一个不可否认的事实，但是却未见得是产生圆形住宅的主要动力。那种认为人类早期居住形式是模拟动物巢穴的"仿生学"假说始终是值得怀疑的。"为着人类的生存由人类按照自然的形象创造的天地——确实不是模拟自然而是通过对重力、静力和动力规律的实际摸索——是一个世界的空间表象，是因为它在实际的空间中建造的，然而又不是在同一种意义上与其他自然的有系统的连续。……这就是种族领域的意象，建筑上的基本幻象。"[③]随处存在于自然界中的原形至多只能起助产士的作用。所谓"构造简单"亦应相对而言。现代人认为简单的东西，在原始人看来却未必如此。在石器时代造一个穹顶的圆屋无论对原始人还是现代人都不算轻而易举之事，而让现代人造一个圆形住宅难度显然比造一个方形住宅要大。

圆形住宅或聚落并不是史前人类所独有的。如果现代原始部落的圆形聚落可以认为是与史前人类的圆形聚落处于相似的历史阶段的产物的话，那么，我国福建的客家住宅就不能以此来解释了，因为客家人的文明程度远远超过了史前人类的水平。这就看人们是处于何种外在环境条件下，以及人们以何种态度和手段来应付环境了。如果将福建客家的圆形聚落，以及非洲马萨伊（Massai）人的聚落（图2）作一比较，我们发现它们在布局上着实十分相似，而他们的文化似乎又有较大的差别。

在以抵御外部环境为生存的先决条件、内力与外力紧张对峙的情况下，圆是一种包覆感最强的安全庇护空间。无论是否处于原始时代，只要内外达到最紧张的状态，圆都有被重新启用的可能。

①　鲁道夫·阿恩海姆. 视觉思维. 滕守尧译. 北京：光明日报出版社，1987：399.

②　陈志梧. 民居空间理论模型之试建. 台北：台湾大学建筑及城乡研究学报，1983，2（1）：26.

③　苏珊·朗格. 情感与形式. 刘大基，等译. 北京：中国社会科学院出版社，1986：114.

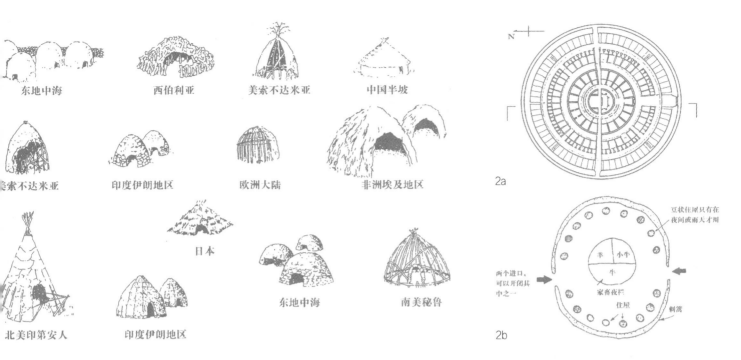

东地中海　西伯利亚　美索不达米亚　中国半坡

美索不达米亚　印度伊朗地区　欧洲大陆　非洲埃及地区

北美印第安人　印度伊朗地区　日本　东地中海　南美秘鲁

2a

豆状住屋只有在夜间或雨天才用

两个进口，可以开闭其中之一

羊　小牛　牛

家畜夜栏

住屋　刺篱

2b

1　新旧石器时代的圆形住宅（来源：《民居空间理论》模型之试建）
2　福建客家住宅与非洲马萨伊人聚落平面比较
　　a　福建客家住宅平面（来源：《民居空间理论》模型之试建）
　　b　非洲马萨伊人聚落（来源：《民居空间理论》模型之试建）

（2）宗教，神话及天地意象

苏珊·朗格说："建筑创造了一个世界的表象，而这个世界则是自我的副本"。[1]

卡西尔说："人在天上所真正寻找的乃是他自己的倒影"。[2]

王夫之说："我即人也，我即天也"。[3]

鲁道夫·阿根姆在《视觉思维》一书的《理想模型》一章列举了大量圆及球体的知觉模型。[4]古人的宇宙图示大多与人被覆盖或围绕的意象相关。"人类曾设想自己生活在一个平坦的世界上（虽然有高山和深谷），四周有一圈圆形的地平线将其封闭。"[5]在大地的上方覆盖着一个半球形的苍穹，上面镶嵌着群星，在天地相接处有一条深深的"护城河"环绕一周。中国人的宇宙模式大致与此不差。出现于殷末周初的盖天说，[6]主要意象是天在上地在下，天像一个半球状的大罩子。"天似穹庐，笼盖四野"，可以说是最形象化的概括了。汉代张衡的浑天说似乎较接近客观存在，但仍未脱离一个封闭宇宙的概念。"天之包地，犹壳之裹黄"是一种球形宇宙的意象，有一层天体外壳在地之四周环绕。

①　苏珊·朗格. 情感与形式. 刘大基，等译. 北京：中国社会科学院出版社，1986：116.

②　恩斯特·卡西尔. 人论. 甘阳译. 上海：上海译文出版社.

③　刘尧汉. 中国文明源头新探. 昆明：云南人民出版社，1985：52.

④　鲁道夫·阿恩海姆. 视觉思维. 滕守尧译. 北京：光明日报出版社，1987：398.

⑤　鲁道夫·阿恩海姆. 视觉思维. 滕守尧译. 北京：光明日报出版社，1987：398.

⑥　马振亚，刘振兴. 中国古代文化概说. 长春：吉林大学出版社，1988：2.

这些似是而非的宇宙模式是否与人类的庇护情感有关呢？人们想方设法构思出不露一丝破绽的封闭的宇宙是出于好奇，还是他那需要庇护的心灵长出的外壳？

古代神话女娲补天之功名垂青史。她真的补天了吗？她补了，她补了那由于"天塌"的恐惧而渴望庇护的心灵外壳；她弥合了不安的情感，女娲也就成为当之无愧的英雄始祖了。

再看一看西方的上帝是个什么模样。

人们经常把看不见的描绘成球体形象，用圆形来再现。有人曾将无所不知和无所不包的上帝比作一个球体四周的表面，用球心代表微不足道的人间生灵。[①]到17世纪，上帝和人的关系变成一种动态的相互作用关系：上帝球面已向中心收缩，人类把上帝围裹在自己周围，反过来中心又向四周扩展，说明人类已溶解在伟大的上帝之中。

至此，我们似乎已经能够看清人类努力编造圆形或球体的基本用意了：维护自身，作茧自缚。

鲁道夫·阿恩海姆说："圆和球体之所以被首先考虑，其源盖出于人的知觉。"知觉为何先考虑圆呢？其源盖出于安全。所谓"存在就是圆"，也可以说安全就存在，安全就是不伤害，存在于圆中自然就安全，非洲原始部落民族喜欢圆房子，据说他们害怕有角落的地方会藏鬼，不安全；信仰上帝的西方人自愿投入上帝的球里，尽管自己微不足道，但是安全。当人们作为一个点存在时，他便辐射出均匀分布的射线，与环境的压力场相对应，在某个特定的半径距离上形成一个包围自身的圆或球面，就像我们前面所说的"无形的罩子"一般。它仅是人对外部环境刺激的一个最原始的反应图式或幻象。当外在的形象，无论是用实质的材料所构成的房屋，还是抽象的上帝，只要与这个图式相吻合，人便获得了存在的同一性，亦即哲学家们所谓的"自我的副本"或"自己的倒影"。

3．圆方之变与人体意象

人并非一个点或一根棍。人体结构有前后、左右、上下之别，有明显的方向性和对称性。然而，裹在圆中虽然安全，却无法找到与人体结构特征相对应的点，人在圆中对不上象。所以，人在圆中所获得安全感和同一性是以丧失人体结构特征和人的个性为前提的。处于一个均质性极强的纯粹圆的中心，人的方向感极易消失。这也许是人们一旦发现其他与人体相吻合的居住形式便抛弃圆的原因。

一个真正的伟大发现——方的发现足以使人惊狂不已，人类始才从混沌中解脱出来。人于方中就像于四面镜中一般，前后左右被照得清清楚楚，真正找到了人类自身的存在价值。方使人的同一性更趋精确，"副本"更吻合，"倒影"更清晰可辨。对于方，我们不去追根求源地再发明一次，只是简单推测一下它的意义。

规整的方形在自然界中并不存在，发现它必须具备正交概念，由正交而正方。同时，亦可能伴随着对数"四"的明确认识，与四时、四象之分割有着密不可分的关系。由于方与人体及天象有内在的联系，它为人类进一步认识自然奠定了理性的基础。

圆和方的发现皆为史前人类的功劳。据人类学家研究证实，原始人对周围事物有着细致入微的观察，行动敏捷，并有敏锐的空间知觉，但其主要缺陷是知识数的困难，而且缺乏空间抽象能力。[②]许多现代原始部落人一般仅能认识数"三"，三以外的数便用"许多"来代表；他们的空间知觉亦只能在行动中发生，而不能对空间予以抽象描述。似乎空间与他们的自身紧紧粘连在一起，或说空间像套一样不能从身上摘下来。三四岁的儿童也有同样的空间知觉，他们能循一定路线走回家，但却不能对走过的路线及主要标志予以叙述。[③]原始人一般都有轮回观念，时间就是在有连续边界的空间中轮回可以认为是原始人的宇宙观。英国的史前建筑石栏（stonehenge）就是用连续的石柱所构成的圈

①　鲁道夫·阿恩海姆．视觉思维．滕守尧译．北京：光明日报出版社，1987：405.

②　刘尧汉．中国文明源头新探．昆明：云南人民出版社，1985：59.

③　皮亚杰．发生认识论原理．王宪钿等译．北京：商务印书馆出版，1981.

不为繁华易匠心

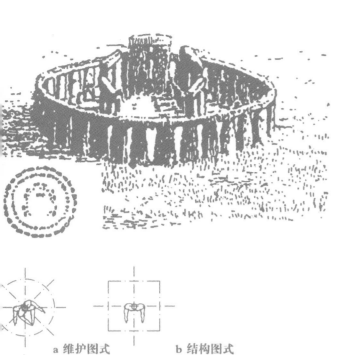

a 维护图式　　　b 结构图式

c 知觉图式

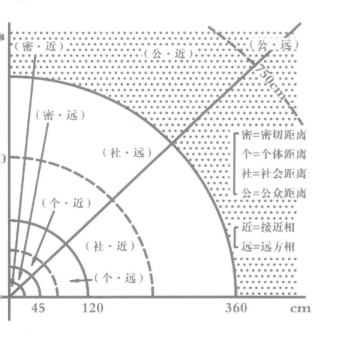

（密·近）　　　　　（公·近）　　（公·远）

（密·远）

（社·远）

（个·近）　　　密＝密切距离
　　　　　　　个＝个体距离
（社·近）　　　社＝社会距离
　　　　　　　公＝公众距离

（社·近）　　　近＝接近相
　　　　　　　远＝远方相

（个·远）

45　　120　　　　　360　　cm

3　英国史前建筑——石栏（stone henge）（来源：《外国建筑历史图说》）

4　安全图式

5　"非程式空间"的四个距离（来源：《环境心理学》）

来记录时令循环变化的一种构筑[①]（图3）。此例可以说明早期人类观察、思考和记录自然现象尚未能脱离围绕自身的一种实质性框架，尚未能用抽象来表达具有一定空间范围的事物。由此可见，建筑即使在早期已并非仅为人所居住，它还是人与外部世界相沟通的思维框架。即使是简单的圆或方形的原始人住宅，也已不是仅为栖身而筑。

4．三种图式

所谓"人体意象"是从人体的整体结构以及维护这个结构的安全需要出发而发达的，不是人形的惟妙惟肖的复制。根据圆和方与人体的关系，我们称圆为人体的维护图式，方为人体的结构图式（图4），根据人的行动及知觉推出的图式称为知觉图式，三者统称为安全图式。它们都是人与外部环境相互作用而产生的，是人的不同存在方式。关于知觉图式现作如下解释。

在圆形的维护图式中所体现的是一种强烈的庇护情感，我们曾将其设想为一个跟随人体形影不离的罩子，它是不精确而朦胧的；方形结构图式所体现的是人体与环境的对应关系，具有明显的方向性；知觉图式既非圆形也非方形，而是二者的协调统一。

说人体周围有一层无形的罩子或是膜，不过谁也没有看到或摸到。心理学家通过对人际距离的研究提出了人的"非程式空间"这一概念，[②]指出了人在社会环境中有四个距离（图5），超越了某个距离人们便有某种心理反应，甚至采取必要的行动以维持情绪的稳定和身体的安全。人们在人际交往过程中确实对距离有一个要求，不过人体周围的距离要求往往并非同等，这一点是值得思索的。从人体上分析，由于人们的知觉器官多集中于前部，对左右两侧和后部的感觉比较迟钝，移动、发生动作又以向前为最方便。与熟人交往时，我们多以正面相对，一方面是方便，一方面是出于礼貌（人们一般感觉前面比后面尊贵些），且需保持一定的距离。当人在环境中（社会环境和自然环境）感觉到后部并不存在潜在的不安全因素时，他

①　罗小未、蔡琬英. 外国建筑历史图说. 上海：同济大学出版社，1986年4.

②　相马一郎，佐右顺. 环境心理学. 周畅等译. 北京：中国建筑工业出版社，1986：71.

的安全需要便集中在后面和左右两侧。人总在寻求后部和左右的掩体，当现实中并不存在维护的条件时，人们便主动地造一个出来。恐怕这也就是故宫在北面加一个景山的最起码的心理基础。任何玄学的分析似乎都不足以揭示中国的古建筑格局、风水观念乃至伦理观念的内涵，唯有从维护人体安全需要出发进行心理分析才能找出根来。

故此，知觉图式是一个偏心图式，而不是维护图式和结构图式的简单叠合，其形状大致如图4c。图式以外的部分是知觉的盲区，需要尽力加以维护。

安全图式发乎人体，是人体意象的表达。但是，人体意象的表达方式却不仅仅限于建筑，凡为维护人体安全需要而产生的一切人类文化都可以用安全图式予以解答。这里需提及一点，安全图式虽以人为中心，但在图式以实质形式表达出来时，人并不见得就直接去占据中心位置。世界上除了自以为是中心的人物敢于占据中心（如中国皇帝的宝座，法国路易十四的床以及敢冒天下大不韪的山大王的位置）位置外，人们一般以自己的替身去代替人。如中心可以是一堆火，一群牛，祖宗的牌位，宗教的偶像等。这些东西都非无足轻重之物，它们是与人的生存攸关的，代表着人的最高利益。

下面将用一个图表展示一下居住形式和社会文化的诸相的关系，从中我们可以看出中国人对安全图式的运用简直渗透都文化的各个方面，而不仅限于建筑。如果从中提取任何一项与建筑形式作一比较分析，都可以发现二者之间相近的拓扑关系。整个图表所显示的是一个文化的连续的功能形式或系统，而我们却很难说哪一项受哪一项的支配。若非要提取一个出来作为整个文化系统的主导，也只能是人体的安全图式，它来自于人和自然与社会的外在环境的相互作用。所谓的堪舆观、伦理序位观，及至世界观、民族性，都是整个文化系统的内部循环释义，其有效性无

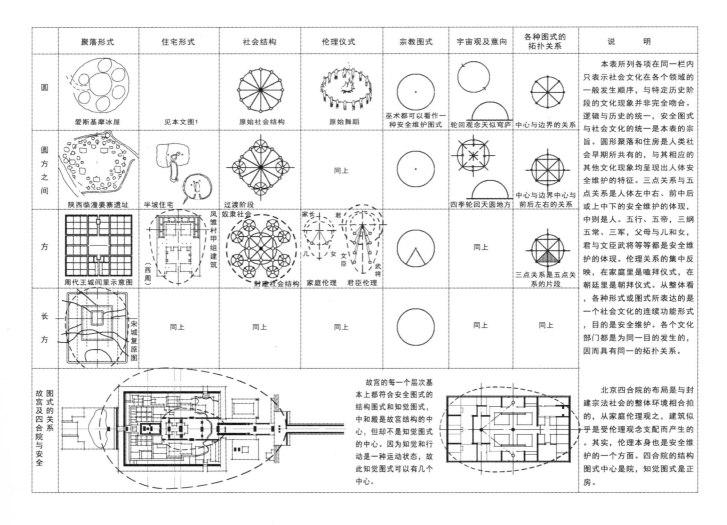

	聚落形式	住宅形式	社会结构	伦理仪式	宗教图式	宇宙观及意向	各种图式的拓扑关系	说　明
圆	爱斯基摩冰屋	见本文图1	原始社会结构	原始舞蹈	巫术都可以看作一种安全维护图式	轮回观念天似穹庐	中心与边界的关系	本表所列各项在同一栏内只表示社会文化在各个领域的一般发生顺序，与特定历史阶段的文化现象并非完全吻合。逻辑与历史的统一，安全图式与社会文化的统一是本表的宗旨。圆形聚落和住房是人类社会早期所共有的，与其相应的其他文化现象均呈现出人体安全维护的特征。三点关系与五点关系是人体左中右、前中后或上中下的安全维护的体现，中则是人。五行、五帝，三纲五常、三军，父母与儿和女，君与文臣武将等等都是安全维护的体现。伦理关系的集中反映，在家庭里是嗑拜仪式，在朝廷里是朝拜仪式。从整体看，各种形式或图式所表达的是一个社会文化的连续功能形式，目的是安全维护。各个文化部门都是为同一目的发生的，因而具有同一的拓扑关系。
圆方之间	陕西临潼姜寨遗址	半坡住宅	过渡阶段	同上		四季轮回天圆地方	中心与边界中心与前后左右的关系	
方	周代王城闾里示意图	凤雏村甲组建筑（西周）	奴隶社会／封建社会结构	家长 君 儿 女 文臣 武将／家庭伦理 君臣伦理		同上	三点关系是五点关系的片段	
长方	宋城复原图	同上	同上	同上		同上	同上	
故宫图式及四合院与安全					故宫的每一个层次基本上都符合安全图式的结构图式和知觉图式，中和殿是故宫结构的中心，但却不是知觉图式的中心。因为知觉和行动是一种运动状态，故此知觉图式可以有几个中心。			北京四合院的布局是与封建宗法社会的整体环境相合拍的，从家庭伦理观之，建筑似乎是受伦理观念支配而产生的。其实，伦理本身也是安全维护的一个方面。四合院的结构图式中心是院，知觉图式是正房。

不为繁华易匠心

可否认，其局限性亦在所难免。

有人讲中国建筑"妙"在墙的运用，我们说中国建筑"妙"在安全图式的过分发达。对安全图式无以复加的重叠是中华文化的明显特征。在此，对于中华文化的优劣姑且不论，而是通过世界文明史上的特例，持之以恒的中华文化的思索，帮助我们提取"安全图式"这一概念。

（本文发表于《建筑师》49期，1992：31-36）

建筑与雕塑的互补关系

摘　要： 从空间和功能两个角度论述了古典或传统建筑中建筑与雕塑的互补关系；探讨了建筑中的雕塑发生的根源及其演化；进一步揭示了传统建筑空间处理的重点所在。此项研究对摆脱对传统建筑形式的简单模仿，创造富有传统空间意向的现代建筑具有重要的理论意义。

关键词： 建筑　雕塑　互补关系　空间处理重点

一般而言，建筑与雕塑分属不同的艺术类别，两者之间存在较大的差异。与纯艺术不同，建筑是集经济、技术、功能、文化于一体的综合性艺术，是人们进行某种社会或个人活动的物质载体。而雕塑，就其现代意义而言，只是供人们欣赏、观看、品评的纯艺术品，本身不具备特定的物质功能。然而，尽管如此，在建筑与雕塑之间仍然存在着某种重要的联系。英国当代哲学家罗杰·斯克鲁登在《建筑美学》中指出："雕刻可以有助于我们对建筑的理解，达到这样的程度，即我们对一座建筑的整体感受可以依靠它的各部分雕塑意义的感受来获得。"[1]

本文认为，进一步揭示古典或传统建筑中建筑与雕塑的联系——建筑与雕塑的互补关系及其深刻的人类学内涵，不仅可以指出古典或传统建筑空间处理的重点所在，而且，通过对雕塑在建筑中的位置分析，还可以为创造富有传统意味的现代建筑提供重要的理论参考。

一、建筑与雕塑的互补关系

1. 建筑与雕塑的空间互补

游离于建筑之外的雕塑，自足性、独立性较强，与建筑不存在空间的互补关系。约自凿石建筑出现之时，雕塑便被建筑所吸收，广泛用于祭坛、墙壁、柱子或扶壁之上，建筑烘托着雕塑，雕塑"装饰"着建筑[2]。把建筑的基本感受看成一个完整的结构图式，雕塑则起着强调并指明图式结构中心的重要作用。

体现建筑与雕塑互补关系的佳例是西方古典建筑，尤其是宗教建筑中的壁龛和塑像。教堂中的雕像都和它的壁

---

① （英）罗杰·斯克鲁登. 建筑美学. 刘先觉译. 北京：中国建筑工业出版社，1992.

② （美）苏珊·朗格. 情感与形式. 刘大基译. 北京：中国社会科学院出版社，1986.

龛相适应，共同构成了一个完满的结构图式。斯克鲁登认为，这种雕塑，基本上是属于建筑的①。固然，在这种情况下雕塑是被限定在建筑的框架之内，而且在一个完整的建筑空间的内部或外部，一个壁龛和雕像亦不过是一个必要的组成部分，但相对于壁龛而言，雕像充盈它，主宰它，确切无疑地起着支配壁龛空间的作用，二者相依为照，互为图地，不可或缺，难以区别谁属于谁。雕像揭示了壁龛的空间意向，壁龛限定了雕像的能动范围，这也就是二者存在互补关系的道理。

当体验一个雕塑时，首先便感觉到它的位置与周围环境的关系，某种程度上是以雕塑为"另一个自我"来审视周遭环境，否则就无从了解雕塑的地位与环境的空间关系。对于建筑空间来讲，承认这一点就已达到目标，暂且不必论及审美中的移情问题，因为目前问题的焦点还只是建筑与雕塑的结合方式，而不是建筑空间或雕塑的具体样态所体现的审美情趣。

在较抽象的层次上，传统聚落和住宅中的某些中心相当于具有能动体积的"雕塑"，实际情形中有些中心也确实是由雕塑或雕塑性的构件形成的。这些神秘的"精神构件"若不在整体的空间环境中加以研究，极易被视为"迷信"而被排除在研究范围之外，或是假民俗之名玩味其玄秘。而实际上，在神秘"迷信"的外衣之内，暗藏着极为可贵的雕塑品格，与周围的空间环境具有明确的"互补关系"。揭示这种互补关系，正像斯克鲁登所说的，"对一座建筑的整体感受可以依靠它的各部分雕塑意义的感受来获得"。

2. 建筑与雕塑的功能互补

英国人文主义美学家乔费莱·司谷特说："把女像及巨人用来代替柱子的习惯不是没有意义的。可以发觉人体以某种方式进入设计问题"。②维特鲁维在《建筑十书》中讲，女像柱的使用是为了惩罚从其他城邦掠来的女俘而让她们负重的；至于男像柱，维持鲁维认为还找不出它的原因。③希腊人称男像柱为阿特兰特斯——希腊神话中顶天的巨神。由此看来，以人像代替柱子起码是以表示惩罚或象征力量的方式"进入设计问题"的，尽管这种解释并不能十分令人满意。

现代非洲原始部落的住宅中仍在使用人像柱，其女像柱多取跪姿，头顶短柱支撑屋顶；男像柱则硕大而有力；有的房屋，围匝树以木桩为墙，每根木桩朝外一面均雕成十分夸张的女性形象。这些人像柱有些是祖先的形象，有些是其他的神袛，其作用是保护宅居的安全，而非审美的需要。北美印第安海达人的房主同时也是图腾柱。中国汉代的房柱虽非具象的人形，但其柱身、栌斗也含有人像的意向。这些现象与一般的装饰是有区别的。诚然，作为柱廊或墙壁的人像柱并非象位于中心的雕塑那样具有统领全局的含义，但也并非简单地代替柱子或仅为装饰柱子，因为无论是柱子的纯粹功能的概念，还是雕塑的美化装饰概念，从人类学角度看似乎是出现较晚的。如果分开来理解的话，人像柱既有力学的支撑功能，又有保护房屋安全的巫术功能。这与我们今天认为柱子的雕刻是多余的累赘并因此而破坏了柱子的力学性能的看法是完全不同的，被雕镂的柱子不但"没有"减弱"力学上"的作用，反而因其神性而使整体功能得到加强，"雕像"和"柱"的结合共同构成了一个互补实用的功能系统。

二、建筑与雕塑互补的人类学根源

从以上两则分析中可以看出，建筑与雕塑具有明显的互补关系。庙宇或其他建筑中的雕塑，壁龛中的雕塑，与

① （英）罗杰·斯克鲁登. 建筑美学. 刘先觉译. 北京：中国建筑工业出版社，1992.

② （英）乔弗莱·司古特. 人文主义建筑学. 张钦楠译. 北京：中国建筑工业出版社，1989.

③ 维特鲁威. 建筑十书，高履泰译. 北京：中国建筑工业出版社，1991.

建筑一起共同构成了一个完满的结构图式，各自的分量可以说平分秋色，相得益彰，而人像柱则代替或加强了建筑的局部功能，从性质上讲仍然属于建筑。从人类历史的发展观之，建筑与雕塑的这两种结合方式有着深刻的人类学根源。这一点可从门神信仰和奠基仪式中加以说明。

我国民间最流行的门神一是秦琼和尉迟恭的画像，一是钟馗，均起源于唐代。钟馗是民间信仰中的捉鬼英雄，被崇为神，贴于门上以镇百鬼。这种门神信仰早在《礼记·丧服大记》中便有所记，名为"君释菜"，郑玄注曰："释菜，礼门神也。"西汉时的勇士成庆，东汉的神荼、郁垒两兄弟都曾被奉为门神[①]。然而，这些都不是最早的门神。

在河南安阳小西屯殷墟中，宫殿基址之上和基础之下，以及础间、门侧或基址周围，经常发现人或动物的骨架葬坑。这些葬坑是建筑过程中举行奠基、置础、安门等仪式时所留下的遗迹，一般奠基和安门用人和狗；置础时用人、牛、羊、狗……安门时，埋的多是武装侍从，分置门的两侧和当门处，有的持戈执盾，多作跪姿，其中不少是活埋的[②]。尤其残忍的是埋在门下的还有小孩。另据考古资料，在仰韶文化和龙山文化的房屋遗址下及其周围，两千余年来一直流行埋葬儿童的瓮棺葬。对此，学者们其说不一。有人认为是让夭折的儿童早日生还人世才将它们埋在房屋周围的。然而，事实在可能并非如此。瓮棺中的儿童极可能是门神的最早原型，至少可以说埋在殷墟基址门侧和当中的武士和儿童是最早的门神。

当今在建筑开工前举行的奠基仪式，其起源也可从上述殷墟遗址中略见一斑，即在古代，至少是殷商之际，奠基多用人或其他动物。无独有偶，古代日本在建桥时，亦在桥下奠祭人牲。据爱德华·泰勒介绍，古代苏格兰流行一种迷信，他们用人血来浇灌建筑的基础，德意志、斯拉夫也有此"劣迹"。在加里曼丹岛上的达雅克人中，实行过一种更为残暴的奠基仪式，即"在建造大房子的时候，为第一根柱子挖一个深坑，那根柱子就用绳子悬在它上面。把一个女奴姑娘放进坑内，并且依照这个结果割断了绳子，巨大柱子把姑娘砸死了。"[③]

人牲殉葬、献祭、奠基、奠门这些残暴行为，在我国东周以前还比较普遍，其对象除了亲信的武士之外，最初多是以战俘和奴隶充任的，后来才用其他的手段来代替他们。例如，墓圹中的"俑"原本是活人，其原型是"方相"——一位能摧毁强敌，驱除恶祟的勇士。统治者生时他护身左右，保卫宫廷；统治者死时他下去墓圹，驱除恶鬼，并往往随葬[④]。俑到春秋战国时期则一般由铜、木、陶制的偶人所代替，人殉现象大大减少。孔夫子所言"始作俑者，其无后乎？"所指的是"俑"则是"为其象人"的偶人[⑤]。奠基、奠门也相应地发生了由人牲到图像或雕塑的转化。诚如贡布里希所言："后来，这些恐怖行为不是被认为太残忍，就是被认为太奢侈，于是艺术就来帮忙，把图像献给人间的伟大人物，以此代替活生生的仆役"[⑥]。从历史角度看，"始作俑者"并非像现在人们所认为的那样，是带头做某种坏事的罪魁祸首，而是在人类文明史上做出伟大贡献的雕塑艺术家。

在人类文明血淋淋的地基上，耸立着伟大的建筑艺术和雕塑艺术。那些被埋在地下的武士、奴隶、战俘和妇女、儿童们千百年的冤魂，随着破除奴隶制的曙光，像种子一样破土萌生，成长为铜制、陶制、土制的俑、石像生、人像柱和门神等各种艺术形象，屹立在建筑物的四周、门侧或墓旁，为活着和死去的脆弱的灵魂撑起一个百无

① 昌平先生. 中国辟邪术，乌鲁木齐：新疆大学出版社，1994.

② 叶骁军. 中国都城发展史. 西安：陕西人民出版社，1988.

③ （英）爱德华·泰勒. 原始文化. 刘魁立主编. 连树生译. 上海：上海文艺出版社，1992.

④ 常任侠. 中西美术之外来因素. 中国文化，1990（2）：55.

⑤ 杨伯峻编著. 孟子译注. 北京：中华书局，1960.

⑥ （英）贡布里希·艺术发展史. 范景中译. 天津：天津人民美术出版社，1992.

禁忌的"理想世界"。

三、雕塑的位置分析及其理论意义

关于建筑与雕塑互补关系的人类学考察，那些令人发指的祭门奠基的原型及其转化过程，对任何与此相关理论上的人道主义揣摩都是严厉的打击。在它面前，"民俗学"的绘声绘色的神话般的描述显得贫乏之极。蒙昧、迷信的古代人类，由于对环境力量的无知，构想出支配世界的鬼神，进而又不惜以残暴迷信的手段向自己的构想发起反击。建筑中的雕塑，在"装饰"、"美化"建筑之外或之先，主要是作为这种反击力量的重要组成部分而发挥其功能作用的。从逻辑上讲，既然前人由于思想上的迷信创造了一些表现迷信观念的形态，他们的创造对他们而言也就是真实而有意义的。同时，也由于他们把现实中并不存在的环境——鬼神世界对现实环境力量的歪曲和抽象，看成确有其事，并赋予这个环境以与现实环境相当的能动的品格，他们对建筑空间中的雕塑或其他防卫性、装饰性构件的位置经营就与现实环境有相通之处和可资借鉴之处，对建筑中的雕塑进行位置分析，其理论意义正在于斯。

在我国的传统建筑中，从聚落、街道到单体建筑的不同规模的空间层次上，广泛分布着雕塑、装饰或其他不同形式的精神防卫构件。它们的位置概括起来有以下两种：

（1）空间尽端或转折点。传统聚落的道路尽端、丁字形街或小巷的当口处，一般都设有庙宇——神像的居所或"泰山石敢当"之类镇物，以震慑直面而来的恶祟的"冲射"。石拱桥的拱心石所刻兽头，情同此理。巽门离宅的四合院，进宅之东南角入口迎面是一堵砖雕影壁。在山西民宅中，影壁正中还常置一微型土地庙，进入二门迎面是"刀剑屏"。处于中轴线尽端的堂屋，自古便是"人不敢居"的神之居所，至今在许多传统民宅中仍然是祖先神像、牌位或天地君亲师的位置，包括大范围内的水口塔，也常位于河口或河流转弯处，人们远远就能望见它们的形象。简言之，在近景、远景的焦点位置上，皆有雕塑或供精神防卫之用的构件，古人对它们的位置经营似乎从来不曾出现什么错误，具有十分恰当的功能和视觉上的针对性，所谓的"对景"或"底景"亦可能皆源于此。

（2）入口过渡或空间层次转换处。从聚落外部进入街道空间，从街道空间进入院落空间，再从院落进入室内，在每从一个空间进入另一空间的入口节点或空间层次转换处的周围是雕塑、雕刻和其他装饰性、防卫性构件最为集中的地方。古城、古堡的门楼上、门两侧或瓮城内两侧多置武庙或其他神庙。包括跨越河流的桥梁这类空间过渡的节点上，两侧也常见雄狮把守，怪兽罗列。庙宇山门内的"哼哈二将"，陵墓建筑神道两侧排列的翁仲、像生，各类建筑物门口两侧的一对石狮，大门上的门神、铺首，层层设"卡"之严，种类之多难以历数。当然位于空间层次转换或过渡处的处理并不仅是这些防卫性的雕塑或图像，还有大量祈福求祥的其他装饰、标志、匾牌等。即使是雕塑也已不仅为精神防卫而设，为人们提供视觉上的愉悦也是其主要功能之一。然而，无论是消极的抵御，积极的祈求，抑或出于审美的需要，至为关键的是这些雕塑或构件又无一不在空间层次转换的节点上，它们标示着空间处理的重点所在。

上述两种主要位置的雕塑，与建筑具有空间和功能上的双重互补关系，建筑空间的处理重点通过雕塑而揭示出来。就观者而言，位于建筑或聚落内部空间尽端和转折点的雕塑，一般是主宰性、实体性的，占据着空间的中心位置，因而标明视觉的焦点；而位于入口两侧或周围的雕塑，则一般是辅助性、使役性、围合性的，起着烘托空间氛围的作用。两种位置的雕塑都不算独立自在的雕塑表现，而是直接参与了强化建筑空间的功能的仪式性操作。

至此，古典或传统建筑与雕塑的互补关系的理论研究基本完结。此项研究的更重要的意义乃在于建筑创作实践中"消除具象"和"再次转化"。

（1）消除具象。古典或传统建筑中的那些雕塑或装饰构建，虽然是一笔可贵的文化财富，但绝大多数已无实际应用的价值，直接照搬到当代建筑中则会显得不伦不类。因此，对待这些雕塑的第一步就是要消除具体形象所表达的环境氛围，拭去历史积淀的蒙尘，专看它们所处的位置所表明的空间重点。

不为繁华易匠心

（2）再次转化。所谓的"再次转化"就是再创造的过程。当代建筑师需根据现实人们的审美情趣和所要表达的主题，像"始作俑者"从人牲到俑所做的转化那样，把具有新内涵的形象置于与旧形象相同或类似的位置，使新建筑既有经过抽象后的传统空间意向，又不失当代建筑的时代性格。

四、结语

在当代建筑日趋国际化、同一化的今天，建筑的地域化、民族化显得尤为重要。如何从地方建筑、民族传统建筑中汲取营养，丰富当代的建筑创作，是一个尚待深入研究的重要课题。以往由于缺乏对传统建筑空间特征的认识，汲取传统精华只流于表面形式的撷取和模仿。设计人员要么置传统于不顾，要么照搬、拼凑，随处可见的仿古、复古建筑则是其表征。相反，对于建筑空间的某些重要部位却又往往不假思索，无所作为。建筑与雕塑互补关系的研究，则是力图克服上述弊端，从认识建筑空间特征入手，抓住空间处理的重点，为创造具有民族特征的当代建筑提供一条新的思路。

（本文发表于天津大学学报（增刊），1998）

6 主要工程项目

项目名称：山东栖霞古镇都村聚落保护与更新规划设计

项目负责人：张玉坤

设计理念："高度协调，低度介入"，本设计突破村落改造中整体拆除重建的割裂历史的弊端，以延续历史文脉、保留空间肌理、传承生产生活方式的方法，处理文化遗产保护与文化旅游发展之间的关系。

项目简介：牟氏庄园是山东省栖霞市的一处地主庄园，国家重点文物保护单位。周围的村民居住区，原牟家的"副业大院"，包括场院、油坊、粉坊、花房、石匠铺、木匠铺等，现为古镇都村中心的聚落群，也是本项目的规划范围。本项目以最大限度保护原有物质和非物质遗产为原则，进行了牟氏庄园周围村落的保护整治规划设计。

1. 通过最大限度地保留村落街巷结构、建筑基址、山墙树木等基本要素，实现了村落格局和历史记忆的完整保留。
2. 通过人工拆除复建、废旧建筑材料再利用、原有屋顶结构的加固，实现了原有新老建筑风格的协调与资源节约。
3. 通过房屋置换引导和实现了传统生活生产方式的延续，活态传承了手工作坊等传统村落生活生产真实场景。
4. 通过整体性保护整治村落周围环境，延续和保护原有聚落空间和景观特色。

获奖情况：2016年3月"山东栖霞古镇都村沿街十二栋住宅改造"获住宅和城乡建设部第二届田园建筑优秀实践案例一等奖（排名第一）。

2010年10月，"牟氏庄园旅游区规划"，获中国建筑学会、环境保护部环境发展中心、中国建筑文化研究会，2010年全国人居经典建筑规划方案设计竞赛（规划、环境）双金奖（排名第一）。

牟氏庄园

1　建成后的保护区入口，保留了原有街巷和广场空间尺度与特征。

　　a 牟氏庄园景区入口；b 聚落保护区街巷；c 聚落保护区入口及影壁

2　保留村落街巷尺度，人工拆除建筑，施工中尽量保存现有树木，延续村落生机，满足居民对改造后村落的归属感愿望。

　　a 保留原有建筑基址；b 保留原有建筑山墙；c 保留原有树木

3　施工时将拆卸下来的砖石废料填充到新建建筑的墙体中，通过废旧建筑材料的再利用实现了新旧建筑风格协调与资源节约，并带动牟氏庄园的旅游开发。

　　a 废旧建筑材料再利用；b 废旧建筑材料再利用

4　石墙面与砖、土墙面组合运用，延续牟氏庄园的视觉景观特色。合理利用历史遗存资源，再现生机盎然的悠闲农庄生活。

5　文水河是牟氏庄园入口的重要景观带，也是环境整治的重点。改造前的文水河槽内杂草丛生，两岸垃圾遍地，沿岸民居参差残破，严重影响周边环境。经过初步改造，清除河道内阻水构筑物和垃圾，修筑堤坝，提高防洪标准，美化沿河景观，同时为居民提供休闲场所。

　　a 原始风貌；b 建设成果

王 军

西安建筑科技大学建筑学院教授、博导；西安建筑科技大学建筑与环境研究所所长；中国民族建筑研究会民居专业委员会副主任委员；中国建筑学会生土建筑分会副理事长；住建部传统村落保护专家委员会副主任委员；中国城市规划学会城市生态建设委员会委员；中国民居建筑大师。

从1984年开始参与传统民居的调研、测绘工作。1985年参加中国建筑学会生土建筑分会，跟随侯继尧教授对中国窑洞及生土建筑进行深入的调研。结合建筑学专业测绘实习教学任务，带领学生在陕西关中、渭北高原、陕南秦巴山区及陕北沟壑区进行传统民居及古建筑测绘，这些测绘成果为张璧田、侯继尧等前辈老师编著的《陕西民居》、《窑洞民居》等专著积累了原始素材。由于上大学之前曾在陕西农村插队六年，住窑洞、喝窖水，农闲之时挖窑洞、打水窖、打胡墼，亲身经历的乡村建造经验为窑洞研究奠定了基础。至1997年获准国家自然科学基金面上项目"黄土高原土地零支出型窑居村落的可持续发展研究"（项目编号59778008）。1999年与侯继尧教授合著出版了专著《中国窑洞》，同年9月参与组织了国际城市地下空间联合研究中心，与建筑学会生土建筑分会和西安建筑科技大学联合主办了第8届国际地下空间学术会议，中国窑洞民居是会议主要议题之一。

1

1 1984年陕西旬邑县唐家大院测绘

2001年加入中国民居建筑研究会，担任民居研究会副主任委员期间，积极致力于民居研究事业的发展推动研究会的学术进展。并于2007年西安主持筹办了"第十五届中国民居学术会议"。同时，带领研究生跋涉在大西北，对生态脆弱、经济落后的西北乡村进行了广泛的调研，陆续出版了《西北民居》、《陕西古建筑》、《宁夏古建筑》、《西北生态环境与乡土建筑系列丛书》等专著，指导硕士生、博士生以西北人居环境、乡土建筑为选题的学位论文50余篇。以西北地区乡村人居环境、乡土建筑为研究方向申报获准了多项国家级科研课题。多年来，以西北地域文化及乡土建筑研究的积淀，主持了西北地区多项城市设计及乡村规划项目。

1 乡村建设典型项目

青海日月山兔儿干村"新型庄廓院"乡建示范项目，建成时间：2016年4月，地址：青海省西宁市湟源县兔儿干村。

河南省三门峡市陕州区官寨头村下沉式窑洞更新实践，建成时间：2010年9月，地址：河南省三门峡市陕州区官寨头村。

陕南灾后绿色乡村社区建设技术集成与示范项目，建成时间：2011年6月，地址：陕西省汉中市宁强县骆家咀村（2008年"十一五"国家科技支撑计划重点项目子课题）。

西北旱作农业区新农村建设关键技术集成与示范项目，建成时间：2010年12月，地址：陕西省延安市安塞县侯沟门村、梅塔村（2009年"十一五"国家科技支撑计划重大项目子课题）。

青海平安县小峡镇新农村社区规划项目，规划设计完成时间：2013年8月，地址：青海省海东市平安县小峡镇。

青海省传统村落保护与发展规划项目，规划设计完成时间：2018年4月，地址：青海省海东市循化县道帏乡张沙村。

2 科研项目

国家自然科学基金项目：

1998年1月至2000年12月，主持完成了国家自然科学基金面上项目"黄土高原土地零支出型窑居村落的可持续发展研究"（项目编号59778008）。

2005年1月至2007年12月，与南京大学青年教师吴蔚合作完成了国家自然科学基金项目"下沉式窑洞改善天然采光与太阳能利用的一体化研究"（项目编号50508015）。

2007年1月至2009年12月，主持完成了国家自然科学基金面上项目"生态安全视野下的西北绿洲聚落营造体系研究"（项目编号50778143）。该项目对河西走廊、新疆绿洲农业区的生土聚落进行了深入的研究。

不为繁华易匠心

2014年1月至2017年12月，主持完成了国家自然科学基金面上项目"生态安全战略下的青藏高原聚落重构与绿色社区营建研究"（项目编号51378419）。项目从生态安全的视角下对青海省多民族传统聚落的生存智慧进行研究，并对传统的夯土建筑材料进行科学分析提出优化与改良策略，研究成果对青海省美丽乡村建设提供了理论与技术的支撑。

国家科技支撑计划课题：

2008年1月至2011年12月，主持完成了"十一五"国家科技支撑计划重大项目中的课题八："西北旱作农业区新农村建设关键技术集成与示范"课题（项目编号2008BAD96B08）。在该研究课题中，以陕北安塞县梅塔村、侯沟门村为示范基地，将绿色建筑及清洁能源技术融入窑洞村落的整体改建中，为陕北新农村建设做出示范样板。

2008年7月～2011年6月，主持完成了国家科技支撑计划课题"陕南灾后绿色乡村社区建设技术集成与示范"（项目编号2008BAK51B04）。课题研究中完成了地震灾后陕南绿色乡村社区的总体规划、民居设计及建造技术规范的制定，并在灾区建造了示范民居，为当地灾后重建的顺利实施起到了良好的带动作用。

2013年1月～2015年12月，主持完成了"十二五"国家科技支撑计划项目课题："高原生态社区规划与绿色建筑技术集成示范"（项目编号2013BAJ03B03）。该研究编制导则4项、标准3项、规程1项，申请专利7个，创办示范区3个，为青海省生态社区建设提供了理论与技术支持，在当地起到了示范引领作用。

国家星火计划项目：

2011年1月～2012年6月，与陕西省农村科技中心合作承担国家星火计划重大项目"陕西省新农村绿色社区建设技术集成与示范"（项目编号2011GA850001）。该项目对陕西省境内的陕南、关中、陕北不同地域的村落、乡土建筑进行调查研究，编制了农房图集，建立了绿色社区示范点。

2　对灾后新民居进行考察　　　　　　　4　生土砖制作过程
3　王军教授与青年教师在灾区合影　　　5　灾后新民居建设过程

6　图集封面　　　　8　青海民居设计案例

7　青海民居设计案例　　9　青海民居设计案例

省部级课题：

2012年1月，王军教授团队承担了青海省住建厅项目"青海省新农村建设与特色民居设计研究"。该项目的研究成果得到青海省省级领导的好评，项目组完成的"青海省特色民居推荐图集系列"获青海省2013年度优秀工程设计一等奖。团队在青海省的工作得到省住建厅的支持，由该项目引导，王军团队研究地域由黄土高原拓展到青藏高原的乡村人居环境研究，并以青藏高原乡村牧区建设以及生态安全为契机申请国家科研资金的支持。

2014年11月～2015年9月，中华人民共和国住房和城乡建设部研究项目，主持完成了"中国传统窑洞民居建造技术研究"。

其他：

2001年，王军、靳亦冰、李钰等与生土建筑分会合作完成了建设部科研项目"甘肃庆阳窑居生态示范村研究"，并于2002年10月在甘肃庆阳小崆峒风景区建成示范窑洞建筑。

2014年3月至2016年10月，承担完成了高等学校博士学科点专项科研基金（博导类）"生态安全导向下的高原聚落营建策略研究"（项目编号201361201 10007）。

2015年6月，由西安建筑科技大学与青海省建筑建材科学研究院共同组建了青海省重点实验室："青海省高原绿色建筑与生态社区重点实验室"，王军教授担任实验室主任。

不为繁华易匠心

2008年"5.12"汶川大地震后，王军教授带领研究团队及博士研究生奔赴陕南地震灾区进行灾情调研，完成灾后新农村规划及新民居建筑设计方案，建起了抗震安居房。

2011年9月～2012年9月，赴青海玉树进行调研，为青海生态安全与人居环境建设研究奠定基础。

3 主要出版著作及论文发表情况

著作

侯继尧，王军. 中国窑洞[M]. 郑州：河南科技出版社，1999，9.

王军. 西北民居[M]. 北京：中国建筑工业出版社，2009，12.

王军编. 西北生态环境与乡土建筑系列丛书（共5卷）[M]. 上海：同济大学出版社（十二五国家重点出版计划图书）

王军等. 青海省绿色建筑设计标准[M]. 青海省住房和城乡建设厅、青海省质量技术监督局，2015，3.

王军等. 青海省绿色建筑施工图审查要点[G]. 青海省住房和城乡建设厅，2015，10.

王军，燕宁娜，刘伟. 宁夏古建筑[M]. 北京：中国建筑工业出版社，2015，12.

王军，李钰，靳亦冰. 陕西古建筑[M]. 北京：中国建筑工业出版社，2015，12.

发表论文

李钰，王军. "愿同尧舜意，所乐在人和"——任震英先生乡土建筑研究思想解读与启示. 华中建筑，2009（05）.

李钰，王军. 1934～2008：西北乡土建筑研究回顾与展望. 西安建筑科技大学学报（自然科学版），2009（08）.

李钰，王军. 陕北旱作农业区乡村人居环境问题与对策研究. 干旱区资源与环境，2009，11.

岳邦瑞，王军. 黄土高原旱作区新农村建设关键技术分析，人文地理，2010，2.

王军，李晓丽. 青海撒拉族民居的类型、特征及其地域适应性研究，南方建筑，2010，6.

靳亦冰，王军. 陕北旱作农业区传统村落发展模式与民居营建研究. 建筑与文化，2011，8.

燕宁娜，王军. 宁夏旱作农业区新农村建设支撑体系研究. 安徽农业科学，2011，9.

靳亦冰，王军. 城乡一体化进程下西北干旱区生土民居营建研究. 生态经济，2012，2.

王军. 生态安全导向下的青藏高原聚落重构与营建研究. 建筑与文化，2015，3，

靳亦冰，王军. 地震灾后绿色乡村营建策略研究——以陕南汉中骆家嘴村灾后重建为例. 生态经济，2012（03）.

闫杰，王军. 陕南乡土建筑的类型研究. 华中建筑，2012，6.

崔文河，王军，岳邦瑞，李钰. 多民族聚居地区传统民居更新模式研究——以青海河湟地区庄廓民居为例. 建筑学报，2012，11.

崔文河，王军. 游牧与农耕的交汇——青海庄廓民居. 建筑与文化，2014，5.

钱利，王军，段俊如. 生态安全导向下青海小流域与传统村落整体保护策略初探. 中国园林，2018，5.

主要获奖情况

2016年，获中国建筑设计奖·建筑教育奖。

科研

2013年获中国建筑学会突出贡献奖。

主编"青海省民居推荐图集系列"，获2013年度青海省优秀工程设计一等奖。

青海日月山兔儿干村"新型庄廓院"乡建实践，获2016年住房和城乡建设部第二批田园建筑优秀实例二等奖。

河南省三门峡市陕州区官寨头村下沉式窑洞更新实践，获2016年住房和城乡建设部第二批田园建筑优秀实例三等奖。

教学

1992年，获冶金工业部教学改革成果二等奖。

指导《兰州市白塔山庄建筑设计》，获2001年陕西高校优秀毕业设计一等奖。

指导《兰州西固公园度假山庄设计》，获2006年陕西高校优秀毕业设计一等奖。

2009年，获宝钢教育基金优秀教师奖。

2012年，在中国建设教育协会庆祝成立二十周年评优表彰中被评为"优秀教师"。

2012年，被评为陕西省师德先进个人。

2013年，获陕西省优秀博士学位论文导师奖。

指导设计作品《"牧"光城——沐光·暮光·融光》、《日光宝盒》，获2015台达杯国际太阳能建筑设计竞赛优秀指导教师奖。

指导《关中民居方案一》项目，获2016年陕西省建筑专项工程设计二等奖。

指导《陕北地区农村民居方案一》项目，获2016年陕西省建筑专项工程设计二等奖。

论文

2009年，《绿洲建筑学研究基础与构想——生态安全视野下的西北绿洲聚居营造体系研究》获西安市十二届自然科学优秀学术论文二等奖。

2013年，《陕北旱作农业区传统村落发展模式与民居营建研究》获西安市第十四届自然科学优秀学术论文二等奖。

2013年，《青海"河湟民居"的传承与创新营建模式初探》获西安市第十四届自然科学优秀学术论文三等奖。

5 主要代表论文

生态安全战略下的青藏高原聚落重构与营建研究*

摘　要： 生态安全导向下的青藏高原聚落重构与绿色社区营建研究，在当今有其突出的现实意义和科学意义。青藏高原的聚落发展有其特殊性，它的生态复合系统、资源承载力、文化教育以及环境特征决定了必须走新型绿色社区的可持续发展道路。研究针对青藏高原人与资源环境相互关系、聚落的生态系统、聚落转型与重

1 《关中民居方案一》透视效果图
2 《陕北地区农村民居方案一》透视效果图

---

* 国家自然科学基金面上项目"生态安全战略下的青藏高原聚落重构与绿色社区营建研究"（51378419）资助研究

构、传统聚落营建智慧等，进行多学科的深层次研究，对于探索严峻生态环境条件下的高原人居环境可持续发展理论具有突出的科学意义。该研究以高原村镇生态规划的科学方法、民族文化传承、地域民居创新等的研究成果，探索构建青藏高原聚落营建理论框架，试图填补村镇规划理论中青藏高原区域的空白。

关键词： 生态安全　青藏高原　聚落重构　绿色社区　聚落生态系统

一、问题提出

青藏高原是我国重要的生态安全屏障及多元民族文化地区。青藏高原包括西藏、青海、四川、云南、甘肃、新疆6省（区）27个地区179个县，总面积225万km²，总人口1122.4万人。青藏高原拥有欧亚大陆保护最完整的自然生态系统，是我国生物多样性保护的重要地区。青藏高原是长江、黄河、澜沧江、怒江、雅鲁藏布江的发源地，是我国以及下游东南亚和南亚地区数亿百姓和众多生物赖以为生的源泉，是我国重要的生态安全屏障，她的生态状况对人类乃至全球的生态安全都有着深远影响。青藏高原又是藏族与其他民族共同聚居的民族自治地方，有着丰富的多元民族文化，雄伟壮观的高原景观与多彩的人文景观（图1~图3）构成了世界上最重要的旅游资源地。

但近年来青藏高原的人居建设带来许多生态挑战。由于地处高寒缺氧地带，生态环境脆弱，自然灾害频繁，长期以来本地区自我发展能力不强，经济相对落后，区域产业结构不尽合理，城镇建设的现代化进程相对滞后。近年来更是受全球气候变化、人口增长、超载放牧等因素影响，致使青藏高原生态环境趋于恶化，国家生态安全屏障面临严峻挑战。对此党中央、国务院高度重视，先后做出一系列决策部署，使青藏高原生态环境保护取得积极进展。

1

2

3a

3b

不为繁华易匠心

2008 年 8 月 15 日，国务院审议通过《关于支持青海等省藏区经济社会发展的若干意见》（国发[2008]34 号文件）；2011 年 3 月 14 日十一届全国人大会议通过的《中华人民共和国国民经济和社会发展第十二个五年规划纲要》第六篇第二十五章，指出在未来五年里，国家将加强重点生态功能区保护和管理，增强涵养水源、保持水土、防风固沙能力，保护生物多样性，构建包括青藏高原在内的"两屏三带"生态安全战略格局；2011 年 5 月国务院印发了《青藏高原区域生态建设与环境保护规划（2011～2030年）》，这一《规划》是青藏高原区域生态建设与环境保护的纲领性文件，是国家"十二五规划纲要"总体部署的具体化。《规划》制订和实施，将有利于加强青藏高原生态建设与环境保护，对于维护国家生态安全，促进边疆稳定和民族团结，全面建设小康社会，具有重要意义。

为了贯彻党中央、国务院的有关决议，近年来青藏高原各省区相续做出了一系列的重要举措。在推进城乡一体化进程，加快新农村建设的同时，实施了对于国家生态安全具有重大战略意义的"生态移民"、"游牧民定居"工程（图4、图5）。青海玉树地震灾后重建（图6），又带动了各地区的农村"危旧房改造"工程。由此青藏高原各民族千百年来的聚落环境发生了前所未有的重大转型与重构。

然而在这空前规模的聚落转型时期，指导青藏高原农村牧区村镇建设的理论研究严重滞后。从近几年青海省已实施的"生态移民"、"游牧民定居"、"灾后重建"、"旧村改建"等建设项目中可以看出诸多问题：新村建设缺乏

1 藏族帐篷——游牧民族生活景观　　　　　　　a 入口门楼
2 青海东部早期牧民定居点　　　　　　　　　　b 村落内部景观
3 半农半牧生活模式下的青海民居景观　　　　　c 村落内运动场
　a 生土聚落景观
　b 石木碉楼聚落景观　　　　　　　　　　　　5 阿坝甲尔多乡正达村牧民定居点
4 游牧民定居工程案例：若尔盖乡达扎　　　　　　a 定居点及正在附近耕作的村民
　寺镇岭嘎村　　　　　　　　　　　　　　　　　b 夯土碉楼定居点

科学的指导，规划滞后，多为兵营式布局，导致"有新房无新村"；建筑样式杂乱，"新"材料与"旧"的建造方式并存，建筑风格不统一，传统的民族乡土景观消失；村庄布局与定居后牧民生计、养殖设施不匹配；传统的聚落建造优势丢弃，而新建民居保温性能差，缺乏新技术与节能材料的使用等。为保护国家生态安全而推进的大规模新村建设，由于缺乏相应的理论与技术指导，导致了有些地方建设性破坏，土地不合理使用，民族特色消失，国家投资没有发挥最大效益。在这种形势下，从人与资源环境相互关系的高度，探索、研究青藏高原聚落重构的理论，构建以维护国家生态安全为目标的高原绿色社区理论框架，已成为青藏高原迫切的课题与历史的使命。

二、青藏高原聚落重构的理论基础探索

青藏高原聚落重构理论无法借鉴内地经验，青藏高原人居环境建设有其独特的内涵和期盼。青藏高原其自然环境和生态系统在全球占有特殊地位，并且与全球环境变化息息相关。青藏高原是地球科学、生命科学、资源与环境科学研究领域的天然实验室，从20世纪50年代以来，国家对青藏高原资源和环境的调查研究一直极为重视，早期的青藏高原研究以科学考察为主，具有填补空白、积累基本资料的特点。随着科研工作的深入，青藏高原研究逐步发展到围绕中心科学问题开展多学科的综合研究，从基础性研究到结合青藏高原地区建设实践的专题应用研究和区域性的开发整治和建设规划研究[2]。直至目前，国内对于青藏高原人居环境领域的研究主要集中在三个方面：

（1）立足于生态环境保护层面，对青藏高原生态环境变迁及生态安全的研究。如《青藏高原生态变迁》（马生林，2011）；"青藏高原生态环境保护与生态哲学"（师燕、周华坤，2005）；"西藏高原生态安全研究"（钟祥浩，2010）等。

（2）有关青藏高原区域可持续发展研究。如《青藏高原区域可持续发展研究》（刘同德，2010）；《学科发展报告青藏高原研究》（中国青藏高原研究会，2010）；"西藏现代化发展道路的选择问题"（胡鞍钢、温铁军，2001）。

（3）有关城乡建设理论与实践的研究。如，"青藏高原地区城乡协调发展研究"（陈桢，2008）；"青海藏族地区传统聚落更新模式研究"（向达等，2011）；"青海撒拉族民居的类型、特征及其地域适应性研究"（王军，李晓丽2010）；"牧民定居现状分析与发展对策研究"（吐尔逊娜依•热依木，2004）。

国外相关研究：青藏高原研究使人们认识到区域性即全球性这一地球科学基础研究的根本性问题，已经成为科学家探索自然奥秘、不同学科互相渗透、开展综合研究的广阔平台。近二十多年来，国外科学家在围绕地球系统科学的关键学科，开展了青藏高原研究中的地球科学、生态科学各种热点、难点问题的研究，而较少涉及青藏高原的城镇建设研究。由于国情不同，西方国家在100年前就完成了游牧定居，以农场式的牧业生产带动畜牧业的发展，不属于游牧体系，所以关于牧民定居的研究报告极少。国外城市化进程水平较高，城市社区与乡村没有区别，发达国家建设的经验主要依靠技术与资金的支撑，对于多民族又处于极端环境下的青藏高原社区建设还难以借鉴。因此纵观国内外的相关研究，应对生态安全、立足本土对青藏高原人居环境的变迁，聚落重构的基础理论、应用实践进行深入的研究具有明显的创新性与挑战性。

（一）青藏高原聚落生态系统的功能与结构研究

从社会学、环境生态学角度对青藏高原聚落在生产功能、生活功能、生态服务功能这一复合生态系统中的结构性分析，将针对聚落总体规划与产业发展、环境污染、资源承载量、土地、水、能源等关键性问题展开研究，为资源有效利用与生态保护规划提出理论依据。

当今，青藏高原面临的最突出的问题是生态环境退化和农牧民贫困，它放大了生态不安全、社会不稳定的积累效应，这些皆与区域发展方式不合理有关。青藏高原的聚落发展有其特殊性，它的生态复合系统、资源承载力、生物多样性、文化教育以及环境特征决定了必须寻找新的可持续发展道路。纵观这两年青海省某些农村社区规划，仅

是照搬城市居住区或南方发达地区的建设模式，未能深入当地农牧民生活生产实际需求、未能与今后产业结构变化的趋势结合，致使新建村落社区遭到农牧民冷落也难以持续发展，给国家投资造成浪费。

（二）青藏高原传统聚落营建智慧与民族文化传承研究

世世代代生活在高原的各族人民，他们对自然环境的理解与尊重，也充分体现在他们的聚落营建上，他们创造的聚落空间也承载着他们创造的丰富的文化遗产。因此，基于高原传统聚落营造体系研究，考察各民族在应对严峻生境条件下的聚落营建技术与地方材料的应用，提炼出传统聚落的"生存智慧"，并将其优化与提升，充实于生态建筑理论中是当今青藏高原聚落规划中不可缺少的内容。研究总结民族文化优秀传统、宗教信仰（图7～图17）、民居建筑特色，为高原新社区的民族文化传承、特色民居创新提出理论依据，亦是当今高原人居环境中重要课题。

（三）生态移民、牧民定居的生产转型与文化心理变迁的研究

近几年青海省建成不少游牧民定居乡村，有些新村农牧民并不喜欢居住，究其原因是这些农牧民的生产状态并

6 青海玉树灾后重建工程案例：称多县拉布乡   9 庄廊院内景
7 土司庄廊   10 撒拉族篱笆楼
8 夯土庄廊

11 庄廓院内的松木大房

12 松木大房内景

13 夯土碉楼

14 石木混合结构碉楼

15 仍被沿用的传统碉楼营造技术

16 藏传佛教文化背景中寺庙与民居聚落联系密切

17 民居营造深受宗教影响

　　a 民居屋顶上飘扬的经幡

　　b 插在民居房前屋后的经幡

18 传承传统民居地域特征的新建民居

19 传承传统建筑地域特色的市场内景

不为繁华易匠心

未改变，生活习惯与文化心理还难以适应新的居住环境。许多新村规划是按内地居住区模式布局，忽视了居住者在生存方式变迁与文化变迁时对居住环境的内在需求；忽视了传统聚落优势与当地资源条件结合的营建策略。因此，从社会学角度对生态移民、游牧民定居的生产转型与文化心理变迁进行研究，提出生态移民、牧民定居生产结构的改变与后继产业引导下的新型聚落空间模式，从而建立起高原绿色社区的空间重构理论与规划模式。

三、青藏高原聚落更新实践性研究

近年来青藏高原各省区相续做出了一系列的重要举措。在推进城乡一体化进程中，维护高原生态安全的战略决策时，加快了农村牧区的建设。自上而下的建设力度逐年增大，在新建聚落与旧村改造中取得了重大的成果，但是也出现了许多问题。在规划领域反映出我国大部分设计部门没有高原农牧区的规划经验，设计方法无章可循，管理部门对设计成果没有相对完整的评价体系，致使设计质量不高，可操作性不强。"十一五"期间，青海全省4152个行政村中，2312个村庄完成了新农村建设村级规划编制，1800个村庄进行了环境整治。但是规划编制质量和水平不高，在规划内容和深度上无法满足建设需要，规划在实施中难度较大，规划的导引作用没有真正发挥。由于规划执行不力、布局散乱、建设无序，影响了土地的集约利用和农业产业的规模化经营。因此在高原大规模的乡村聚落建设中，实践层面的研究更为迫切。

（一）高原农耕区聚落更新与空间优化的规划设计方法研究

青藏高原在水资源与土地资源双重约束下的高原旱作农业区，其聚落空间的优化与村庄整治规划设计有其自身的特点，对规划设计科学方法的研究，将为当前大规模村庄规划、旧村改造提供决策性指导，为示范村建设提供可操作性的指导原则。

（二）高原新型绿色社区规划及评价体系研究

为实施生态安全战略而进行的生态移民、牧民定居的新型绿色社区规划设计研究。包括地域资源约束与生产转型后的宅基地指标体系研究、生产方式多元化的聚落空间构成研究、宗教信仰文化空间研究、民族建筑文化传承研究（图18、图19）、绿色社区评价体系研究等，为高原新建绿色社区提供规划设计理论与科学方法。

（三）适宜高原地域环境的绿色建筑技术创新研发

从能源与材料入手研究高原适宜性绿色技术。针对资源短缺而太阳能丰富的特点，研究高寒地区民居太阳能建筑一体化设计，综合太阳能、风能、生物质能，改变农村牧区能源结构。对当地传统建筑的生土材料、石材进行现代技术的提升与改良，开发新型的木材替代品——"木塑材料"、保温材料等多种技术综合研究，结合示范村建设，进行高原绿色社区营建技术集成与示范研究。

（四）自下而上的村民组织参与性的引导与扶持

这几年高原新农村建设，绝大多数是由政府部门自上而下的推动与实施。县一级政府出资将村落规划委托给有专业资质的设计单位完成。这些设计单位大多是内地或本省设计院，与当地村民联系较少，更多的是依据国家法规、专业规范及地方领导意图完成规划编制。从已建成的游牧民新村和旧村改造中出现的问题可以看出，在规划初期就应充分调动村民的公共参与的热情，充分理解他们的诉求与期盼，将规划做到科学化、人性化。当前积极引导与扶持村民的参与性、创新性是高原新型社区建设中的重点与难点。

四、结语

　　总之，站在国家生态安全战略格局的层面上，对青藏高原农村牧区建设中面临的问题进行深层次的理论研究，同时注重高原聚落规划设计中科学方法的研究。以环境生态学、人居环境科学为理论指导，针对高原人居环境的突出矛盾——生态环境的退化与农牧民生活的贫困、国家生态安全面临威胁，以寻找可持续发展的高原绿色社区建设模式为目的的多学科研究，是当今地域建筑理论的重要课题，是需要众多有志之士为之奋斗的历史使命。

　　【图片来源】：图1～图3、图5～图20：王军摄；图4：课题组改绘。

【参考文献】

[1] 青海省住房和城乡建设厅村镇处. 关于报送全省新农村建设村庄环境整治长效管理机制建设情况的调研报告 [R]. 青海省住房和城乡建设厅文件（公开），2010：2-8.

[2] 中国青藏高原研究会. 学科发展报告青藏高原研究 [M]. 北京：中国科学技术出版社，2010：3-13.

[3] 师守祥等，民族区域非传统的现代化之路：青藏高原地区经济发展模式与产业选择[M]. 北京：经济管理出版社，2006，3：1-2.

[4] 胡鞍钢，温军. 西藏现代化发展道路的选择问题[J]. 中国藏学，2001（1）：1-4.

[5] 陈桢. 青藏高原地区城乡协调发展研究 [J]. 成都. 西南民族大学学报2008（8）：24-27.

[6] 吐尔逊娜依·热依木. 牧民定居现状分析与发展对策研究[D]. 新疆农业大学博士学位论文，2004，3.

6 主要工程项目

项目名称：青海日月山兔儿干村"新型庄廓院"乡建实践

项目负责人： 王军、冯坚、商选平

建设时间： 2014年10月～2016年4月

设计理念： 兔儿干村"新型庄廓院"房屋呈内向型空间，坐北朝南，坚持节地原则，建于坡地；色彩为土黄色，屋顶为平屋顶，（庭院轻钢加阳光板），室内外装饰延续传统河湟庄院特征。承重结构为钢架结合夯土墙的"土钢"结构，外墙为夯土墙，内隔墙采用新型生土砖砌筑。

集成绿色建筑技术8项： 土钢结构、现代夯土、新型生土砖、屋面镁质复合材料保温、碳纤维地暖、太阳能热炕、被动式阳光庭院、生态木庭院。

不为繁华易匠心

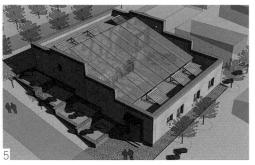

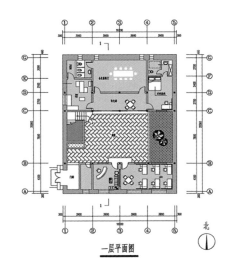

1　兔儿干村"新型庄廊院"实景
2　青海传统庄廊聚落
3　青海传统庄廊民居
4　青海传统庄廊民居修建过程

5　兔儿干村"新型庄廊院"鸟瞰图
6　绿色建筑工作原理图
7　兔儿村"建筑"平面图

一层平面图

北

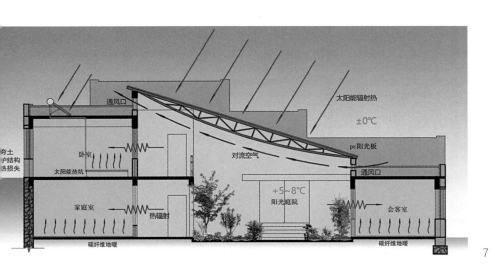

二层平面图

8 兔儿干村"新型庄廓院"建造过程
9 兔儿干村"新型庄廓院"院子内景
10 村民参观学习
11 兔儿干村"新型庄廓院"室内
12 外地专家参观考察

不为繁华易匠心

项目名称：河南省三门峡市陕州区官寨头村下沉式窑洞更新实践

项目负责人：王军、靳亦冰

建设时间：2009年5月~2010年9月

设计理念：院子尺寸13米×16米，院内窑洞共12孔，有主窑、客窑、厨窑、储藏窑等，在窑洞后部设置独立卫生间，窑腿中间的空间可以用于储藏。改造采用砖砌拱券结构替代传统窑洞黄土拱券结构体系，可以改善传统窑洞受当地黄土自身特性的局限致使开间尺寸较小，影响室内采光、通风等室内居住环境。并且在窑洞后部增加一个竖向通风井，通过下沉式窑洞窑顶与地平的高差产生的空气循环，创造一个立体通风环境系统，能更好地解决传统窑居存在的通风、防潮的问题。

1 官寨头村新建下沉式窑洞实景
2 官寨头村传统靠山式窑洞
3 官寨头村传统下沉式窑洞
4 官寨头村传统独立式窑洞

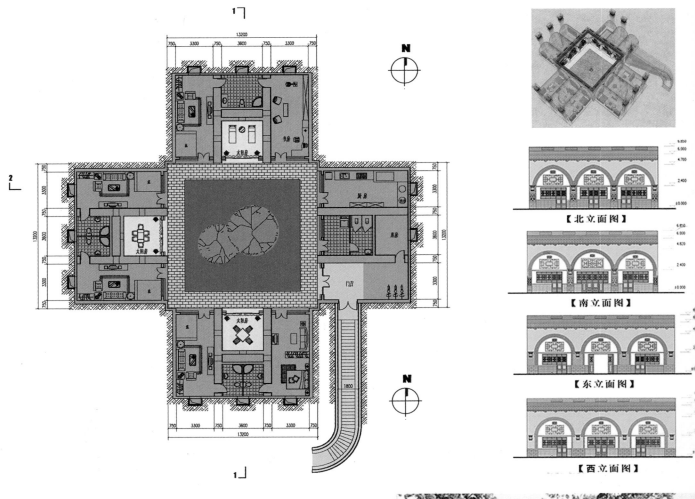

【北立面图】

【南立面图】

【东立面图】

【西立面图】

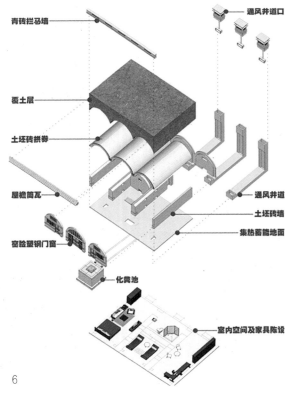

青砖拦马墙

通风井道口

覆土层

土坯砖拱券

屋檐筒瓦

窑脸塑钢门窗

化粪池

通风井道

土坯砖墙

集热蓄能地面

室内空间及家具陈设

5 官寨头新建下沉
  式窑洞平面图
6 结构分解透视图
7 院内实景
8 下沉式窑洞鸟瞰
9 室内实景
10 窑腿装饰
11 官寨头村下沉式
  窑洞建造过程
12 新建下沉式窑洞
  建成后法国记者
  采访取景

6

7

不为繁华易匠心

戴志坚

　　教授、博士生导师；住建部中国传统村落保护发展专家委员会副主任委员；中国民族建筑研究会民居专业委员会副主任委员；中国建筑学会生土建筑分会副理事长；福建省土木建筑学会建筑师分会副会长；福建省、福州市、厦门市文物保护专家组成员；中国民居建筑大师。

主要出版著作及论文发表情况

著作

戴志坚. 闽海民系民居建筑与文化研究. 北京：中国建筑工业出版社，2003，5.

戴志坚. 闽台民居建筑的渊源与形态. 福州：福建人民出版社，2003，9.

戴志坚. 中国廊桥. 福州：福建人民出版社，2005，6.

戴志坚. 中国传统建筑装饰构成，福州：福建科学技术出版社，2008，1.

戴志坚，李华珍，潘莹. 中国民族建筑概览–华东卷. 北京：中国电力出版社，2008，5.

戴志坚. 佛塔之国——缅甸. 北京：中国电力出版社，2009，1.

戴志坚. 福建民居. 北京：中国建筑工业出版社，2009，10.

戴志坚. 传统建筑装饰解读. 福州：福建科学技术出版社，2011，2.

戴志坚. 闽台民居建筑的渊源与形态. 北京：人民出版社，2013，9.

戴志坚，陈琦. 福建土堡. 北京：中国建筑工业出版社，2014，3.

《中国古建筑丛书》（35卷本）总主编，北京：中国建筑工业出版社，2015.

戴志坚，陈琦. 福建古建筑. 北京：中国建筑工业出版社，2015，12.

戴志坚，王绍森等. 中国传统建筑解析与传承—福建卷. 北京：中国建筑工业出版社，2017，10.

李晓茜，戴志坚，邱永华. 筑苑：福建客家楼阁. 北京：中国建材工业出版社，2018，5.

戴志坚、李玉祥. 中华古村落——福建卷. 南京：江苏凤凰教育出版社，2018，10.

论文

1988年以来发表与民居研究有关的学术论文50余篇，主要论文如下（资料遗失，统计不全）：

戴志坚. 闽南、闽西南民居采风//福建建筑，1988.3–4.

戴志坚. 闽南生土建筑的调查与思考//福建建筑，1990.3–4.

戴志坚. 福建泉州民居（中国传统民居与文化——第一届中国民居学术会议论文集）. 北京：中国建筑工业出版社，1988.

戴志坚. 福建诏安客家民居与文化（中国传统民居与文化——第二届中国民居学术会议论文集）. 北京：中国建筑工业出版社，1990.

戴志坚. 传统与继承——仙游生土民居（中国传统民居与文化——第三届中国民居学术会议论文集），北京：中国建筑工业出版社，1991.

戴志坚. 南平建筑文化概观（中国传统民居与文化——第四届中国民居学术会议论文集）. 北京：中国建筑工业出版社，1992.

戴志坚. 南靖田螺坑建筑特色初探（中国传统民居与文化——第五届中国民居学术会议论文集），1994.

戴志坚. 福建传统民居的地方特色与形成文脉（民居史论与文化——中国传统民居国际学术研讨会论文集），1995.

戴志坚. 福建客家土楼形态探索//华中建筑，1996（4）.

戴志坚. 让历史少些遗憾//建筑师，第82期，1998.

戴志坚. 福建古堡民居略识//华中建筑，1999（4）.

戴志坚. 地域文化与福建民居分类法//新建筑，2000（2）.

戴志坚. 闽海系（民系）的形成原因与地域文化//华中建筑，2001（1）.

戴志坚. 闽海民系民居研究的进程与展望//重庆建筑大学学报，2001（2）.

戴志坚. 博士文摘：闽海系民居建筑与文化研究//新建筑，2001（2）.

戴志坚. 福建传统民居的分类探析//小城镇建筑，2001（4）.

戴志坚. 培田古民居建筑文化与特色//重庆建筑大学学报，2001（4）.

戴志坚. 闽海系民居建筑与文化研究//新建筑，2001（4）.

戴志坚. 闽台建筑文化渊源初探//福建建筑高等专科学校学报，2001（4）.

戴志坚. 闽台关系的建筑文化考察//昆明理工大学学报，2002（4）.

戴志坚. 福建传统民居的营建技术//海峡两岸传统民居（青年）营造技术研讨会论文集，2002.

戴志坚. 福建闽中民居//古建园林技术，2004（4）.

戴志坚. 福建廊桥系列//福建画报，2005. 1–12期（连载）.

戴志坚. 闽台传统建筑文化的特征//建筑师，2007.1（总125）.

戴志坚. 福建畲族民居//福建民族，2007（5）.

戴志坚. 曾茜. 闽中土堡的建筑特色探源//中国名城，2009（11）.

戴志坚等. 福建土堡的现在与未来//新建筑，2011（5）.

戴志坚. 闽文化以及对福建传统民居的影响//南方建筑，2011（6）.

戴志坚，吴鲁薇. 武夷下梅聚落空间的形成与传统民居//中国名城，2011（10）.

戴志坚. 福建土堡与福建土楼建筑形态之辩异//中国名城，2012（6）.

戴志坚. 福建廊桥的形态与文化研究//南方建筑，2012（6）.

戴志坚. 福建古村落保护的困惑与思考//南方建筑，2014（4）.

2 从事村镇建筑保护与规划

（一）承担福建省建设厅课题项目（2005-2010年）

中国（福建）历史文化名镇（村）保护规划研究，已结题。

1. 永安市贡川镇；

2. 宁化县石壁镇；

3. 清流县赖坊乡赖坊村；

4. 尤溪县洋中镇桂峰村；

5. 三明市三元区岩前镇忠山村；

6. 永春县岵山镇；

7. 安溪县湖头镇；

8. 泉州市泉港区后龙镇土坑村；

9. 南靖县梅林镇；

10. 平和县九峰镇；

11. 南靖县书洋镇塔下村；

12. 南靖县书洋镇河坑村；

13. 南靖县书洋镇石桥村；

14. 南靖县书洋镇下板寮村田螺坑自然村；

15. 龙海市东园镇埭尾村；

16. 南平市延平区峡阳镇；

17. 顺昌县元坑镇；

18. 武夷山市武夷街道下梅村；

19. 武夷山市兴田镇城村；

20. 南平市延平区南山镇大凤村；

21. 光泽县崇仁镇崇仁村；

22. 漳平市双洋镇；

23. 长汀县三洲镇三洲村；

24. 武平县中山镇；

25. 连城县庙前镇芷溪村；

26. 长汀县南山镇中复村；

27. 宁德市蕉城区霍童镇；

28. 屏南县双溪镇；

29. 福安市溪潭镇廉村；

30. 福安市社口镇坦洋村；

31. 福安市晓阳镇晓阳村；

32. 福安市溪柄镇楼下村；

33. 福鼎市管阳镇西昆村；

34. 屏南县棠口乡漈头村；

35. 霞浦县溪南镇半月里村；

36. 寿宁县犀溪乡西浦村；

37. 莆田市莆田北岸山亭乡港里村；

38. 莆田市涵江区白塘镇洋尾村；

39. 云霄县火田镇。

（二）中国（福建）传统村落保护与发展规划

1. 漳州市芗城区天宝镇洪坑村；

2. 永春县岵山镇铺下村；

3. 永春县岵山镇铺上村；

4. 永春县岵山镇塘溪村；

5. 云霄县火田镇菜埔堡村；

6. 云霄县火田镇溪口村；

7. 云霄县火田镇西林村；

8. 福安市溪柄镇楼下村；

9. 泉州市泉港区涂岭镇樟脚村；

10. 龙岩市新罗区白沙镇官洋村；

11. 龙岩市新罗区白沙镇营边村；

12. 龙岩市新罗区白沙镇南卓村；

13. 大田县吴山镇张坑村；

14. 大田县梅山乡香坪村；

15. 宁德市蕉城区霍童镇外表村；

16. 东山县西埔镇东古村。

（三）历史文化街区保护与古建筑设计

1. 永安市桃源洞风景名胜区建筑风格研究及大门设计
（2008年）；

2. 宁德市寿宁县犀溪镇犀溪村缪氏宗祠维修设计（2009年）；

3. 龙岩市地方建筑风格研究（2010年）；

4. 三明市宁化县地方建筑风格研究（2011年）；

5. 武夷山市入城大道地方建筑风格研究与设计（2011年）；

6. 漳州市芗城区革命历史博物馆设计（2012年）；

7. 龙岩市长汀县汀江两岸景观风貌设计（2013年）；

8. 宁德市蕉城区霍童古镇历史文化街区保护与改造
（2013-2014年）；

9. 永春县岵山镇岵山老街立面整治改造（2013-2014年）；

10. 永春县入城大道1.4公里民居立面整治改造（2015年）；

11. 屏南县双溪古镇中山路保护与改造（2015-2016年）；

12. 屏南县双溪古镇东街保护与改造（2015-2016年）；

13. 永春县蓬壶镇三角街历史文化街区保护与改造（2015年）；

14. 永春县五里街镇五里街历史文化街区保护与改造
（2015-2017年）；

15. 泉州泉港区涂岭镇涂岭街保护与整治（2016年）。

不为繁华易匠心

我与中国民居研究会30年

起步

参加中国民居研究会活动应该是从我认识陆元鼎、魏彦钧两位恩师开始的。这真是机缘巧合，让我陪伴中国民居研究会一路走到了今天。

那是1987年的春天，当时我是福建建筑工程专科学校的教师，在广州读本科（二年制专升本）。听我校人事部门说，今后评定中级职称除了本科文凭外，还需要有两门研究生课程的成绩，就想趁着在广州读书的机会一并完成。于是我托带我做毕业设计的导师华南工学院制图教研室徐敦源教授帮忙联系，徐教授热心地帮我联系了陆元鼎教授。当时我主要听陆教授讲授的两门研究生课程，其中一门是"亚热带地区建筑特色与经验"，现在想起来就是"地域建筑文化"的内容吧。记得当时在读的研究生很少，加上我才7个人，上课地点就在陆教授家的客厅里。虽然在家授课，陆老师也是一丝不苟、认真对待，穿戴着整整齐齐，头发梳得亮亮的（当时陆老师头发还是黑色而且浓密），还早早地烧了开水泡上了茶等候我们。虽然老师讲的内容是广东地方建筑做法与传统经验，对我这个毗邻粤东潮汕地区的闽南漳州人来说也是大受启发，大有收获。听完课之后要写论文时，陆老师对我说福建客家土楼很精彩，你就回家乡调查福建客家土楼吧？说实在的，当时我对福建土楼并没有了解多少，这次调查应该是我与土楼的第一次近距离接触，也是我在民居研究道路上迈出的第一步。当时福建交通不比现在，很不方便，客家土楼所在地的龙岩地区永定县更是闭塞难行。于是我到了龙岩找原来读中专时的同学帮忙，我同学的单位是福建省第三建筑公司，在永定有基建工地。我就坐着他们公司运输沙石材料的大卡车到了乡下，晚上寄宿在公司的工棚里，白天借了一部自行车到附近土楼村落做调查。一周左右的调查时间虽然短暂，却使我眼界大开，收获满满，回来抓紧整理资料、画测绘图完成了福建土楼的调查报告。陆老师对我的作业很满意，鼓励我投到建筑刊物上发表。那年暑假我回到福州后，大着胆子找到福建省土木学会秘书长、《福建建筑》编辑部主编袁肇义先生送上稿件。不料袁先生翻了翻稿件后说：一是稿件不规范。投稿必须用400字的稿纸书写，插图要画在硫酸纸上剪贴上去。而你提供的是复印件；二是稿件内容只是调查报告，深度不够，不予采用。听完以后我落荒而逃，连稿件也忘了拿回来。

转眼到1988年夏天，有一个学生告诉我的文章《闽南、闽西南民居采风》发表在《福建建筑》（1988年1、2期合刊）刊物上，我怎么也不相信，编辑部不是已经把稿件枪毙了，怎么可能又发表了？第二天学生把刊物带来给我看，确实登的就是这篇文章。9月份我回福州后又去了《福建建筑》编辑部，这回主编袁肇义先生对我很客气，不仅主动送我两本刊物（当时投稿时作者没有稿费，也不收制版费，只给两本杂志），还说他对这类稿件非常感兴趣，希望我有机会多写多投稿，《福建建筑》一定会留出版面给我刊登。我大受鼓舞。从那以后我一到假期就挎着相机，带着笔记本到福建各地调查研究民居。我和袁肇义先生也成了忘年交，那几年借袁先生的赏识和帮助，我在《福建建筑》上发表了不少文章，袁先生还介绍我参加省内外的各种会议和活动，拓宽了我在福建民居理论研究上的发展道路。

1987年的暑假，陆元鼎、魏彦钧教授专程来福建调研传统民居，我从福州、泉州、漳州、龙岩一路相随，历时半个多月。一路上参观考察了许多民居和土楼，收集了资料、开阔了眼界、增长了知识，也学到了不少为人处世的方法，真是受益匪浅。回想今天的我能走上民居研究的道路并坚持了下来，与几位恩师的教诲和点拨是分不开的图1~图4。

1988年冬天，陆元鼎先生、朱良文先生等前辈拟在广州筹办"中国民居研究会"并召开"中国民居第一届学术会议"。陆先生亲自打电话要我参加。当时我还问助教可以参加吗？陆先生肯定地说可以，但必须要有文章。我当时刚刚得到了《福建建筑》袁先生的肯定，初写文章已经尝到了甜头，就积极准备。1988年11月8~14日在广州华南理工大学召开的第一届中国民居学术会议，我携《福建泉州民居》参会并宣读了论文。记得国内知名专家有华南理工大学陆元鼎，云南工业大学朱良文，东南大学郭湖生，中国文物学会园林研究会曾永年，天津大学黄为隽、魏挹澧，台湾的王振华，香港的龙炳颐等人。参会代表有50多人，分别从民居类型、村镇环境、居住形态、民居设计思想方法、民居与气候、民居装饰与装修等方面对传统民居研究方法进行探讨。除了大会发言与小组讨论外，还参观了广州陈家祠堂、粤中台山、开平一带的侨乡民居与村落。这是我首次参加全国性的学术会议，从看（论文）、听（介绍）、说（交流）、走（村落）等环节，加深了自己对传统民居理论研究的兴趣，知道了如何提高自己民居理论研究水平，比我后面参加的更多、更高级的大型会议以及国际会议的收获还要多得多。

接下来几十年当中我几乎参加了90%的中国民居研究会举办的各类会议，如在云南昆明（第二届）、广西桂林（第三届）、江西景德镇（第四届）、四川重庆（第五届）、新疆乌鲁木齐（第六届）举办的中国民居学术会议，还有在湖南湘西、贵州贵阳、青海西宁、湖北武汉、陕西西安、河南郑州、山东济南、澳门、台湾等地举办的中国民居学术会议和各类与民居理论研究有关（生土建筑、祠堂、廊桥、古村落等）的研讨会。在与同行们学习、交流、讨论的过程中，我开阔了眼界、提高了学术水平、广交了各界朋友，真是受益非浅。我有今天的成就真的要归功于中国民居研究会，因为她伴随着我一起成长（图5~图9）。

2002年海峡两岸传统民居学术研讨会合影 2002.8.5西部昆仑摄影

中国建筑学会生土建筑分会第五届
代表大会暨2000年学术年会全体代表合影 2000年9月5日.兰州

1 陪同陆元鼎、魏彦钧教授考察华安二宜楼
2 陪陆元鼎、魏彦钧、朱良文、徐裕建、陈震东、陆琦等教授考察福建大田安良堡
3 陪陆元鼎、魏彦钧、朱良文、李先逵、黄为隽、陈震东、唐孝祥等教授考察山东荣成七星山庄（海草房屋顶）
4 早期中国建筑工业出版社为民居研究会出版的民居论文集都收有我的文章
5 参加新疆乌鲁木齐2002年海峡两岸传统民居学术研讨会时合影（后排左4）
6 参加甘肃兰州2002年中国建筑学会生土建筑分会第五届代表大会时合影（后排左7）

7 参加浙江杭州泰顺第一届中国廊桥学术研讨会合影
  （二排第6）

8 参加浙江永康2010年全国传统宗祠建筑文化研讨会
  时合影（前排左4）

9 2004年8月担任中国民族建筑研究会民居专业委员
  会副主任委员时合影（后排右2）

不为繁华易匠心

探路

在中国民居理论研究的道路上，并非一路顺风顺水，磕磕碰碰在所难免。在老师和前辈们的关心、鼓励下，我有惊无险地逐步摸索出经验来了。

最早我是以调查报告的形式写论文的，写了几篇后自己就不满意了，开始寻找突破点。感觉自己的文章就事论事缺乏理论支撑，学术水平不够，究其原因就是书看不够，路走不多，古人"读万卷书、行万里路"这句话就拿来身体力行吧。回顾走过的路程大致分为三个阶段，每个阶段有十年左右。

第一个十年（1989～1999年）为调查研究阶段。因为参加了中国民居研究会开会需要递交论文，《福建建筑》编辑部又为我开辟了刊登的空间，而这期间我又考上了华南理工大学建筑历史与理论专业的研究生，压力和信心同在。可以说除了本职教学和行政工作之外，这期间我大部分时间都投在传统民居的调查研究上：一是"学"，中国民居研究会组织的学术活动和考察，我几乎场场不落，从中吸取营养提高自己的理论水平；二是"走"，利用出差开会学习和带领学生实习实践的机会，开展福建和全国民居调查和资料收集工作，足迹遍布全省全国，积累了不少调研资料。

第二个十年（2000～2009年）为巩固提高阶段。2000年我研究生毕业，取得了华南理工大学建筑历史与理论的博士学位。这期间主要做了几件事：第一，"理"。整理以前调研中的积累成果，形成学术观点，撰写论文和专著。第二，"扩"。最早调查的面比较窄，只限于传统民居，后来发现福建传统建筑类型众多，不仅仅有土楼，有大厝、廊桥、土堡、寺观、楼阁和古村落同样漂亮，同样精彩。于是逐渐扩大了调查的范围和力度，这才有后来我的《福建民居》、《中国廊桥》、《福建土堡》、《福建古建筑》等书籍的出版。第三，"做"。结合福建省住建厅村镇处给我的《福建省历史文化名村（镇）保护研究与规划》课题开展工作，利用高校教师的优势，动员了厦门大学、福州大学、华侨大学、福建工程学院的学生们进行拉网式的调研工作，积累了较多的第一手资料，奠定了我的福建民居（古村落）研究体系的基础（图10～图12）。

第三个十年（2010年至今）为成果展示阶段。主要做了三件事：

一是出书立著。通过思考、梳理和总结，把自己30年民居研究的成果用著作的形式展现给社会。记得我的好朋友福建宁德市建筑设计研究院缪小龙院长对我说过："300年以后，你某某人曾经当过什么官，赚了多少钱似乎没有人记得了，唯一记得你的是你在这世界上留下了什么白纸黑字的东西？"。我颇为赞同。当然我不敢自诩说自己的学术水平有多高，是传世之著作。但是我是踏踏实实的在前辈们指引下走了过来，整理出版后可以给今后学人研究留个资料，让后辈们踩在我的肩膀上继续攀登。

二是协助中国建筑工业出版社组织编写了《中国古建筑》丛书（35卷本）（图13）。这套书的出版源于我最初设想编写《福建建筑史》的冲动，与中国建筑工业出版社李东禧主任商量后，他认为编史难度大，不如编写《福建古建筑》容易一点。同时可以进一步扩大，召集全国学术界精英编写《中国古建筑》丛书，内容更全，影响更大。因此，就决定以陆琦和我为总主编，罗哲文、张锦秋、傅熹年、单霁翔、郑时龄为总顾问，各分卷主编为委员、各省资深专家为分卷顾问的编委会，轰轰烈烈地干起来了。这当中也是费尽周折，历时六年终成正果。该丛书出版后大受欢迎，还得了出版界的大奖《中国图书奖》。

三是作为住建部中国传统村落保护与发展专家委员会的副主任委员，配合国家住建部、福建省住建厅、福建省文物局、中国民间艺术家协会等单位，进行中国传统村落的调查、评比、监督、建档等工作，为推动中国传统村落和古建筑保护做出了自己应有的贡献。

10

11

12

10 与美国那仲良教授在浙江庆元考察木拱廊桥
11 陪同台湾大学城乡研究所夏铸九教授考察大
　　田土堡
12 与上海交通大学刘杰教授、屏南县政协周芬
　　芳主席在庆元
13 2015年中国建筑工业出版社出版的《中国古
　　建筑》丛书

13

收获

回顾自己参与中国民居学术活动30年，感慨良多，收获也不少。总结起来有三点：

一是建立了福建民居研究体系。开始起步在做福建民居的调查时，我手头上唯一的一本写福建民居的书是天津大学高鉁明等人编写的《福建民居》（中国建筑工业出版社1987年版）。当时我对它几乎是奉为经典，家中案头、出差途中或者民居调查时都离不开它，它确实在我做福建民居研究起步时起了相当大的作用。但进一步深入研究福建民居时觉得不够用了。个人认为主要有两个方面的不足：一是对福建民居调查资料不全。由于20世纪80年代福建的交通条件极差，调查的教授们找到了原福建军区的大领导借了一部吉普车，在省内有限的公路沿线上跑了两个多月，做了测绘与记录，其中作者之一的陈瑜教授手头功夫很好，画了许多速写与线描图，才成就了这本书。但是仍有许多深宅大院或古村落因为交通或时间原因没能调查记录下来，不能说不是一个遗憾。二是对福建民居的分类不够确切。书中是按学术界常用的建筑学角度，即从建筑的平面布局、空间特点、结构体系、外部造型、装饰特征来划分，这种研究取向在中国其他省份民居研究中也许是适合的，但对福建这种交通闭塞、语言多样、文化多元、工匠体系复杂的省份不免流于简单，有一定的局限性。因为中国传统村落是在中国传统文化大的历史背景下形成的，受特定的历史、文化、民系、宗教、礼俗、风水等影响至深，如果不从文化和社会的角度来研究就很难得出正确的结论。因此，我就尝试从人类文化学的角度即以中国东南民系的形成来诠释福建民居，从语言—民系—民居类型的演变过程来研究福建及其周边地区民居类型，提出了"闽海系"、"客家系"并存的这一学术观念。从"闽海系"的研究范围出发，再细分为"闽南支系"、"莆仙支系"、"闽东支系"、"闽北支系"、"闽中支系"。针对福建的方言复杂、文化多元、工匠体系各成流派的特点，形成了自己独特的研究体系。并在2000年完成的博士论文《闽海民系民居建筑与文化研究》、中国建筑工业出版社2009年版的《福建民居》、中国建筑工业出版社2017版的《中国传统建筑解析与传承—福建卷》的写作中，不断加强和完善这一理论体系。

二是找到了中国民居研究方法。我在进行传统民居的调研时，随着调查的深入，资料的积累，慢慢就摸索出门道，也就是采用了"比较法"，即在占有大量调查资料的基础上，采用比较、鉴别、排它的方法来研究中国（福建）民居。比如从大的方面来说，中国南北存在着地理、气候、环境与建筑材料的差别，民居形式比较容易区分清楚。而同是南方，地理、气候、环境的差别不大甚至相同，为什么也不一样呢？这就要从历史、文化、语言、民俗乃至工匠体系来区分了。以福建六大区域最大的闽南区为例，就有泉州片和漳州片之分。泉州、漳州从唐代建州以来都是当地政治、军事、经济中心，围绕着中心进行建筑的选址、布局乃至材料、色彩运用都是顺理成章的。但同是漳州管辖的诏安、东山、云霄三县的建筑形式与色彩却与漳州其他地方产生较大的变化而截然不同。这就必须从

语言、工匠形式去比较而找出原因了。从地理上来说诏安、东山、云霄三县与广东的潮汕地区接近，两地的人员交流、经济来往密切，语言、文化、风俗基本相同，在民居建筑的形式、布局、材料、装饰、色彩乃至工匠体系上早就融为一体。所以，这三县的建筑形式逐渐脱离漳州建筑体系而与潮汕建筑相近是有其必然的道理。反思我们现在有些地方，以行政区域来简单化区分民居类型的方式就觉得可笑了。

三是培养了福建传统民居研究队伍。我本人是大学老师，在福建境内的厦门大学、华侨大学、福州大学、福建工程学院等高校均有授课和兼任研究生导师。我就利用研究中国传统民居和福建古村落的理论优势，带领学生们进行古民居和传统村落的测绘、调查、资料收集等工作。学生们和我一起深入传统村落现场，取到了第一手的资料，在保护古村落和民居建筑的同时，写出了科技文章，通过了学术论文答辩。这20年中我带的研究生中有90％以上的学生是以传统民居或古村落做为毕业论文题材，许多学生毕业后从事的工作也与传统民居、古建筑或古村落保护有关。我在各高校开设的《中国民居》、《中国园林》、《闽台传统建筑文化》、《地域建筑文化》等课程和相关讲座，甚至也影响到其他学科如中国文学、社会学、美术学、考古学等专业研究生们的审美与价值取向，引领和促进他们投入到中国传统文化保护和传承的时代洪流中。这几年随着国家对中国传统文化和传统村落保护力度的加大，越来越发挥出其重要的作用。（图14～图34）

14

15

16

17

18

14 和研究生们一起考察金门民居
15 编制中国（福建）历史文化名镇保护
   规划文本
16 编制中国（福建）历史文化名村保护
   规划文本
17 编制福建历史文化名城保护规划文本
18 编制地方建筑风格研究文本
19 编制古建筑、古村落测绘文本
20 永安市桃源洞国家风景名胜区入口大
   门设计

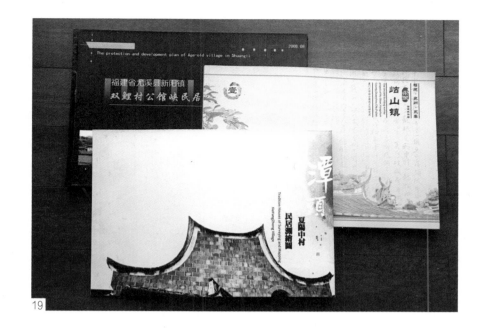

19

福州正心禅寺规划设计方案

不为繁华易匠心

24

25

26

不为繁华易匠心

27

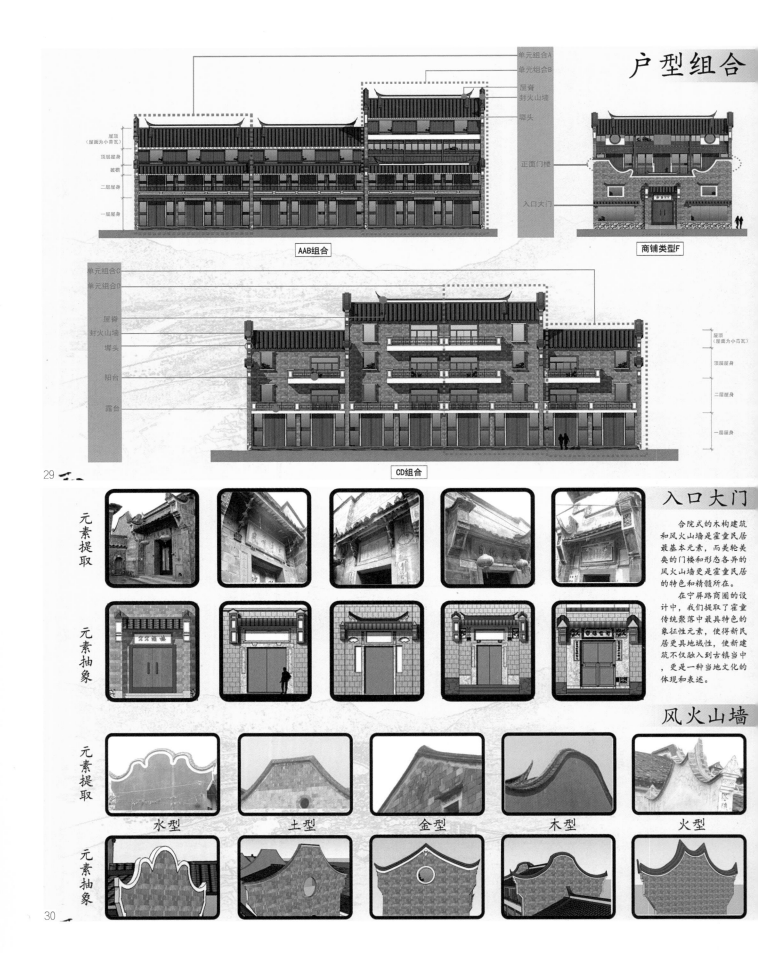

单元组合A
单元组合B
屋脊
封火山墙
墀头

正面门楼

入口大门

屋顶（屋面为小青瓦）
顶层屋身
披檐
二层屋身
一层屋身

AAB组合

商铺类型F

单元组合C
单元组合D

屋脊
封火山墙
墀头
阳台
露台

屋顶（屋面为小青瓦）
顶层屋身
二层屋身
一层屋身

CD组合

29

入口大门

元素提取

元素抽象

合院式的木构建筑和风火山墙是霍童民居最基本元素，而美轮美奂的门楼和形态各异的风火山墙更是霍童民居的特色和精髓所在。

在宁屏路商圈的设计中，我们提取了霍童传统聚落中最具特色的象征性元素，使得新民居更具地域性，使新建筑不仅融入到古镇当中，更是一种当地文化的体现和表述。

风火山墙

元素提取

水型　　土型　　金型　　木型　　火型

元素抽象

32

34

陆　琦

华南理工大学建筑学院教授，风景园林系主任，博士研究生导师；教授级高级建筑师；国家一级注册建筑师；华南理工大学民居建筑研究所所长，岭南乡村建设研究中心主任；中国民居建筑大师。

1982年重庆建筑工程学院建筑学专业本科毕业，入职广东省建筑设计研究院，先后获建筑师、高级建筑师职称，国家一级注册建筑师，2002年获教授级高级建筑师职称，曾任院副总建筑师。2002年华南理工大学博士研究生毕业，获建筑历史与理论博士学位。2004年3月至今，华南理工大学建筑学院任教，教授，博士生导师。

国家住房和城乡建设部传统民居保护专家委员会主任委员；中国民族建筑研究会副会长兼民居建筑专业委员会主任委员；中国建筑学会建筑史学分会民居专业学术委员会委员；中国文物学会传统建筑园林研究会传统民居学术委员会委员；中国建筑学会岭南建筑学术委员会委员；中国圆明园学会学术专业委员会委员；广东省环境艺术设计行业协会常务理事；广东省土木建筑学会建筑创作学术委员会副秘书长。

1 主要出版著作及论文发表情况

专著

《中国民居建筑丛书——广东民居》、《广府民居》、《中国民居建筑（上中下）》（参与）、《中国民居建筑艺术》、《中国建筑艺术全集21．宅第建筑（二）．（南方汉族）》、《中国民居装饰装修艺术》、《广东古建筑》、《海南 香港 澳门 古建筑》（主编）、《岭南园林艺术》、《岭南私家园林》、《岭南造园与审美》等。

发表论文

《中国传统民居的装饰艺术与借鉴》、《传统民居装饰的文化内涵》、《西藏泽当民宅》、《湘西古镇王村》、《川东巫溪宁厂古镇》、《土家族民居的特质与形成》、《浓洄镇特点与民居特色》、《广州西关民居特色与保护规划》、《岭南传统聚落的保护与功能置换》、《珠江三角洲水乡聚落形态》、《岭南民居庭园借鉴与运用》、《传统民居园林与设计借鉴》、《传统聚落可持续发展度的创新与探索》、《时代与地域：风景园林学科视角下的乡村景观反思》、《岭南造园艺术研究》、《禅宗思想与士大夫园林》、《岭南建筑园林与中国传统审美思想》、《中国南北古典园林之美学特征》、《岭南传统园林造园特色》、《岭南传统庭园布局与空间特色》、《岭南园林石景》、《岭南园林几何形水庭》、《岭南园林与人居环境的创造》等。

2 主要工程项目及获奖情况

曾担任广州中山大学地学楼、广州东铁路新客站及广九直通车新客站、广州地铁一号线广州东站等大中型工程项目的项目主持和建筑总负责人。参加了广州大学城民俗博物馆（岭南印象园）、新疆哈密回王府、广东潮州饶宗颐学术馆、广东中山泮庐住区、广东揭阳楼、广东惠东巽寮湾天后宫、广州十香园博物馆、广州亚运城岭南水乡景观建筑群、广州海珠国家湿地公园入口景观建筑群、佛山蟠岗公园魁星阁、深圳龙岗盐灶村改造更新等工程项目设计。以及广州从化钱岗、钟楼、凤院等古村落村庄规划，惠州博罗旭日村历史文化名村保护规划等。

地铁广州东站设计获1999年广东省优秀设计三等奖，广东潮州饶宗颐学术馆获2007年广东省优秀设计二等奖及2011岭南特色建筑设计铜奖，新疆哈密回王府获2007年广东省优秀设计三等奖，广州大学城岭南印象园获2011岭南特色规划设计银奖，广州十香园博物馆获2013年广东省优秀设计三等奖及2011岭南特色建筑设计银奖，广东中山泮庐住区获2013年广东省优秀设计三等奖。

1　陆琦出版有关古建、民居、园林方面的专著
2　佛山雷（虫雷）岗公园魁星阁

3 主要代表论文

时代与地域：风景园林学科视角下的乡村景观反思[①]

一、乡村景观面对的疑惑

乡村景观的概念提出，已非常早地在学术界被讨论过。"乡村"与"景观"两个方面的交叠，使得其概念的争议来得更是复杂。

一方面，城镇化与现代化已经非常多地影响到乡村生活与其环境。城中村、城边村等的出现，其形态及改造的过程让"村"这一概念在空间对象上变得模糊。"乡村"的具体界定，在学界也被认为是一个具有争议、动态变化的概念。而另一方面，"景观"的概念亦在变化，内涵在不断被拓展。景观具体所指代的对象或内容在不同学科发展或实践工作开展时仍存在不清晰的地方。当"乡村"与"景观"相遇之时，概念理解上的疑惑来得更为凸显。

---

① 该文原刊登于《风景园林》2013第4期，合作作者李自若

乡村景观是什么？乡村中哪些是景观？乡村景观有什么特点？更多的疑惑，随着这一名词的出现而产生。在该问题的思考上，一种思路可以是从寻找统一的概念出发，结合各种"概念"廓清，获得大家对乡村景观理解上的一致。而另一种思路，或许可以从"概念"的意义出发，寻找其在动态变化与错综概念下的角色定位，以把握具体乡村景观工作具体需求与内容。本文则主要结合后一思路展开，对乡村景观进行一定的反思。

二、乡村与风景园林学科的历史关系：回应时代、深化地域

"乡村景观"是地理学与风景园林学科比较多用到的概念。当然，两个学科间亦会有交叉。两者在其概念的定义与发展上，也会随着社会、环境、文化等多方面变化不断调整。乡村在风景园林学科内，既是重要的理论研究主体，更是具体规划设计对象。从历史的过程来看，乡村与风景园林学科发展本身就有着一些隐性的联系。这种联系，恰恰奠定了本学科在乡村问题上的角色与时代重点。

风景园林（Landscape Architecture）常以F·L·奥姆斯特德为起点开始对于现代学科的讨论。然而，它的提出是伴随着当时不同地区间的相互交流与社会变革产生的。"乡村"也正是在这一过程中被隐性的与景观（Landscape）以及建筑（Architecture）联系在了一起。16～18世纪，欧洲资产阶级革命的推动使得欧洲各国有了新的一批中坚力量。荷兰在脱离西班牙独立后，较其他国家更早地建立了资产阶级共和国。荷兰艺术的发展，在早期非常多地影响了周边国家。紧接而来的英国，随着资产阶级壮大，绘画与造园方面也有着新的转变。风景画与风景园在英国的地位伴随着资产阶级在审美与政治统治立场的觉醒被逐渐建立起来[1]。"乡村"在当时是英国绘画与造园艺术创作的重要原型。英国风景园中蕴含的地域特色，包括自然与生产方式多个层面。有别于之前欧洲大陆风靡的法国古典式园林，风景园的形式被快速地与当时欧洲社会（甚至后期的其他国家）的政治阶级变革结合了起来。风景园不仅是一种形式、一套造园逻辑、更是一种政治立场。与此同时，风景园随着英国殖民统治对于美国早期的一些宅院与校园形态带来一定的影响。另一方面，工业兴盛开始给欧洲国家带来城市问题。城市改造，对于自然环境的补给需求、平民性的强调以及环境改造的低耗考虑，使得"风景园"进一步得到推广。而美国伴随着一系列的变革后，风景园在唐宁、奥姆斯特德等人的凝练下实现了对公共环境建设的新突破[2]。19世纪中后期，美国纽约中央公园的出现成为现代景观史中的重要事件。LA的学科建立则成为推动风景园林多样发展的重要标志。而历史过程中的"乡村"，则为学科建设提供了解决问题的重要线索。

另一方面，需要看到乡村在历史变革中面对的危机。随着工业革命的展开，全球经济的建立，工业型、贸易型村镇，尤其是城市，在快速发展。乡村经济的衰退，人口的迁徙，城乡结构的变化，乡村实体逐渐萎缩与破败。当人们感慨于工业化生活带来的快速变革时，乡村与城市环境的问题逐渐引起了人们的关注。而两次世界大战带来的经济、城市快速重建，乡村问题到20世纪中期后变得尤为凸显。针对实体环境的规划或设计逐渐开始对乡村的介入。在法国，自然景观地与历史文化遗产的保护起步较早。人们有感于工业污染与历史文化遗产的战争破坏，在历史文化建筑保护基础上，不断拓展对于居住环境的保护与调整。经过几十年的发展，法国形成了对于乡村景观更新比较完整的法律保证。这些关注中，既包括了自然环境视角的生态持续，亦包括了文化历史资源以及法国农业生产特质的保护。法国乡村景观保护的过程，正如景观师克里斯多夫·基诺特利用词源学对于法语"Paysage"的解释一样，它意味着景观（土地和乡村）及其可视与不可视的特质。它不仅仅包括环境和生态方面，还有整个国家的精神状态，以及其特质和文化衍生的演进。因而法国景观意念中，存在着一种深层面的时间上的延续性（无论历史的还是创新的）[3]。在法国，"乡村"问题的回应，一定程度上成了风景园林学科理论与实践拓展的推力（图1）。

综合风景园林学科与乡村潜在关系的分析，可以了解风景园林学科的发展是在时代、地域的反思中获得的。它

是动态的，在地的。当下我国乡村与乡村景观问题的讨论亦需要结合时代与地域差异性进行自身调整。这种关系需要考虑三个层面，一是概念本身及其与相关概念的关系；二是其概念对于研究对象现实问题回应的可能性；三是其对学科发展的价值。其中后两者，或者可以理解为是对于当下需要怎样乡村景观以及乡村景观可以是怎样的考虑需要。而问题的出口，仍然需要回到我国的当下。

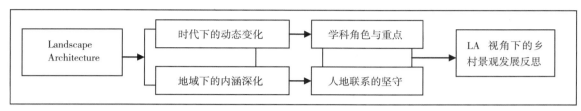

图1 LA视角下的乡村景观反思两个层面：时代与地域

三、乡村景观的时代需求：营造·人地关系的回归

什么是乡村景观呢？针对乡村景观的概念，大量学者已进行过讨论。但由于专业间的差异，不同学科在乡村景观的研究与实践有着自己偏向。在总结国外乡村景观概念的基础上，有学者指出乡村景观，通常是指乡村地区人类与自然环境连续不断相互作用的产物，包含了与之相关的生活、生产和生态三个层面，是乡村聚落、生产性和自然生态景观的综合体，与乡村社会、经济、文化、习俗、精神、审美密不可分[4]。而乡村景观作为有别于城镇聚落的特征，则集中在农业生产对于乡村景观组成的主体性方面。

这一定义，与其他学者的观点一致性较高，比较具有代表。概念上明确了人、自然环境，相互作用，产物三方面的概念核心；比较注重乡村景观内容上的整体性；强调了农业生产的特征性。然而，在具体问题讨论时仍会存在一些问题。

由于概念的普适性，中国乡村问题的阶段性难于从中把握。我国乡村问题，伴随着社会变革、学科发展、城建机构的建设，在当下处于自己特有的发展阶段。历史过程中，中国重农的传统使得农业与乡村对于国家来说有着重要的社会、经济、文化意义。农业及乡村被认为是立国之根本[5] ①，"乡土"亦是中国社会的基本特性[6]。土地的依赖作为传统中国社会的特性与品质，深入人们生活，成为连接城乡之间，人与自然环境间的纽带。然而，当下的中国，"三农"问题中，农业衰退，农民放弃农业、离开农村。社会、经济变革下，传统的土地与人逐渐脱离。在法国孟德拉斯《农民的终结》后，李培林先生的《村落的终结》似乎让我们看到这一问题更本土的困境。当下的中国乡村，需要的是通过乡村建设重新实现乡村与人的联系。

而时下的乡村建设中，不同专业对其都有所涉猎。这一现象也常常带来专业定位的困惑。就实体环境而言，一般乡村可以分为3个主要组成。它包括了村民聚居形成的村落；承担生产功能的农业景观；作为生态或风水意义，少有改造或干预的自然环境。三者共同形成了乡村的实体组成，承载乡村具体生产、生活、生态的活动。建筑学入手的乡村，往往以建筑及其聚落为基础，结合周边环境进行分析讨论；生态学常以乡村的"生态"系统为对象展开

---

① 梁漱溟. 梁漱溟全集（第一卷）[M]. 济南：山东人民出版社，2005：608. 梁漱溟先生在1936年的讲话《乡村建设的大意》中提到："我们要知道中国文化原来是以乡村为本的，中国原来就是一个以乡村为本的社会……我们中国，百分之八十的人口都住在乡村，过着乡村生活；中国就是由二三十万乡村构成的中国。……"

研究；乡村规划则集中在土地利用与开发层面；地理学主要针对大尺度的乡村形态空间格局研究或以文化历史为主的脉络梳理。尽管学科各有偏重，但是仍有不同程度的交叠。若落实到具体实体环境营建，研究层次与深度的困惑亦时有发生。在乡村建设不断增加的今天，系统梳理学科与专业间的关系变得越来越必要。

可以看到概念讨论的基础上，乡村景观的理解与反思需要结合乡村及学科发展的阶段性展开，当下中国需要怎样的乡村景观？由时下乡村问题来看，乡村与人的生活存在脱节。其实体环境的意义，需要的是重新建立起三者的具体联系。那么，乡村景观应该如何？一种方向是通过美好"环境"获得人们对于土地的回归。这是当下大多数乡村建设会比较关注的方面。然而，乡村"环境"的当下问题并不是居住功能得不到解决，而是人们难于从乡村中获得更多需求的满足。于是，乡村景观可以是怎样？则成为问题的突破点。在已有工作的基础上，美好环境的"营造"则可能成为实现乡村与人联系的重要方向。环境"营造"，是获得美好"环境"的过程。它比营造的结果在乡村中往往更能成为凝聚人与土地的力量。乡村景观，对于环境营造的过程强调，亦是对于人与自然环境连续不断作用的过程本身的关注。而就专业分工来看，乡村景观这一概念的新注解，使得其可以成为已有分工下营造合作的编织者，协调学科间的融合。而两个层面拓展逻辑，仍然是在乡村景观基本概念上展开的：坚持以人与自然环境为核心，立足"人地"关系的经营，结合景观"营造"建立起人们与乡村的联系。

此外，时下乡村问题的新定位，在回答乡村景观问题的同时，亦为风景园林学科发展明确了一些方向。已有的乡村建设中，风景园林作为一个乡村介入的角度，专业工作主要由三方面展开：生态环境的保护整治、乡村生活文化的提升与延续、生产环境的调整促成经济发展的可能。这一基础上，乡村景观的重点也决定了风景园林专业应更注重风景园林（Landscape Architecture）的营造过程设计：既需从村民的生活、生产、生态活动出发，思考乡村景观营造；也需要思考乡村营造本身对于在地聚居生活的凝聚力建立。两者相互的支撑关系思考，是推动学科与实践问题的关键。

四、乡村景观营造的地域延续：基于形式与营建体系

在明确了角色与定位的基础上，乡村景观应当如何进行营造？

"形式"问题成为人们新的困惑。城市化的乡村景观规划设计思路、消费型的旅游改造，在以新的方式制造乡村问题：随着农村建设的拓展，我国各级相关部门已出台了关于乡村整治、规划等的规范与导则。"避免城市化……形式"，"乡土"、"地域"已成为乡村景观实践的重要要求。很显然大家已开始意识到乡村景观的问题，既有的城市绿化或园林营造方式不是应对乡村问题的办法。如梁漱溟先生来看，百年的近代史，可以说是一部"乡村的破坏史"[①]。而当下的局面更甚之，工业化、城市化、全球化带来的系列影响已经深入乡村问题的各个层面。用发生问题的逻辑，来解决乡村，其可能成为再一次破坏的起点。

风景园林学科在景观形式的多样拓展上，有着非常的意义。地域是关键的，当下的乡村景观营建，仍应回归到"地域景观"的讨论。我国的地域景观研究起步于20世纪后期，学者已经注意到我国的特色，甚至地区间的差异。"地域"景观的讨论也在变得更为细致，如华南—华北—华东—华中—西南—西北—东北、省—市—县区域、流域、经济圈等，而分区内的特色景观规划设计越来越多。但对于具体乡村而言，区域景观与自身个体的关系较少被讨论。这也便导致了在具体乡村建设中，形式语言的困境。面对这一问题，如何提炼与汲取这种地域特征，其本身既

---

① 梁漱溟. 乡村建设理论[M]. 上海：上海世纪出版社，2006：10 "原来中国社会是以乡村为基础，并以乡村为主体的；所有文化，多半是从乡村而来，又为乡村而设——法制、礼俗、工商业等莫不如是。在近百年中，帝国主义的侵略，固然直接间接都在破坏乡村，即中国人所作所为，一切维新革命民族自救，也无非是破坏乡村。"

不为繁华易匠心

需要立足于宏观区域环境的讨论；亦需要在具体乡村尺度展开细化的差异性分析。

通常来讲，自然山水为主，少有人改造与建设的自然环境；以农作生产为主的农业景观；以居住生活为主的村落景观，三者之间相互联系、互有交错，共同形成一个村庄的乡村景观。三者不同的组成比例与结构关系是其地域特征的具体呈现之一。从尺度上来看，这些特征在行政市的范围中仍然存在比较大的差异。以桂林三村为例，崇林、古板、旧县，由于地形基础、山地土壤，民族、民系差异，形成了不同的营建逻辑、村庄结构以及造型特征（图2）。这便表明，乡村景观的地域特征讨论，需要在具体村庄尺度的方面进行细化。

但这种细化，不表示乡村景观的地域细化应当忽略区域共性。针对一个地区，相似的气候、生产方式、自然山水基础，奠定了地区整体景观品质。村庄肌理、地物类型、季相变化会在这一层面成为乡村景观呈现的主要内容。如，在珠三角核心区，岭南水乡占有了非常大的比例，由珠江及其支系河涌的水道网络形成了大区域的重要肌理。果基鱼塘、果基河涌等形式是区域内的重要景观特质。地区内的村庄之间在组织起大区特征的同时，亦有着自己具体的组织过程。个体村庄地域差异性的理性判断，应是在大区的基础上由细致化的实体组成带来的。如：村落景观的呈现，由于建筑单体造型材料、建筑空间及院落组合、建筑造型材料、建筑群肌理产生了不同的聚落呈现（图3～图5）。而农业景观则由于其作物、种植结构、土地所有、轮作制度与地形改造方式形成了变化中的田园景象（图6～图8）。自然环境在中小尺度，由于山水结构关系、微地形变化、自然季相气候形成了村庄景观基调（图9～图11）。

2　自然山水、生产环境与村落的景观差异（桂林三村：崇林、古板、旧县）

3　浙江永嘉茶园坑村

4　福建尤溪盖竹村茂荆堡
图3～图5不同材料、营造工艺、空间组合方式、造型艺术下的聚落景观观差异

图6~图8不同作物的梯田景观

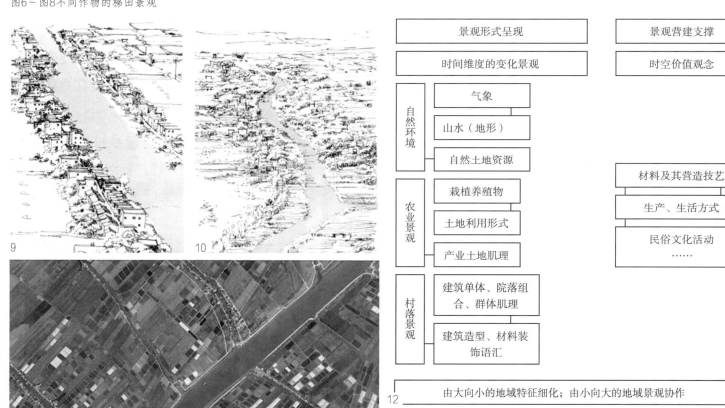

景观形式呈现		景观营建支撑
时间维度的变化景观		时空价值观念

自然环境
- 气象
- 山水（地形）
- 自然土地资源

农业景观
- 栽植养殖物
- 土地利用形式
- 产业土地肌理

村落景观
- 建筑单体、院落组合、群体肌理
- 建筑造型、材料装饰语汇

材料及其营造技艺
生产、生活方式
民俗文化活动
……

12 ———— 由大向小的地域特征细化；由小向大的地域景观协作

5	安徽黟县宏村	9	图9
6	四川甘孜甲居藏寨的玉米地	10	图10
7	广西三江侗寨水稻田	11	图11
8	广西龙胜大寨水稻田早春栽种油菜花	12	乡村景观地域差异性的细化与综合分析

图9~图11水系的不同形态、地形的变化形成了同一地区内村庄形态的细微差异（珠海圩田区乡村）
图11来源：Google Map航拍图

不为繁华易匠心

而要进一步理解乡村景观形式，LA中"营造"是其关键词。它是支持乡村景观地域拓展的基本。它以材料及其营造技艺、生产方式、民俗活动等，支撑起景观形式的存在。在乡村景观的转向中，风景园林专业下的地域景观"营造"研究是非常有必要的。地域景观研究在为营造提供形式参考的同时，更重要的是建立起乡村景观营建体系，提供乡村景观营造地域问题的解决线索。而针对研究的对象与思路，既需要由大向小的区域乡村景观分析，亦应包括由个体向片区的具体形态与景观营建体系建构。借由多向尺度研究的支撑，实现对于地区内乡村景观地域特色的诠释（图12）。

五、小结：立足时代与深化地域

近代，陈植先生谈起的造园学科建立，认为综合海外相关建设理念，存留传统造园文化，创造健康、安全、优美的城市环境是当时学科专业问题的重点。而当下，伴随着社会变迁、文化与经济发展，新问题下学科内涵也开始不断拓展。风景园林学科日趋成熟的这一过程，"时代"决定了其角色与工作的重点，"地域"则时刻保持着景观营造对于建立人地联系的坚持。乡村景观营造的地域延续将是未来学科中最重要的课题之一。立足时代，有助于获得解决乡村景观困惑的方向，更细化的地域差异性研究与营造，则是乡村景观未来的重点工作。而这一工作的开展应当建立在具体地区与营建过程中，尊重、维续大区域环境的基础上，实现乡村间或城乡关系的协调，乡村自身内部的村落结构与景观的理性呈现。

参考文献：

[1] 王箐. 英国风景园形成探究[J]. 中国园林，2001 (3)：87–89.

[2] 刘滨谊，周晓娟，彭锋. 美国自然风景园运动的发展[J]. 中国园林，2001 (5)：89–91.

[3] （美）詹姆士·科纳. 论当代景观建筑学的复兴[M]. 吴琨，韩晓晔译. 北京：中国建筑工业出版社，2007：59.

[4] 陈威. 景观新农村：乡村景观规划理论与方法[M]. 北京：中国电力出版社，2007：29.

[5] 王云才，刘滨谊. 论中国乡村景观及乡村景观规划[J]. 中国园林，2003 (1)：55–58.

[6] 费孝通. 乡土中国[M]. 上海：上海人民出版社，2006：1.

[7] 林广思. 中国风景园林学科和专业设置的研究[D]. 北京：北京林业大学. 2007.

[8] （日）进士五十八，铃木诚，一场博幸. 乡土设计手法——向乡村学习的城市环境营造[M]. 李树华，杨秀娟，董建军译. 北京：中国林业出版社，2008.

传统民居园林与设计借鉴

历史，涵盖了今天、昨天与明天。今天有昨日留下的痕迹，也对明天留下发展的空间。我们在创造新建筑的同时，也会对历史建筑进行梳理，这里包含着两个层面的意思：一是对历史建筑，特别是文物建筑进行保护维修，还其原貌；二是从传统历史建筑中寻找创作的因素，包括建筑语言符号的直接借鉴运用和提炼总结后的间接运用。

设计团队在对历史建筑（特别民居建筑）做大量调研和理论研究的基础上，也在建筑创作实践中融入历史建筑的特色进行探求。民居建筑具有极强的地域特点和地方风貌，体现着建筑与自然、人文环境的协调。传统民居建筑的地方特征与风貌，与我们现代建筑体现地域特点有一定关系，地方特征来自地方建筑，借鉴历史建筑设计经验，从历史建筑中取其精华，也不失为有效的途径之一。

岭南印象园

"向晚波微绿，连空岸脚青"是唐代诗人杜甫《又呈窦使君》诗中之句，晚风稍定，绿波荡漾，远望水天相连，直以青天为岸脚，景色写得极为壮阔。在小谷围岛上练溪村霍氏宗祠前的池塘旁，自然而开阔的水面，充分体现了一个"旷"字，黄昏时远望珠江，就颇有此感，江水与晴空连为一体。

练溪村是一座滨水古村，位于小谷围岛南面，南临珠江，历史可上溯到明代。村口有较大面积的池塘，村内祠堂围绕池塘而建，水网纵横，古树参天。练溪村总平面布局保留着岭南传统的自然聚落特征和良好的自然山水格局，构成和谐的整体村落环境。

村落选址十分注重自然、地理环境，强调与自然的融合。村落东、西两面各有一座小山，形成两侧地势较高，而村内主要街道练溪大街，于两山之间中最为平坦的地区，呈南北走向，街内筑有一条明渠自北向南流，疏导从山上冲下来的洪水，形成了"两山夹一水"的格局。村落总平面肌理清晰，沿练溪大街两侧分布多条支巷，村民将住宅沿山坡而上顺地势布置，鱼骨式街巷结构较好地解决了村落交通、建筑采光和通风等问题。传统巷道空间界面完整，石板路，红砂岩台阶，两边清水砖墙的建筑，富有岭南地方特色。

随着广州大学城高校区的建设，原有村落功能置换为具有休闲游憩的场所——岭南印象园，更新设计把握的几个重点：

1. 注重原有村落历史建筑的保护。练溪村庙堂很多，三圣宫、华光庙、包丞相庙、天后庙、霍氏大宗祠、淡隐霍公祠、萧氏宗祠、关氏宗祠等分别建于村头与村中心。重点保护修缮练溪村的历史建筑，同时迁建岛区建设拆迁的五处历史建筑：丛荫林公祠、胜广梁公祠、诒燕堂、怀爱堂和天后宫。修缮保存的富有岭南近代特色的传统民居。

2. 保留和完善传统村落的典型空间特征。传统村落中入口部分是最主要、最典型的空间，通常由古榕树，开阔的水面，宗祠建筑和广场组成，是平常村民进行议事，祭祖等重要活动的主要场所。设计保持原有村落广场空间格局，以古村两组靠山面水的祠堂为核心，组织展览功能，形成主要的开阔景观空间，形成活动区域的中心。

3. 完善村落内由街、巷、院组成的"枝状"的布局肌理。街、巷、院是原有村落的脉络，设计延续原有的巷道肌理，以练溪大街为中心，两端各自形成村口节点。内部空间由各级巷道连接，并通过在原有肌理上进行修缮、改造、新建等措施，降低建筑密度，营造适宜文化商业等休闲功能的前巷后院空间。

4. 利用院落布局，营造商业文化气氛。增加和调整院落布局，通过街巷和院落的有机组合，把街巷流动的人流引导到院落里，又从一个院落引导到另一个院落，通过空间的开合，形成一个富有趣味的空间序列。

5. 传统风貌的建筑外观和适应需求的室内空间相结合。注重建筑外观立面效果，以珠三角传统民居建筑造型形成完整的组团排列，强调组团的立面连续性，营造一种热闹繁荣的氛围；室内做成大空间，根据业态需求，能灵活划分大中小多种不同用途的空间，根据需求合理组织人流路线，营造干净舒适的内部空间环境，提高室内空间的流动性和满足各类文化商业功能设置。

6. 充分利用原有地形地貌，营造丰富的景观效果。在保护原有风貌的基础上对练溪村进行改造，运用新旧对比的手法，充分体现民居及院落布局的意境，使建筑与周围景观融为一体；在保留古树基础上，添加新的绿地及乔木、灌木等，并设置一些独特的绿化小景。配合建筑小品及水景，综合运用富有岭南风情的造园手法，将水面、江

1 岭南印象园南部村落入口广场

2 岭南印象园鸟瞰

3 从池塘对岸观看村落祠堂群

4 岭南印象园村落中心水面

5 岭南印象园练溪大街

6 通过整治修复的原有民居建筑

7 岭南印象园北入口中迁建的怀爱堂和诒燕堂

8 新建的建筑中融入了原有建筑的造型特点

9　岭南印象园巷道空间
10　经过修缮后的包丞相庙
11　岭南印象园具有传统民居
　　建筑特色的外观立面

岸、街道和入口广场结合在一起，形成点、线、面相串的景观环境。植物品种方面尽量运用本地的特色品种，结合建筑风格尽量营造一种浓郁的民俗气氛。

饶宗颐学术馆

饶宗颐先生为广东潮州人，中国当代著名历史学家、经学家、考古学家、古典文学家和书画家，又是杰出的翻译家。1949年移居香港，任教香港大学，现是香港中文大学荣休讲座教授及中国文化研究所荣誉讲座教授。饶教授学术范围广博，甲骨、敦煌、古文字、楚帛书、上古史、近东古史、艺术史、音乐、词学等均有专著，艺术方面于绘画、书法造诣尤深。被国际汉学界誉为"导夫先路的汉学大师"。为了表彰饶老先生学术成就和治学风范，并收藏和研究饶老先生的学术著作和艺术创作成果，同时，也为弘扬中华优秀传统文化，丰富潮州历史文化名城内涵，促进中外文化学术交流，潮州市人民政府于饶老先生早年读书处、原饶宗颐学术馆的基础上扩大用地重建"新馆"。

饶宗颐学术馆大门面临潮州市东门楼内沿城楼的南北向马路，由东大门进入庭院，再向南经拜亭进入主体展厅建筑，形成两条相互垂直的主轴线。平面功能除翰墨林展览大厅、天啸楼藏书楼和经纬堂学术交流楼三大功能区外，还有办公室、接待室及设备辅助房等。新馆采用民居、庭园相结合的布局方式。总体布局中，以大体量的翰墨林展厅为主，天啸楼（藏书楼）和经纬堂（学术楼）为辅的手法，并在其间用形状内容各异的平庭、水庭、山庭或山水庭等穿插于建筑之间，又运用了连廊、廊道、巷道、廊墙作为联系又间隔，衬托了庭园和建筑之间紧密和谐的氛围，具有古诗"茶香别院风"之韵。

东向正门为三间传统凹廊式门厅、大门匾额上是饶宗颐教授亲题的"颐园"二字。自东门入庭院，只见主展厅前的庄重风采的前奏——拜亭，拜亭上方有"翰墨林"匾额，乃原广东省政协主席吴南生先生所题。紧邻翰墨林展厅是藏书楼"天啸楼"，门口配有饶老先生亲笔撰写的对联："天涯久浪迹，啸路忆几时。""天啸楼"匾额是从饶老先生旧居莼园复制，乃民国年间由潮州书法家陈景仁题写。天啸楼西侧是经纬堂，是展示饶老先生15个学术门类巨大成就展示场所，"经纬堂"三字乃广东省原省长、全国人大常委、华侨委员会副主任委员卢瑞华所题。此外，文化部副部长、北京故宫博物院院长郑欣淼还为"颐园"撰写碑记。

在学术馆新设计中，继承了这种宅、斋、园三合一模式，结合馆内各功能的要求，在建筑之间安置了八个庭园，而庭园之间、庭园与建筑的联系，或用漏窗围墙，或用廊道巷道，或用檐廊，交通畅顺，景色丰富。潮州民居平面构成三大要素为厅房、天井和廊道，它们三者之间的有机结合是潮州民居用以调节通风。厅房是居住、生活功能之用，

1　在广济楼城墙边所建的饶宗颐学术馆
2　饶宗颐学术馆字画展览厅"翰墨林"
3　展览厅一角
4　透过门洞看翰墨林入口拜亭
5　建筑围合的内院水庭

庭院、天井是纳阳、通风、采光、换气、排水又是休息的场地，廊道巷道乃交通联系之用。三者有机的结合，是传统民居解决通风、调节微小气候的有效措施。在新馆设计中借鉴这种通风原理和手法，妥善地安排了建筑、檐廊、巷道和庭园天井，使疏密大小有度，从现场看，通风、遮阳良好，天热时可以不开或少开空调，节约能源。

　　在建筑造型上，从大门入口，经拜亭到主体建筑展览大厅，采用先东西轴线进门，再转到南北正轴线上，建筑也是由小到大，由简到繁，再由繁到简，进入主体展厅可以达到瞻览饶老先生的学术展品成果和书画，形成一种既平凡又严肃、庄严的气氛。在展厅正中又安置了饶老先生慈祥温和的汉白玉半身雕像，这是广州美术学院著名雕塑家曹崇恩教授的珍贵艺术作品，更衬托了饶老先生的学术风范和他的亲切感。在整体建筑造型和细部处理上，学术馆采用灰瓦、白墙，简朴外观，山墙则采用潮州传统的金式墙头，墙头下垂带和垂花采用简化了的浅绿与白色相间的卷草花纹，只是在脊饰上采用了既有传统韵味又有新意的简洁彩色嵌瓷。屋面组合又是潮州民居艺术表现又一特征。潮州传统民居由多座院落、建筑、天井、从厝所构成，建筑组合体型或纵或横，或大或小，或高或低，形成屋面高低错落、大小不等、富有艺术特色。

中山泮庐住区

　　中国水墨画中青山翠竹、碧水环绕下的粉墙黛瓦，老翁树下斗棋，孩童追逐嬉戏，那是一幅多么令人为之倾心的住居景致。中山泮庐位于当地五桂山镇桂南村翠山公路北侧，自然环境优美，四周群山环抱，南侧山脉昂首向天，形如青龙飞天；北侧山脉俯首向地，犹如白虎咆哮之状；东侧山脉顶部平整，两端微微上翘，仿佛古代宰相官帽。

　　泮庐规划设计的出发点是在自然山川溪水、竹林睡莲的映衬下，体现素雅、幽静、轻灵的感觉，给人以"采菊东篱下，悠然见南山"的世外桃源印象。规划布局充分利用独特的山、水、林之空间环境优势，创造与环境优势相适应的住区园林景观和居住建筑形象，将住宅环境融入周边自然景观环境之中，形成建筑与园林有机结合之诗情画意的人居环境。

　　中山泮庐采用中国传统民居的建筑形式和园林手法，突出以中国传统建筑文化之韵味，并将传统文化与现代生活模式有机地结合在一起。建筑单体布局通过小院、天井、庭园的布置，体现岭南的地方特色。同时吸收江南园林建筑的特点，形成宁静、幽深、高雅、舒适的院落空间环境。色彩方面以粉墙为基调，配以深灰色的瓦顶，装饰多为木纹本色，褐色的梁柱和栏杆，衬以白墙与灰色的门洞漏窗，形成素净明快的色彩，与周围绿色的树木相互衬托，相得益彰，自然和谐。

　　住区空间突出中国传统水乡景观文化特色，借鉴中国传统水乡古镇和园林的景观手法，来营造住区的公共园林景观和环境景观。将水渠给予改造，引溪入园，使之成为居民游憩观赏的休闲活动场所。以带状公共绿化系统为主导，插入点状的住户私园，形成面状的绿地形态，住户私园通过水系来组成开放性的景观，一方面创造丰富多变、步移景异的户外休闲空间，另一方面亦使更多的住户具有良好的景致朝向，丰富临窗外视觉效果并致力营造出层次丰富、充满生机的区域景观。

　　中国传统建筑体现的整体协调性，其包括住宅内部的整体性和住宅与园林之间的整体性，使建筑与园林形成不可分割的一个整体。在园林方面，宅居通过园林庭园、院落、天井来组织空间，并在庭园中置亭榭、船舫、斋轩等园林建筑。住区以带状水系形成网状的景观系统，建筑三五成群、夹溪筑屋，错落有致。住区纵向以绿轴为主，横向以水轴为主。水渠渠宽4米，两岸的宅居庭园采用开敞的布置方式，形成前路后水的水乡格局。同时，开敞的

庭园布局扩大了公共绿地的视觉景观之效果。并借渠水优势，沿岸设置拱桥、游廊、亭榭，做成山、林、竹、水、桥、家相融的景观，为居民提供优美的休闲步行游憩场所。

园林设计形式多样，倡导清雅、灵动、幽静的文化氛围，以江南园林形态为主体，融入岭南园林特色，打造新派岭南园林的设计概念，全方位、多层次进行绿化设计，充分利用溪流的活水、环绕的青山、天然的竹林、地貌的高差等，创造一个环境幽雅、空气质高的现代住区。

1　中山泮庐独栋别墅外观造型　　　　5　别墅园林建筑小品　　　　　9　泮庐会所架空层设计
2　中山泮庐园林水系景观　　　　　　6　泮庐宅居室内天井　　　　　10　泮庐园林游廊美人靠
3　中山泮庐住区　　　　　　　　　　7　泮庐宅居后院
4　中山泮庐居住区水系　　　　　　　8　泮庐住区园林小径

哈密回王府

清康熙四十五年所建的哈密回王府规模宏大，用夯土筑高墙高台基，建筑既有中原汉文化传统的大木作建筑艺术特点如琉璃瓦大屋顶，飞檐斗拱，也有蒙古式盔顶箭楼角亭，还有伊斯兰建筑风格的穹隆形拱顶、圆形拱门、月牙尖顶饰件等。王府盛时占地面积两万多平方米，约占当时整个回城面积的四分之一，有房800多间，大小九道门楼。

哈密古称昆莫，汉称伊吾或伊吾卢，东汉置宜禾都尉，北魏置伊吾郡，隋设伊吾郡和柔远镇，唐置西伊州，后称伊州，元代称哈密力，隶甘肃行省，明永乐年间设哈密卫，清乾隆二十四年(1759年)设哈密厅。明万历三十四年(1606年)，伊斯兰教传播者买买提夏禾加用武力推翻了蒙古族人的长期统治，成为哈密地方的宗教首领和封建领主。清康熙三十六年(1697年)，买买提的儿子额贝都拉因生俘准噶尔叛乱头目噶尔丹之子色布腾巴殊尔并把他献给清朝廷有功，被康熙皇帝正式封为"哈密回部一等札萨克达尔汗"。由于在配合清政府平定新疆叛乱，维护祖国统一，反对民族分裂方面曾起到积极作用，被清廷加爵封王，为"回疆八部之首"，是清代以来新疆封建王公中维持统治时间最长的一个。清王朝非常重视哈密王率先归附中央的历史功绩和维护祖国统一的巨大作用，《清史稿》中记载："哈密论战功晋秩亲王，比诸藩有大勋于国"。这个"大勋"，就是指回王坚持反对民族分裂、维护国家统一。

民国19年（1930年）6月，末代回王沙木胡索特病故。次年农民暴动，驻哈密省军攻占回城，为寻找财宝，将这座有二百多年历史的回王府"付之一炬，夷为平地"。

重建哈密回王府就是为了弘扬中华民族文化，让人们更深刻地了解新疆自古以来就是中国的一部分，是加强各民族团结、反对分裂的象征，让民族历史和民族文化的精髓持久地保持、发扬、延续下去。通过对哈密回王府的参观旅游，通过对历史的学习和回顾，人们不但可以了解和欣赏汉族、维吾尔族、满族和蒙古族等各民族风格融合的建筑文化，还可以享受带有浓郁民族色彩的历史文化、宗教文化、饮食文化和歌舞文化等。这些都是文化的积淀，民族的积淀，历史的积淀。哈密回王在历史上对中国疆域统一、民族团结、反对分裂有着较大的影响，因此哈密回王府又是一处宣扬国家统一和民族大团结的重要的爱国主义思想教育基地。

回王府重建项目于2003年开始策划与设计。为了历史文脉的延续和建筑文化的传承，回王府的设计、建设在采用新材料、新工艺、新的结构形式、新的设计理念与设计方法的同时，也力图保留原回王府固有的神韵。回王府一期工程于2005年6月全面竣工，随即开始迎接国内外八方来客。重建的回王府总占地面积196亩（约13公顷），一期工程占地面积约6500平方米。王爷台高为8.5米，共有各类建筑物10余个，主要有回王宫(大殿)、王爷府、王妃府、清真寺、台吉与伯克用房、连廊、角亭、王爷台入口及牌坊等。

重建后的哈密回府在建筑风格上依然保持了多民族建筑文化的特征。中原传统式的回王宫(大殿)、维吾尔族伊斯兰风格的清真寺和蒙古族风格的箭楼角亭等建筑群构成了现在的王爷台主建筑群。这些汉传统的雕梁画栋、亭台楼阁、台梁式斗拱的仿大木作建筑与蒙古式盔顶箭楼角亭及伊斯兰建筑风格的穹隆形拱顶、圆形拱门、月牙尖顶饰件、室内楼(屋)顶花饰图案、波斯地(挂)毯装饰等多种建筑文化元素融为一体，展现了新疆多民族文化长期融会贯通的建筑风格。

不为繁华易匠心

1　新疆哈密回王府设计鸟瞰图　　4　回王府王爷台近观
2　回王府建筑造型设计　　　　　5　回王府王爷台上回王宫
3　回王府入口牌坊　　　　　　　6　回王府王爷台上回王宫清真寺

十香园博物馆

十香园为清末著名画家居巢、居廉的故居，也是一个以蒙馆形式授徒的教学之处，始建于1856年，称"隔山草堂"。因园内种有素馨、瑞香、夜来香、鹰爪、茉莉、夜合、珠兰、鱼子兰、白兰、含笑10种香花，故得名"十香园"，现为广州市文物保护单位。

居巢、居廉在近代岭南画坛上并称"二居"，为堂兄弟，祖籍江苏扬州宝应县，先祖入粤做官，落籍番禺隔山乡，即现在广州海珠区江南大道一带。居巢、居廉在晚清画坛上享有盛名，他们的绘画艺术在继承前人没骨法的基础上，创造出"撞粉"、"撞水"技法，构图造型新颖，为清末岭南画坛之主流，其艺术风格被世人称之为"隔山画派"。十香园以"蒙馆"形式，培养了岭南一大批美术人才，其中岭南画派创始人高剑父、陈树人为最出色的入室弟子，故又被誉为"岭南画派摇篮"。

随着岁月流逝，十香园由于长年失修，房屋荒废，围墙崩塌，园内杂草丛生、树木凋零，残垣碎瓦，一片荒凉，园内仅剩岌岌可危的百年老屋紫梨花馆及居家后人加建的几栋平房。2000年后，广州市政府加强对历史文化资源的保护和利用，十香园旧居园区（第一期）于2007年9月修缮完成，十香园博物馆（第二期）为一期工程的延续，包含修缮保留建筑一幢，新建展厅、配套用房以及园林小品等配套设施。

十香园旧居后面为新建的博物馆展厅部分，建筑设计中汲取岭南园林的造园手法，通过错落有致、收放并举的园林空间，将博物馆与故居之间、游客游览与休憩之间进行了自然的融合与过渡，营造出"步移景异，情随境迁"的园林氛围。

十香园博物馆是十香园两居故居部分的功能完善与补充，虽为二期建设项目，但要与故居保持一体化设计的思路，在建筑的功能、空间、形体、色彩以及细部装饰构件等方面延续故居部分的建筑风格，体现出历史文脉的继承与发展。建筑既有传统韵味，同时要有时代气息，通过结合稳重明亮的外部色彩与富于变化的材料质感搭配，体现出浓厚的岭南建筑文化底蕴和典雅清新的时代风格。

新建项目博物馆位于十香园旧居后面，用地形状极不规整，为"L"形平面，地形高差较大。博物馆展厅立面造型借鉴了传统岭南建筑元素特点，建筑的层数、高度、体量等方面充分考虑了与周围环境的协调统一，并考虑地形现状、植被环境的利用。用地内几颗高大乔木给予保留，分散布置在院落中部，作为基地现状中最具有保留价值的历史环境要素，融入"十香园博物馆"建筑工程的景观环境中。建筑在凸显传统韵味的同时融入时代气息，虚实对比强烈，高低错落有致，建筑语汇严谨简约，整体形象庄重大方。使恰如其分地融入自然景区的整体环境之中。

十香园博物馆的建筑设计中结合地块的实际功能和景观要求，通过错落有致、收放并举的园林空间，将博物馆与故居之间、游客游览与休憩之间进行了自然的融合与过渡，营造出"步移景异，情随境迁"的园林氛围。新建博物馆以庭院和水系组织室外外景观空间，借取现状保留的树木，并很好地发挥其景观美化作用，形成良好的视觉环境。

设计中特别运用了"曲水流觞"水景丰富景观，利用现状地形的高差关系，借用曲水流觞的历史典故，开辟了一条环绕在故居与博物馆之间的景观水系，以此来象征岭南画派"源远流长"的历史发展轨迹，并通过水系及其周边的景观设计，结合亭榭、曲廊、渠水、板桥，使得接待、休息、走道交通、展览等都有很好的景观环境，创造出诗情画意的空间意境，加深景观的文化内涵。十香园博物馆采用小中见大，简中含多的处理方式，通过合理的视线设计，使得人群在建筑内外都有很好的视觉享受，并通过庭院的组合变化以及水系的转折，形成丰富的景观效果。

不为繁华易匠心

1　广州十香园博物馆
2　广州十香园博物馆室内展厅
3　广州十香园博物馆庭园休息廊榭
4　广州十香园博物馆庭园景观

魏艳澧

魏挹澧

天津大学建筑学院教授、国家资深规划师、国务院政府特殊津贴专家、国家注册建筑师、城市规划师、中国民居建筑大师。

中国城市规划学会第二届理事；天津城市规划学会第二届副理事长；中国女规划师协会常务理事；中国建筑学会史学会民居学术委员会委员；2009年，获国家资深规划师荣誉称号；1993年，获国家国务院特殊津贴证书；2005年，获中华人民共和国注册建筑师证书、国家城市规划师证书。1986年，受邀作为中国建筑学会代表团成员，赴日参加庆祝日本建筑学会成立100周年，亚洲学术会议。

1995年，赴德国亚琛大学教学交流，二十天。

1 工程设计

吉首市 中心区保护与更新规划，1983年，主持人。

山海关东罗城保护规划，1987年，主持人。

烟台奇山所（又名所城里）古城保护规划，1988年（国家自然科学基金资助项目），主持人。

山东聊城古城保护与更新规划，1989年（国家自然科学基金资助项目），主持人。

凤凰古城保护规划，1992年（国家自然科学基金资助项目），主持人。

保定中华路传统片区详细规划，1999年（国家自然科学基金资助项目），主持人。

洛阳市老城区改造规划，1993年（国家自然科学基金资助项目），总技术指导。

2 获奖情况

"天津欧式地区建筑与环境研究"（参与，主笔之一），1990年获天津科技进步二等奖。

"东罗城更新规划的思考"论文，1990年获天津建筑学会优秀论文二等奖、天津科技学会优秀论文三等奖。

保定中华路传统片区详细规划，2000年获河北全省优秀规划设计二等奖、河北"三标"规划设计创优竞赛项目评优。

"居住区规划"科研并成书，主笔之一，获国家科技进步三等奖。

3 主要出版著作及论文发表情况

著述

湘西风土建筑——巫楚之乡 山鬼故家. 武汉：华中科技大学出版社，2010.

凤凰古城. 北京：中国建筑工业出版社，2016.

土家族民居//陆元鼎主编. 中国民居建筑. 广州：华南理工大学出版社，2003.

第三建筑体系美的理想//城市环境美的创造. 李泽厚美学丛书并主编，天津：天津科技出版社，1989.

不为繁华易匠心

发表论文

一个城镇规划进入第三代的代表作. 建筑师. 1985（21）.

吉首市中心区规划与风土环境保护. 全国规划学会年会论文集，1985.

The prepagation,Inheritance and renewai of "Nataral conditions andsecial castoins of Environments"—The custems and Feeling of the Towns and Citis in Xianxi,Hunan.传统民居国际学术会论文集，1987.

风土环境的保护与更新——湘西城镇风情. 建筑学报，1987（2）.

风土建筑有助于城市特色的创造.中国美术报，1988（34）.

东罗城更新规划的思考. 1988年中国建筑学会创作委员会年会发表，刊于台湾建筑师1989年7期.

传统城镇更新中根与质的追求. 中国民居第二次学术会议论文集. 北京：中国建筑工业出版社出版，1990.

风土建筑与环境. 中国传统民居与文化论文集. 北京：中国建筑工业出版社出版，1991.

巫楚之乡 山鬼故家. 中国传统民居第三次学术会议论文集. 北京：中国建筑工业出版社出版，1992.

创造山水小镇的新景象——凤凰沱江镇保护与更新规划. 城市规划，1994（5）.

天津欧式地区建筑与环境研究，1990年科研结题（参与，主笔之一）.

传统中小城镇保护更新研究，国家自然科学基金项目。主持人，1993年结题通过鉴定。

主要代表论文

"风土环境"的保护与更新
——湘西城镇风情

摘　要： 本文对湖南西部地区旧城镇的选址、建筑布局以及如何处理城镇与大自然的关 系等作了分析，最后对在一些中小城镇建设中怎样吸取这些经验提出了看法。

一、融城镇于大自然

迷人的湘西风景，培育了人们爱美的性灵。它不但表现在衣着装饰的和谐优美、刺绣蜡染等手工艺的精巧、土族舞蹈和苗家歌谣的诱人，还表现在居住环境的营建上。这里村镇依山傍水，与山河相互映衬，配以土族、苗家饶有趣味的风土民俗，使城镇形成了独具特色的风采。

湘西土家族苗族自治州首府，现名吉首，苗语叫玛汝果得，即乖巧之地。

小城繁华的命脉曾是城边的峒河。河水清激，流势湍急，中上游由落差形成瀑布。枯水期，河面裸露片石平

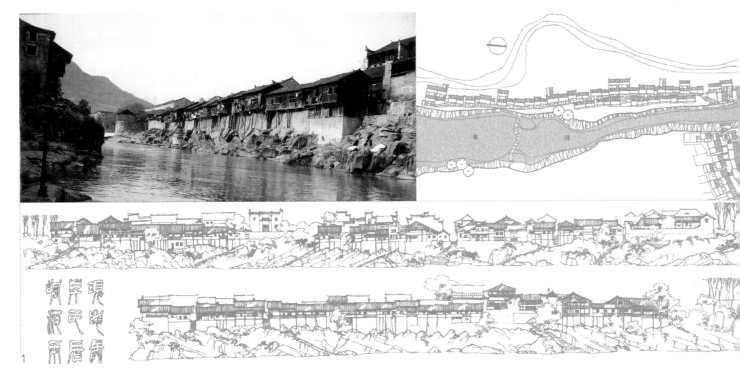

1 吉首峒河风情（左上：吊脚楼；右上：平面图；下：吊脚楼测绘图）　　　4 吉信村平面图
2 凤凰县沱江镇（左上：平面图；右上：北城门；下：沱江沿岸吊脚楼）　　5 矮寨村平面图
3 永顺县王村平面图

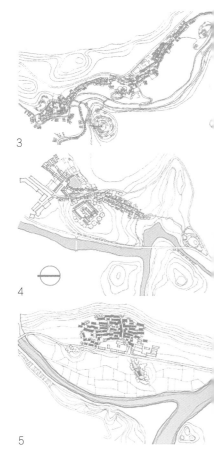

滩，被阳光雨露漂得净白。岸边缓流处，映出群峰倒影，异常美丽和清寂。陡峭的河岸两侧，密布着具有民族特色的吊脚楼，河岸东侧"华司铺"，是一条前街后河的长街，南端有一高差约3米的天然码头，是湘西常见的渡口，一支小船，由撑船人拉动横贯峒河的索缆，在青山绿水中来回摆渡，接运行人。对岸连接了一条垂直等高线的小巷，形成了独具特色的峒河风情（图1）。

沱江镇是凤凰县县城所在，也是富有魅力的地方。小镇约两万人口，四周青山环抱。步上凤凰桥，俯瞰沱江，像一条游龙，蟠绕在黛色的山峦间。两岸一排排灰色吊脚楼，倒映水中。远处浅蓝色炊烟弥漫，凤凰古城楼的剪影庄重神奇。一条古跳石，把沱江两岸联接，配以沿江路上的门垛及万寿宫等古建筑群，形成了完整的沱江沿岸风土圈。在晨曦和晚霞的辉映下，沿江洗衣的槌击声此起彼伏，合成了美妙的乐章，传递着生活的安宁和温馨（图2）。

湘西村镇融于大自然，村舍民居，不论木构或石砌，均为灰色调，一栋栋依山傍水的吊脚楼，无不镶嵌在点缀着红、白、黄各色山花的绿丛之中、周围一簇簇青翠的竹丛。与山峦岩峰、清泉瀑布结合在一起，村镇以其委婉的身躯偎依于大自然母亲的怀抱。

二、城镇的选址

湘西世代传承的寨址选择习俗中，那些优良的科学成分，不断被现代建筑技术所采用、发展。寨址选择，首先要考虑生产生活的需要，靠近田土或便于渔猎，水源柴草充足。住房的位置，按向阳背阴的原则，适应风向气候，取通风避寒方位，靠山面水。因此，向阳寨靠山庄颇多。较大的村镇选址，考虑交通方便，以利商业及手工业的发展（图3）。

同时村镇及建房基地的选择，还要看自然地理环境，村镇后面要有靠山，谓之有气势。村镇和屋前面则要视野开阔。据此，湘西背山面水村镇屡见不鲜。凤凰县吉信镇，是以一条垂直等高线跌落式街道为主轴的线形村落，为不面对山尖，主轴转向了无限"空"的河谷（图4）。

湘西民间街巷两侧户门不得相对，这给幽深莫测的街巷景观增加了某些韵律感。小巷不宽，约二至四米不等，亲切宜人，以石板或卵石铺路，两侧较高白色院墙围成了内向封闭式的院落，灰瓦墙檐上露出院内的古树，阳光下树影投在粉壁上，呈现出斑驳的灰色图案。一樘樘形式各异深灰色基调的装点得素雅端庄的大门错列布置，合成了一幅动人的图画。

"风水树"。与我国许多少数民族地区一样，湘西村镇有保留"风水树"的习俗。有的独株，枝叶繁茂，年逾百岁，多为名贵树种，形奇而色美。有的多类树种群植，考虑四季色彩的变化，往往一棵树落叶，另一棵却在萌发。周而复始，交替繁茂，它是生命和吉祥的象征。"风水树"多位于村镇的入口处，起着引导视线的作用，它也常位于戏台旁、水井边或村民进行各项活动的中心广场。大树参天，既起着标志作用，又是村民劳动间歇纳凉小憩之地。（图5）。

三、"风土环境"

1."风土建筑"

所谓"风土建筑"是具有民族特色及鲜明的地方色彩的民间建筑。它不一定很古老，也可能不属于一种历史建筑风格，但受着民族和地域的历史文化传统、社会民俗、生产生活、感情气质和审美观念的制约。"风土建筑"土生土长，"乡土气"十足，是建筑文化中的下里巴人，它既不像皇家建筑那样雄伟庄严，也不程式化。它以其独特的姿态，仁立于中国传统建筑文化之中，依附于"风土环境"，反映了一个特定民族、特定地域所独具的美的理想。

2."风土环境"

"风土环境"是指与风土建筑群（民居或其他建筑）紧密相联系的，反映历史文化传统、民族风物、地方特色、自然景观的综合体。

3．"风土环境"的特征与价值

（1）地域文化传统的结晶

"风土环境"是城镇整体环境的组成部分，他反映着地域的历史、文化、民俗。为数众多的民间工匠，由于乡土文化的积累，启迪和支配着他们的灵感及审美理想，从而继承并创造风土建筑文化。那些充满民俗气息的幽深的街巷，具有非凡想象力的视觉环境以及丰富多变的城镇艺术形象，成为地域风土环境的精髓。

（2）"怀旧现象"与螺旋发展

世界上发达国家城镇发展的历史过程中，有许多螺旋返复现象。其城镇环境，早期与大自然融为一体，后来发展到拥挤混乱，污染严重，环境遭到破坏。而今又回过头来注意保护历史文物及城镇环境。

我国城镇亦经历了曲折的发展过程，由于社会生产力的发展，建筑业的兴起，使城市面貌大为改观的同时，出现了许多破坏环境的问题。不论北方小镇或是南方水乡，还是少数民族地区的山城，它们的新建地区，都如出一辙，分不出东、西、南、北、中，找不到地方特色及民族风格，千篇一律之风蔓延，城镇面临逐渐失去特色的危险。

我国的传统建筑环境设计，具有两个相反相成的手法，其一是对称均衡的布局，一切都纳入建筑轴线的控制，它受传统美学法则的影响，也与封建礼制观念相一致，以庄重严谨、主次分明、封闭感强而著称。其二是顺乎自然，不拘一格，特别是那些有着特殊地形地貌及自然环境的中小城镇，成为以上严谨的建筑环境的对立面。处处洋溢着大自然的盎然生机，反映了中国人对待自然的态度，即人与自然契合，憧憬返璞归真的意愿。城镇的平面布局，则不强求方正规矩，而是随地形、山水之势，自由变化，使人工环境与自然环境相结合、达到巧夺天工，浑然天成的程度。另在中国广大边远地区，由于生产水平、自然环境、文化传统、宗教信仰等的差异，形成了不同风格。各具特色的城镇形象和风土环境，使边城古镇蒙上神秘、质朴、浪漫的情调。

城镇要发展，传统要继承，这是一对矛盾的两个方面，也是当前亟待解决的课题。在国家划定历史文化名城加以保护的同时，似应由省、地划定一定数量，具有传统特色，保留比较完整的小镇加以保护、更新。如湘西土家族苗族自治州凤凰县县城沱江镇，小镇面积不大，且不具备发展工业的资源及其他条件，但可使之建成为山清水秀、富有民俗传统风貌的小镇。

无论对"风土环境"的保护，还是一些城镇局部"风土环境"的更新，都会使人感到家园的温馨，引起人们对故土的怀念，进而产生自豪感，也是很好的爱家乡、拓故土的教育。"风土环境"的保护与更新，使居民分享以往建筑环境的乐趣，回味地域的本来历史面貌，从而使城镇具有浓厚的乡土文化气息。在旅游事业十分发达的今天，人们的情趣已从单纯风景欣赏发展为寻求多义的内容，以满足各种游客的不同爱好。风土小镇将会吸引一部分游客，为旅游风景区增添丰富的情趣。

四、保护、更新与现代城镇

从世界范围看，自20世纪50年代以来，建筑遗产和古城保护问题越来越多地为许多国家所关注，至70年代发展成为世界性的潮流。联合国有关机构为此陆续制定了一些文件，内容迁涉许多方面，如避免战争对文物的破坏；关于考古发掘；保护优美风景与特征以及保护世界文化与自然遗产等。与此同时，国际建协也对保护传统建筑文化给予了高度的重视。1933年的"雅典宪章"，及1973年的"马丘比丘宪章"规划大纲中都有所体现。"马丘比丘宪章"明确指出了城市的个性和特征取决于城市的体型结构和社会特征，因此不但要保护好城市的历史遗址和古迹，还要继承一般的文化传统。一切有价值的说明社会和民族特性的文物建筑，必须保护起来。

不为繁华易匠心

我国1961年颁发了《文物保护管理暂行条例》，1982年又首批划定了24个历史文化名城，无疑对保护文物古迹和历史文化名城起着很重要的作用。对为数众多的中小城镇及其风土环境，提出"风土环境"的保护与更新更契合我国城镇规划建设的实际。另外，保护与更新不是静止的，而是发展的，具有生命力和创造性。这就要求建筑师在进行规划和建设中，不仅限于建筑形式的模仿，而且还要涉及历史文化传统，地方风土人情，哲学和审美观念，创造出既有传统精神，又有现代理性的被强化了的特殊建筑环境。"风土环境"的保留范围可根据整体环境决定取舍。保护与更新不要求保留原貌，而是继承文化内涵，以求新意，更新的内容不但包括建筑环境、自然环境，还包括民俗环境。

"风土环境"的隐喻性，在于激发人们的联想，当新旧城镇环境完美和谐地结合在一起时，就会给城镇环境增添新的生命力，令人感到历史文化的发展和延续，从而丰富和创造了现代人的生活内容。只有保护和更新传统建筑环境，使城镇特征与风采得到润色，才能使城镇各具特色。而鲜明的时代特征，更能衬托出传统建筑的历史意义和文化价值。融合传统与现代而升华了的建筑意境，不是直接运用建筑词汇，而是通过创造新的设计和设计观念，建筑师要力图在一切方面把自己的作品融入那个地区的文化和环境中去。

（发表于1987年《建筑学报》2期）

湘西组画（油画棒魏挹澧作）

1 渡口	4 村寨寨门
2 凤凰桥	5 某沿河民居
3 水边民居	6 山顶村寨

土家族民居

一、土家族的社会历史状况

（一）酉水——土家族文化的摇篮

1. 酉水

秦汉时期，酉水就以酉溪之名著称，或称首于武陵"五溪"（酉、辰、巫、武、沅五溪），成为中国历史上屈指可数的一条文化河流。武陵之酉溪在古代历史上，尤其在民族史上的名气，是与巴人和"蛮"联系在一起的。现在酉水流域仍是巴、"蛮"遗裔——土家族最集中的聚居区域。

酉水属于长江—洞庭水系沅江一级支流，流域跨川鄂湘三省，也被三省分割成三段，湖北段处于上游，四川段处于中游，湖南段处于下游。从文化上看，虽然酉水把土家族文化联成一大片，但是酉水上游和下游，以及河东河西，仍然存在一些比较明显的差异。例如，下游的湘西土家族有逢社祭日跳"摆手舞"的风俗，而上游因靠近鄂西清江流域并受其文化影响，则以"跳丧"为其主要风俗特征，民间就有"北跳丧，南摆手"之说。鄂西土家族多崇敬白虎，湘西土家族则多畏白虎、忌白虎，还要赶白虎。鄂西土家族习饮"油茶汤"，湘西（河东）土家族则鲜有此习。而处于中游的四川酉水土家族，则是兼收并蓄上下游及河东河西的习俗风尚，成为名副其实的中间地带。

2. 溪洞

凡是到过武陵山区的人，无不为其秀丽奇特的地貌环境所吸引。也许不少人都知道武陵五溪地区的古代居民多以洞溪族落之称见之于史，深入溪洞，就像深入了土家族民族的心里。

溪洞地形，顾名思义，有溪有洞。溪从洞来，还归洞去；溪洞相生，婉转相成；阴阳有致，动静自然。这个地区的八面山有多少个洞，就有多少条溪，潜行复出，蜿蜒于溪洞之间，最后汇入酉水。酉水地区还是著称于史的"九溪十八洞"的主要地段。酉阳人更是断定西阳的大西洞就是陶渊明笔下的桃源洞的原型，并以此而自豪。

有山就有洞，有洞就有溪，有溪就有人，有人就有情，就有文化。土家族先民的生活与洞溪息息相关，他们的居住、饮食、丧葬等都曾长期仰赖于溪洞。古代巴人实行过船棺葬，即溪洞生活的模拟。还有岩洞葬，不管它是否为土家先民的，但必定是溪洞先民的。洞居便是出自土家先民长期保存的一种居住方式。至于饮食，几乎无须证明那是必须仰仗于溪洞的。土家先民曾以渔猎为生，其后人至今尤喜猎食野味。

民族生存，使溪洞这样的自然条件转化为一种历史文化因素，乃至使这种"自然化"特有的性质渗透到民族传统及精神气质当中，于是就有了特殊的人文环境的建树。

（二）土家族的族源

1. 蛮

从川东洞穴遗存来看，人类最早在洪荒时代就已涉足酉水一带，但其史事湮远渺茫，实在难以稽考。不管还有多少民族种落先后迁入五溪之地，有一个总的因素是比较明显的，那就是这些民族种落大多是在中原文化核心势力形成和扩张过程中，未得汇入华夏集团，而被排挤出来的部分。他们要寻求一种环境生存下来。

酉水溪洞之地，"当思南之要冲，接荆湘之边境"，山川阻深，易为凭藉，古称难治，是比较理想的民族避居之地。在此居住下来的民族便借助于复杂而险恶的地形环境，生存繁衍，同时也以这种地形环境为武器，维护自身的文化并生存下来。溪洞之地得以开发，被改造得犹如"桃源"仙境。

从秦统一天下到清初"改土归流"，这两千年里，酉水地区虽一直在历代王朝的行政管辖或羁縻之内，但始终

不为繁华易匠心

未得彻底"教化"，仍维持着相对封闭的状态。

2. 土家族族源

土家族只有语言，没有文字。关于土家族族源，时间悠悠，史事湮远渺茫，确实难以稽考。现代的史学家、民族学家从不同的角度，收集各方面的历史资料，他们从民族迁徙、出土文物、历史事件、姓氏、语言、风俗习惯等进行了多方位的研究，可以说仁者见仁，智者见智，归纳起来，有如下观点：古代巴人说、湘西土著说、贵州乌蛮说、江西吉安人迁入说、古代羌人说、板楯蛮（賨民）—巴人一支说、古代濮人说、白虎伏羲说、蛮蜓说、多源说。

以上各论，都有各自的源考论据，但是广大的湘、鄂、川、黔地区，虽同为土家族，就空间角度，不同地区的"源头"或许有差异，难以界定；时间上，也难于确定形成的具体阶段。究竟土家族哪一部分是最先的主源，很难确定，因此多源说可能更具说服力。所谓"多源"，并非以上观点之和，而是试作如下的推论：土家族是由长期生活在湘、鄂、川、黔边境的古老土著民族，在不同时期、不同地区与其他古老民族相融合，以及进入这个地区之后被土化的部分汉民，经过长期的历史过程，形成今天的土家族。

二、土家族文化

（一）土家族文化的变异与适应

从酉水地区现存文化状况看，似乎没有明显的奇风异俗。这个地方从表面看来是个很平常的地区，只是由于地处边远，信息闭塞，而显得贫穷落后，它与南方贫穷落后的汉族山区农村似乎没有什么两样。诚然，酉水地区土家民族文化的特征确实已不十分明显。区域文化的民族色彩即使不能说全然消蚀，也可以说，自清代以来消蚀得相当迅速。酉水土家族文化形态尽管汉化深重，但可以看作是历史形成的一种文化适应方式，它交融着多种民族文化因素，其底蕴仍显示出土家族先民的独创精神。历史上，在统治民族的长期压力下，土家族自身固有的文化形式，通过历史的变异，容纳了各种外来文化因素，形成一种极富韧性的复合文化形态。在这种形态下，沉积着丰厚的历史文化层次。可以说，酉水土家文化形态整整包含着一部文化变迁的历史，记述着一段生存适应的艰难历程。

从史籍、民族志等文献资料来看，有理由认为，包括土家族在内的我国南方少数民族的先民，曾在古代中原文化势力的中心区域生活过相当长的时间，为中原的早期开发，为中原文化核心势力的形成，即为奠定华夏文化基础，做出过不可或缺的贡献。后来，随着中原文化势力中心的形成和扩张，他们在严峻的外部文化及生态压力下，逐渐被排挤出来，沦为后进民族。这一代价所换得的是华夏民族的成长，是一个巨大文化漩涡的形成，这一强大漩流又将以文化整合的方式，把后进民族重新卷入到历史主流中来。对于保存着古老文化成分及通过文化变异以求生存的后进民族来说，文化整合、复归统一的道路是曲折而凄苦的，但是它以自我牺牲来促成一个伟大民族的成长过程，使之得以光荣地复归，而跻身于中华兄弟民族之列，与汉族并驾齐驱。

酉水土家族处在一个比较特殊的自然和人文环境之中，既偏僻又邻近中原，受汉文化影响既早且深。在民族关系史上，土家族的整个历史演变和发展，可以概括为这样一条线索，即由"华"而"蛮"（由华而"蛮"所指的"华"是从更广的意义上而言的），由"蛮"而"土"，由"土"而"土家"，由"土"而复返的过程，是一种历史的轮回。

截至中华人民共和国成立，酉水地区土家文化的具体形式相当复杂，呈现出多民族文化因素混杂、融合的多元文化局面。原生文化形态变异，文化形式的残存及其功能衰退，综合起来给人这样一个印象，那就是它们明显地反映出文化整合的历史要求和发展趋势，反映出华夏倾向。在酉水复合文化形态中，体现上述特点的具体文化形式包括物质、精神及行为诸方面，是丰富多样的，可以从中提炼出三个基本的要素，即同姓聚居的农业村寨、宗族制度以及祖先崇拜为主的宗教信仰。

（二）土家族文化的积淀、残存与特色

1．土王崇拜

酉水地区，长期崇奉"土王崇拜"，这种土家族文化传统，其文化形式主要由"土王"、各种类型的土王庙及祭祀土王的民俗三种要素构成。在酉水地区，至今还可见到不少土王庙、大王庙，湘西永顺一带还有摆手堂。在酉水及湘西一带的土王庙一般为一间不大的砖木结构房屋，供奉三尊偶像，为彭、田、向三姓祖先，中间供的是"彭公爵主"，其左是"田好汉"，右是"向老官人"。湘西的一些土王庙在彭、田、向三尊偶像下面两侧还分别供有名为"科洞茅人"和"噜力呷巴"两尊神偶。

土王庙也称爵主宫，不同地区所奉爵主有所不同，如酉水以西，湖北的来凤、鹤峰一带敬奉覃、田、向三土王；酉水以东，湘西的龙山、保靖、永顺一带敬奉彭、田、向三土王；而川东南、黔东北则敬奉冉、杨、田三抚公。小的爵主宫只供"彭公爵主"。彭公爵主，就是湘西溪州铜柱上所记载的"溪州彭士愁"。溪州铜柱是五代十国时期楚王马希范和溪州（包括今湘西永顺、古丈、龙山、保靖等县）"蛮酋"彭士愁于后晋天福五年（公元940年）所立的记事铜柱。后晋天福四年秋，楚王与溪州彭士愁为争夺领土发生战争，最后双方言和立盟，并铸铜柱刻记其事。铜柱为国务院颁布的重点文物保护单位。铜柱上刻有楚国天策府学士李弘皋撰写的《复溪州铜柱记》，这是土家族地面文物所镌有的最早文字记述。彭士愁就是当时得势并活跃于湘西地区政治舞台的一位著名少数民族酋领，是当地各羁縻的盟主。"土王崇拜"的文化形式，除了建立土王庙外，还表现在对土王的各种敬仰和祭祀活动中，一年一度举行的祭祀土王的集体歌舞活动，即"舍巴巴"，也是"土王崇拜"的一种民俗形式。每逢正月（也有在三、四或五月的），各姓族人分别或者共同聚集于土王庙，举行以摆手为特征的祭祀性舞蹈，土家语称"舍巴巴"，即摆手。"摆手舞"分"大摆手"，是表现战争的舞蹈，场面壮阔，舞姿劲勇。"小摆手"，是表现日常生活生产以祈求丰年、平安、幸运和昌盛的舞蹈，动作较为柔和。人们随着锣鼓声起，点燃火把，男女老幼踏着锣鼓节奏，循着传统摆手格式和队列作舞，气氛欢悦，景象祥和，如神降临。跳"摆手舞"还伴以"摆手歌"，有独唱、合唱、领唱众和等形式，歌舞喧天，通宵达旦。

2．湘西土王庙与宗祠并存

土王庙是土司时代的产物，宗祠是从汉族地区引入的，是土家后起的一种文化现象。引人宗祠的直接原因是宗祠制度与土王崇拜，就其祖先崇拜的内涵而言，具有共同之处。土王崇拜在宗族制普及的条件下得以残留，表现形式就是土王庙与宗祠的并存。

3．巫与宗教并存

直到1949年以前，土家族地区仍然保持着民族原始信仰与宗教并存的局面。原始信仰，主要指以巫师为代表的宗教前期的文化形式。酉水地区处于巫山—武陵山甬道地带，这里自上古时期就巫风盛行。汉以后，佛教和道教传入，在酉水地区长期流行，深深地渗入原始信仰形式之中。尽管如此，佛教、道教并未取代具有深厚根基的原始宗教，只能与之并存。巫文化虽逐渐衰落。它却在土家族先民世代居住的五溪之地得以保存并长期流行，成为区域土俗民风的基本特征。

4．图腾崇拜、多神信仰

土家族先民一支为廪君之后，以白虎为图腾。这是氏族图腾之遗风。关于土家习俗中对白虎敬畏之分野是：鄂西为敬，民家堂屋里多设有白虎神堂。湘西为畏，在湘西则相反，视白虎为凶神，以忌虎为特征。

多神信仰反映了土家先民极为深厚的万物有灵观念。只有敬奉各种神灵，祈求保佑，才能免除灾祸，以得福利。

清代以后，酉水地区农业耕作有了一些进步，引入了水稻种植技术，虽耕作粗放，但已备有简单粗陋的生产工具。土家先民逐渐自高峻的山区往丘陵地带转移，以获取较多的耕地，从而他们所聚居的村落根据耕地的多少，其

规模有大有小，村落的主要形式是以大姓为主的杂居村落，单一的同姓村落已经少见了。

下面介绍两个湘西土家族村落：

1. 永顺县王村镇

王村是永顺县南端的一个著名古镇。古镇历史悠久，有两千多年的历史，自古就是酉水沿岸山水石木最美丽、清奇的码头。因处于酉水之北，古称酉阳。以后在土司王统治时期又是土司王盘踞的重镇，故称王村。古镇王村还保存着一些珍贵的文物古迹。溪州铜柱，是国务院颁布的第一批国家重点保护文物，建于后晋天福五年。王村还有西汉古墓群，尚待发掘。

古镇环境特色及选址：王村坐落于酉水之北，酉水与跳蹬河交汇处，这里群山环抱，玉屏叠翠，酉水清澈，河溪蜿蜒。若泛舟酉水，远眺古镇，以山为背景，镶嵌于青山之中，浮游于碧水之上。在古镇的一侧，跳蹬河形成三叠瀑布，落差几十米。每逢雨水季节，瀑布如万马奔腾，腾雾飞烟，声似惊雷震谷，泻入碧潭。瀑布下沿河岸有小径，人们可循此由水帘下穿过，阳光下显现五彩缤纷的彩虹，把人们引入梦幻般的神话世界。瀑布两边黛色巨石壁立，石壁上方悬挑，天然纹理倾斜欲坠。若置身于瀑布周围环境，一种雄浑瑰丽的感受油然而生。瀑布的源头高处，有一土家族民居，飞檐翘角，悬出的吊脚楼，在竹木青翠之中汇成一幅瀑布土寨山居图。古镇选址于酉水以北，向阳背阴，依山而临水，面向"空旷"的水面，广纳万物之瑞气，背面以峰峦为屏障，凝聚紫色而不散。跳蹬河环绕古镇一侧注入酉水，尾随大小九座山龟，有"九龟赴蛇"之说，顺应地脉，呈现气势。街道与主导风向相一致，风和气顺。古镇选址反映古代民间风水说与现代生态学的完美结合。

王村古镇的整体景观与山水有着不可分割的关系，建筑与溪流飞瀑相结合，与山峦岩峰融为一体。古镇的整体布局，是一条垂直等高线的五里迭落长街，与跳蹬河顺势相依，自山上逐级迭落至酉水。古人有诗赞美小镇景色的奇丽和人民生活的清苦：

石级步上九重天，叶舟穿梭银河边。

千户相依醉石上，繁衍生息度日光。

垂直等高线的长街有五里长，傍山依屋，重重叠叠，建筑彼此栋栋相依，鳞次栉比。悬山屋面临街的前坡短而后坡长，沿街的店铺均安装到顶的活动门板，可随意开启，有利通风，同时使室内外空间畅通。土家人喜好群聚活动，居民的许多活动都在街巷院落中进行，街道成为信息交流的场所。由此可见，土家人的生活方式与古镇空间形态有着不可分割的联系。青石台阶古街弯弯曲曲，似巨龙蠕动，蜿蜒至水边河街，与河街交汇处设城门，上面镌刻着"酉阳雄镇"。

城门下酉水码头，有几块硕大的天然块石壁立，上书有"楚蜀通津"四个大字。长街的另一端尽头是一小段半边街，面向一片农桑之地，蔚成优美的山林田园风光。半边街的尽头曾有一石牌楼，书有"五里牌楼"作为长街的结束。可惜牌楼在"文化大革命"期间被毁，河街和城门也在修建水库时被淹没。

2. 永顺列比洞村

如果说王村属于土家族集镇型聚落，列比洞村则是村寨型聚落，是一处有代表性的山地村寨。村寨坐落在林木苍翠之中，山青林密，修竹葱郁，风光旖旎，土家族古色古香的吊脚楼散落在山坡上，它没有平原村寨那样庞大的居住群组，而多是三两户一组，也不乏单家独户。但是，有一点是都要遵从的，这就是土家人懂得纳天、地、山、水、竹、木于居住环境。一般楼后有山或有郁郁葱葱的群树、竹林合抱，前面面向视野开阔的桑田之地，有的还有溪流绕前经过，或使其穿过架空的吊脚楼楼脚，溪水清澈，徐徐流淌，融建筑于大自然，秀美的吊脚楼也为大自然增辉。列比洞村几排平行等高线布置的房屋整齐有序，由于民间建房听命于风水测定，在整体方向遵从坐北朝南的情况下，每户又不同程度地向西或向东偏转，使房屋排列在整齐中不失自由活泼。由于依山就势，多是三五栋建筑成组，不论经济条件好坏，几乎每户都建有吊脚楼，大多在一侧设吊脚楼，平面呈"L"形，也有在两侧都设吊脚楼的，平面呈"冂"形。散落在山麓的吊脚楼，使山村更具有浓郁的民族风采。土家族村寨多建有摆手堂，它的前面是宽阔的摆手坝。摆手堂既是祭祖（八部大王）的场所，也是土家集会、跳摆手舞的场地。摆手堂和摆手坝是土家族村寨的重要组成部分，是村寨的核心，它的选址常位于村寨的入口、村寨街巷的交汇处或建于村寨中较高的台地上。

（三）土家族民居

1．民居平面与功能

（1）平面布局的核心——堂屋与火塘

酉水地区的土家族住屋，都以堂屋为中心组织室内外空间，即使大型宅院也是以一系列厅堂为轴心进行院落空间组合的。堂屋成为平面布局核心的内在原因是祖先崇拜与宗教信仰。

祭祖求神是土家族的习俗，村寨中有祭祀的场所，家中有供奉祖先和神明的位置，神明位于显要位置——堂屋后部正中。住宅的其他功能围绕堂屋展开。堂屋集物质与精神功能于一身，既为人用，也为神居，既是家庭劳作、休息、婚丧嫁娶、筵宴宾客的场所，又是人神相通、与祖先对话的空间媒介。沟通室内外空间，联络祖宗神明，复合多用的实际功能是堂屋的主要特征。与堂屋联系最密切的是火塘间。

（2）火塘间

各地少数民族都在住宅内设有火塘。湘西土家族的火塘则偏于堂屋一侧。这些火塘同源于原始人的灶坑，煮烤食物、御寒取暖和防卫照明是它的原始功能。人们从对火塘的物质需要，进而上升为神灵崇拜，踏越火塘为禁忌，围绕火塘有不同的尊卑位置。常年烟火不断，也不为功能所使，尽管一般人家均有独立的厨房，但火塘仍然难以割舍，人们围绕火塘休息聊天，进餐待客。火塘间是居住活动的主要空间，是家庭精神凝聚力的体现。火塘常由屋梁吊下一炕架，供烘烤腊肉、烘干湿物、孵化蚕卵，因此火塘是家庭生活的中心。火塘居堂屋左或右，又与特定的民族文化相关联。

"三柱五棋"的土家族住宅，三开间中间为堂屋，作祭祀祖先、迎宾客及办理婚丧之用。左右两间为"人间"即住人的房间，又以中柱为界，分为前后两小间，土家族的左为上，父母居左侧"人间"的后小间，前面小间作厨房或设火塘，晚辈居右边"人间"。火塘在左，以左为上，是母系社会的遗俗，至今影响着他们的生活方式，如土家族中年人喜穿左襟袄等。也有把火塘置于右侧的，是因为用左右来区别姓氏，火塘也就左右相分了，关键是人们依循着这些道理或规矩建造房屋，设置火塘，或右或左并不影响它的重要作用。

2．民居的布局特点

（1）体态自由而有秩序

酉水地区丘陵起伏，河流纵横，地形地貌呈现出三维空间特性。因此房屋多沿等高线排列，依山脉、河流的趋势和走向，似不刻意强求坐北朝南，整体布局和单体形态表现出不规则的自由倾向和多方位的空间特征。房间可以不方，院落可以不整，也不恪守常规的结构逻辑。空间形态体现出一种洒脱、粗放、浪漫的情调。空间体态的灵活自由，是由于居住空间各部分的形态、大小、方向和位置的变化引起的，但并未因此而失去其整体空间的基本组织关系，而且从不规则和变化之中表现出较为明确的秩序来。

小型住宅以堂屋、火塘为空间组织和生活起居的轴心；大型住宅则以一系列厅堂为轴，联系各部分空间，堂屋前为院落。吊脚楼的楼梯设在院落一侧，自堂屋到各功能空间具有明显的秩序。这种秩序还体现在空间序列上，从大门进院落，从院落进堂屋，自堂屋至火塘间，然后至其他部分。即使堂屋与其他空间复合为一个大间，也常利用高差区分出不同功能。

不为繁华易匠心

（2）遵从自然，巧于取舍

为争取更多的可用面积，由于地形和邻里的原因，房屋平面可为不规则形，体现寸土必争。有时为环境所迫而作出割舍和退让，让出的面积供街巷的通道用，至于受地形限制而使内部空间不规则的情形，比比皆是。顺应自然，充分利用地形条件，不仅使内部空间富于变化，也使住宅外部体形参差错落，形成居住整体空间复杂多变的形象。

（3）开合有度，公私分明

利用空间的转折增加层次和私密性，是土家族住宅的特征。由一个层次的空间进入另一空间需要转折，空间自外到内，由大到小，由明到暗。每一层次的变化都有空间的实体作阻隔或呼应。私密度从大门开始，依次为院落—堂屋—火塘—卧室，逐渐增加。空间的分与合与民族习惯、生活方式、地域气候和社会秩序有着一定的联系。土家族民居的堂屋，常常在正面全部开门，使与院落空间完全融通，有利采光通风除湿。而房间开窗却很少，一般为一米见方，有的房间则开盲窗，而卧室有的不开窗，给人感觉狭小、黑暗，有条件的在卧室顶部覆亮瓦引进微弱的顶部采光。这就形成堂屋异常开敞，卧室极为封闭，待客及家庭内部界线分明。土家民居的封闭性还反映出反气候的特性。

3.民居的平面类型

（1）构成元素

传统民居是由相应的基本元素按一定方式组合构成的。诸多基本元素构成一家一户的整体形态；诸多整体形态又是构成丰富多变的村落和城镇形态的"基本元素"。酉水土家族民居亦不例外，其基本元素如下：

①间。间是中国传统建筑空间组合的基本元素。它由结构框架所限定，是房屋结构体系和建造技术的一个模数，常以开间称谓，如"三开间"、"五开间"，这是指房屋的结构规模，而不是确切的空间概念。土家族民居的间，面阔一般3～4米，大的有5米，进深6～8米不等。进深大小以"柱"、"挂"（"挂"同棋，设于柱间以穿支撑，供架梁用）作为衡量尺度，如"三柱六挂"、"五柱八挂"、"七柱十二挂"等。"五柱八挂四品房"，即进深为五柱八挂三个开间的房屋。湘西永顺、保靖土家族地区多为"三柱六挂"。开间多少，则视具体情况而定，一般三到五开间为多。有时建造房屋并不严格拘于"五柱八挂"或"三柱六挂"的定式。从土家族地区对"间"的面阔、进深的称谓来看，"间"也是一种结构概念，因为"间"的结构框架只有加上围护构件或进行分隔或叠加之后，才具有空间和功能上的特定意义。一个规整的"间"，可以是一个独立的空间和功能单位，而特定的空间和功能又可以由间的分隔或叠加来实现，因此"间"是一个基本的结构单元。由于围护、分割的方式不同，同一结构单元可以变异出诸多的空间单元，以满足居住的各种功能和要求。以上分析说明"间"的空间可变性及灵活运用。这些变异的空间单元，在民居中常作为固定的形式应用于确定的部位，因而也是基本的空间单元。

②廊。廊和楼梯是空间联系和过渡的元素，廊在土家族民居中应用甚广，主要有以下几种：内回廊，设于院落或天井四周，供前后或四周房屋水平联系、遮阳避雨、休息停留之用，结构上与房屋一体，或挑或凹，局部独立设置；凹廊，设于入口处堂屋之外，是土家族较普遍的门廊形式；外挑廊，如果说内回廊具有向院落和天井中心围聚的空间意向，而外挑廊则向外发散，取得与自然空间的沟通。住宅临河一面或在山崖之边，二层多设挑廊，谓之吊脚楼，还有两、三面设廊的，呈转角状。外挑廊视野开阔，空间宜人，为许多少数民族所喜爱。

③楼梯。土家族聚居地区，山多平地少，民居多为楼房或利用屋顶结构空间做阁楼，楼梯是必不可少的联系构件。楼梯的设置与廊结合考虑，有回廊的设于院落或天井的一侧。吊脚楼的楼梯一般设于室外，和挑廊连通，也有室内外兼设的。阁楼一般不设固定的楼梯，仅以活动的梯子供上下存取杂物，不用时，可随时移开。如阁楼住人，梯子位置则比较固定。为节省空间，一般楼梯均较陡，坡度在45°以上。

④入口大门和围墙。入口处的大门和围墙共同限定了住宅和外界的空间。在门口休息、停留观望，是入口的功

能之一。土家族的入口大门，常做成向内凹的八字形，八字是表向，凹是空间的实质。狭街窄巷，人们肩扛背负相遇时，向内的入口具有回避、让步、停留的实际功用。向自家宅院凹进作出礼让，与修桥补路一样，这是当地人民谦虚朴素的道德观念的体现。

（2）平面组合方式及类型

①"一"字形。即间沿横向依次拼接，形成三开间、五开间或五开间以上的"一"字形，是土家族村寨中常见的住宅平面。即使这是最简单的类型，在内部空间组织上仍有许多不同之处。其实这种类型也不仅是间的排列，通常还加上围墙形成院落。根据居住的其他功能需要，还常附以披厦等衍生部分。

②"L"、"冂"和"口"形。即间的横纵拼接，在"一"字形的基础上，再以间在垂直方向加以拼接，就形成了"L""冂""口"形，以至由此拼接成多样复合形。

a．"L"形是一正一厢的形式，土家族地区常将厢房做成两层或三层，底层随地形高差架空，用于储存柴草杂物或做牛栏。土家族的吊脚楼就是"L"形厢房加上挑廊，挑廊也可两面或三面均设。吊脚楼多为两开间，进深也较正房小。从平面和空间形态看，"L"形已具备一定围合的意向。但一般土家吊脚楼不喜加围墙，似强调与外部环境的空间融合和视觉沟通。

b．"冂"形，又可分为两种，一种是两侧均设吊脚楼的外向型；一种是"三合水"的内向型。前者三面围合，较之"L"形有更强的围合感，但空间意向是向外发散，有容纳外部空间于内部的趋势。后者为内向型，呈现与环境隔绝，自我封闭的空间意向。两者之间的区别在于是否设大门和围墙。前者可能是土家族的原型，而后者是土家族的富户追求汉族世家生活方式的表现。

c．"口"形，这种类型，在土家族地区有两种形式。一种是受汉族影响的"四合水"住宅，由间或廊四面围合而成，大门设于中轴线上或偏于一侧。进大门后为门道—天井或院落—正房，两侧有厢房。门道向天井敞开，以利通风采光。另一种是由"冂"形完全封闭而形成的，它不同于汉族的四合水，而是一种四合院走马转角楼形式，四面围合的间或廊，常因地形限制形成不规则状，很少见四面方正的四合水、三合水。地形、街巷、水沟或陡坎等，直接影响着房屋的整体形态。

这三种平面类型是由间或廊纵横拼接，再加院落、天井或围墙、大门等基本元素组合而成。这三个基本类型还可组成大型宅院，其组合方式有以下两种：一种是"冂"或"口"形的纵向排列，即沿纵向轴线依次排列，形成层层叠进的纵深布局，此种类型多见于地形平坦地带；另一种是"冂"或"口"形的横向排列和并置，每列横向宅院之间以马头墙相隔，既起到防火的作用又在形体上形成明确的序列，这是一种更大型的宅院群。这两种大型宅院，是受到汉文化直接影响的结果。

在鄂西尚有一种大宅院，特点是在"冂"、"口"彼此排列和并置时，并不设马头墙相隔，而带有转角走马廊。或许这就是土家族原型"冂"、"口"拼接的大宅院。

③拼接组合形。"冂"形纵向拼接成"H"形，由两个三合院背靠背拼接组成，这样的处理，可获得两个天井（院落），有利于正屋的通风采光；"冂"形横向拼接成"冂冂"、"冂冂冂"以至更多的连续拼接，组成左、中、右三个或更多的连续串接的吊脚楼宅院组合。

④两开间纵向延伸为一狭长形，一些住宅以两开间为一组，向纵深方向展开，适当置设小巧的天井，以解决进深过大的采光通风问题，天井周围为房间和敞廊。这种住宅多见于用地较为紧张的集镇。此种类型酷似大城市的里弄住宅，面宽窄而进深大，具有节约用地的长处。

⑤不规则形。不规则形住宅主要是因特殊的地形而导致基本元素的不规则和整体形态的变异。土家人在对待复杂地形和组织空间形态方面，具有特殊的能力，他们都遵从的一点就是不破坏地形和环境，与自然协调，与街巷、路径、山石、竹木、邻舍相宜，是大家都遵守的准则。

| "一"字形平面民居 | "冂"形平面民居 |

| "凵"形平面民居 | "H"形平面民居 |

| 三个"冂"形平面横向拼接民居 | 复合型平面民居 |

4．土家族民居的外部造型

（1）土家族民居造型融于自然

融于自然是土家族民居的主要特点之一，建筑显示出的美，以广阔的自然景物为依托，而自然环境因有建筑的点缀而充满了人的创造与活力。土家族民居融于自然表现在以下几方面：房屋的方位、大门的开启方向、吊脚楼的位置等，无不遵从背山面水、坐北朝南等因素，从而使建筑镶嵌在自然环境之中。民居的体量、尺度是与自然相协调的，由于土家族处于崇山峻岭、急流险滩的自然环境，他们的先民们对高山大河、硕树巨石表现出的超人尺度和体量，由衷地崇敬与折服。在这种心理的支配下，建筑的尺度只能臣服于超人之下，依附于山水之中。土家族民居还在建筑材料的质感、色彩方面与自然取得了完好的协调。

（2）造型的非理性特征

在汉族民居中，往往体现出明显的世俗理性精神和强烈的伦理色彩，这在土家族民居中都较淡漠，表现在：无明确的轴线和固定的方位，土家族民居虽也有三开间正屋，但吊脚楼一般只设于一侧，即使两侧均设吊脚楼也不一定相等对称。其他房屋如灶房、牲口圈、杂屋的偏厦、披屋等随需搭接，由此可见，土家族民居的立面造型不刻意追求对称，不强调方正规矩；构图中心意识不强，常常体现出一种不均衡的统一，无明确的中心，一切都顺其自然，呈现散点构图或多中心构图。三开间正屋因体量大而决定了它的主导地位，但它却不一定是视觉中心，而体量轻巧，具有精细装饰、优美翘角的吊脚楼造型，格外引人注目；形体组合与交接随意，各部分相交形式多为直角，但也存有不少斜向相交的例子，屋顶构架的交错，不同材料直接撞击，无不反映出非理性的思维方式及"粗野主义"手法，给体型组合带来多种变化的可能，土家族建房多随经济条件的改善而分期建设，逐步完善，呈现出不同风格、不同手法、不同年代的建筑融于一身，反映出丰富多彩、不拘一格的特性及组合中的"偶成"效果。

（3）造型与功能

三开间正屋为堂屋是祭祖、活动空间，火塘间是交往空间，卧室是居住空间。正屋进深较大，因而屋脊也是最高的，由此显现稳定性而在体量上呈现主体建筑的地位。吊脚楼开间小，屋脊也低于正屋，而它轻巧的歇山顶及华美的装饰，成为视觉中心。还有辅助功能，包括厨房、杂屋储存间、厕所猪牛栏等，其空间设置有很大灵活性，披屋、侧屋、披檐等多是由以上要求而出现的，在很大程度上丰富了建筑的造型。由辅助功能形成的这些附属部分，高度比主体部分低，形成主次分明的构图，既符合人们的审美习惯，又体现土家建房"客不欺主"的原则。

（4）屋面与造型

土家族民居的屋面设置多样且别具特色。吊脚楼一般为歇山顶，飞檐翘角，常以白色勾勒屋脊，屋檐的瓦当部分也常饰以白色。吊脚楼的屋面以其轻巧具有动感的轮廓，成为土家族建筑的一大特征。长期以来土、汉、苗友好相处，在土家族民居中也可以见到悬山屋面、马头墙、硬山屋面以及相等的四面屋面。在土家族建筑中，可满足多种使用功能的披屋被广泛采用。披屋的建造无一定式，在住宅的正面、侧面、背面都可以加设，以扩展使用空间，或者为了刻意加强某一部分，如正面加披叫披檐，下面是门廊，既是室内外的过渡空间，又突出了入口。就一个屋面来说，可以不方不正，需要拖长时，长度也可不一，其搭接构造多样随意，一个屋面的坡度也可变化。由此，一栋建筑屋面的整体往往会构成美的空间效果，是土家族民居外部造型特征的重要因素。

（5）吊脚楼

只要提起土家族民居，就自然会联想起吊脚楼，它是土家族民居的精华所在。土家族只要经济可能，都设吊脚楼，楼上为姑娘楼，是闺女刺绣、编织西兰卡普的场所。吊脚楼因为别具一格的造型而产生了独特的魅力。它既反映出土家族民居的清新秀美、舒展大方，又体现了民居建筑形式的古朴粗犷与原始韵味。

吊脚楼的形成发展，有悠久的历史，由于土家族只有语言，并无文字，致使吊脚楼的演变发展的一些说法都难以考证。但是，吊脚楼在土家族生存的这块土地上发生、繁衍并深深地扎下根来，得到人们的厚爱，是因为吊脚楼对于阴雾潮湿的气候和山中野兽虫蛇的侵扰具有很好的适应性。在土家族地区，吊脚楼有两种不同的形式。

①廊式吊脚楼，挑廊式吊脚楼因多数在二层挑出廊而得名。它的选址极少于城镇之中，而是依山就势位于丘壑冈峦之间，或于漪涟池水之旁，置于蟠根附壁山藤盘绕的峭壁之巅，或于急流险滩、临河绝壁之上。吊脚楼往往占据地形不利之处，如坡地、陡坎、溪沟等。在湘西土家族地区，对于吊脚楼择地有句流传已久，反映民间朴素的哲理的谚语："扶弱不扶强"，即吊脚楼补了不利的地形，图了吉利，又获得了开阔的视野。三开间主体部分则"心安理得"地端坐在平整的基地上。从吊脚楼与主体的结合方式看，有一侧设吊脚楼；两侧设吊脚楼，左右不对称及左右对称的两种形式。平面则是"L"形、"冂"形两种。其中以一侧设吊脚楼最为常见。在体量上吊脚楼比主体要相对矮小。层数二、三层均有，以二层为多。

土家族吊脚楼与主体之间的体型组合上，并无完美的和谐过渡，而是保持一种若即若离、似连非连的关系。如遇道路与地形所限，吊脚楼与主体之间可不遵循彼此垂直相交的常规，出现了吊脚楼与主体斜向相交的情况。永顺

县王村向宅主体与吊脚楼约呈130°相交。挑廊式吊脚楼的构造灵活多变，如有的吊脚楼部分有垂直的木挑梁外，在转角处设有45°角斜撑，类似撑拱，采用天然曲线型木料加工而成，处理独特。

②干栏式吊脚楼，"干栏式"就是底层架空上层居住的一种民居形式，它由古老的巢居演变而来。《旧唐书·南蛮传》中曰："山有毒草及虻蝮蛇，人并楼居，号为干栏。"我们所说的"干栏式"吊脚楼已有类似的特征，故由此而得名。一种干栏式利用不利地形如坡坎架设吊脚楼；另一种干栏式吊脚楼往往以山为背景，沿河岸成群连片地展开，它们的群体展现出的宏伟壮阔、气势磅礴的美，给人以心灵的震撼和艺术的享受。它的主要特征，多为悬山屋面，由檐口、腰线所构成的水平线条与下面长短不一的垂直、斜向的支撑，形成强烈的对比。此类干栏式吊脚楼在湘西土家族地区很少见到，而在湖北、四川沿酉水的土家族地区常常可寻觅到。

5．土家族民居构造与细部装饰（略）

（本文收录于《中国民居建筑》，华南理工大学出版社，2003）

1　依山而建的土家族吊脚楼民居
2　土家族L形吊脚楼

主要工程项目

凤凰县沱江镇保护与更新规划

项目负责人： 魏挹澧

设计理念： 保护和强化城镇整体空间环境，从城镇的传统空间中发现积极的空间环境元素，从而把城镇的历史、现在和未来联系起来。

项目简介：

凤凰县属湘西土家族苗族自治州，位于湖南省的西北部，县城沱江镇位于凤凰县的东南部，总人口3.4万人，其中城镇人口2.8万人。古镇的规划范围限定在西临南华路，东南界虹桥路，北至沱江，以及自跳岩至沙湾、迴龙阁至志成关的沿江地带，原古镇范围面积约12平方公里，是为主要道路、沱江所包围的完整地段。

古镇呈现的是自由式的街道系统，且多数街巷都通向沱江，具有强烈的向水倾向，可以看出城镇自江边向山地推进的发展脉络。沱江风土圈（图1）符合现代城市设计原则，沿江形成了优美的自然、人文景观和城镇轮廓线，步移景异。重点建筑、一般建筑、城镇设施和小品的配置得体，融于环境。为保护并强化古镇缘起、发展、赖以生存的自然环境，我们进行了沿沱江两岸的景观规划。此外，对古镇护城河进行清理，恢复古镇水系。

正街、十字街是贯穿古镇的主要街巷，石板路尺度宜人，具有浓厚的乡土特色。规划确定为以商业为主的综合性街道，激活古镇经济活力。正街西起古镇中心文化广场，向东延伸至沱江畔东门，全长约400余米，整条街自西至东由文化性向商业性过渡。东门外更新拓宽为广场，部分向沱江敞开，自正街通过城门进入广场，使人有豁然开朗的感受（图2～图4）。

十字街，北与正街相交。南至南门（已毁）长约160米，是古镇南北向的一条主要街，沿街部分民居多为前店后宅，规划予以保留。原南门处（城门已毁），规划将其拓宽为集交往、购物于一体的休闲环境；将护城河河面适当拓宽，环河设休息廊（图5）。

文化广场是古镇布局的核心，规划为多功能的休闲文化广场（图6）；东门环境、北门环境见图7～图9。

更新建筑
保留建筑

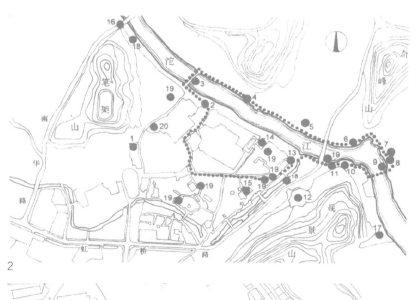

● 保留的古迹和民居
●● 沿沱江风土圈

1. 陈家祠堂 2. 北门
3. 梁桥 4. 西关 5. 田家祠堂
6. 东关 7. 万寿宫
8. 逛昌闸、自平关 9. 万民塔
10. 准提庵 11. 迴龙阁
12. 三王庙 13. 东门
14. 杨家祠堂 15. 城隍庙
16. 南华门 17. 志成关
18. 古井 19. 保留民居
20. 文庙大成殿

不为繁华易匠心

1 总体规划图
2 古镇与沿沱江风土圈
3 正街、城隍庙街坊规划
4 城隍庙居住组团轴测图
5 十字街居住组团规划图

6 文化广场规划图
7 北门环境规划图
8 东门环境规划图
9 东门环境设计图
10 北门环境设计图

图书在版编目（CIP）数据

不为繁华易匠心　中国民居建筑大师／中国建筑工
业出版社编．—北京：中国建筑工业出版社，2018.11
ISBN 978-7-112-22846-1

Ⅰ．① 不… Ⅱ．① 中… Ⅲ．① 民居–建筑艺术–研究
–中国 Ⅳ．① TU241.5

中国版本图书馆CIP数据核字（2018）第242839号

责任编辑：胡永旭　唐　旭　李东禧　张　华
书籍设计：锋尚设计
责任校对：王　瑞

本书汇集了历届"中国民居建筑大师"的个人成就与研究思想，从其在学术领域的研究成果、著作、具有代表性的相关专业研究论文、设计作品等不同的角度、多方位地向民居研究人员和广大读者介绍其为中国民居建筑的发展和传承作出的贡献。本书适用于建筑、民居研究领域等相关人员阅读。

不为繁华易匠心　中国民居建筑大师
本社　编
*
中国建筑工业出版社出版、发行（北京海淀三里河路9号）
各地新华书店、建筑书店经销
北京锋尚制版有限公司制版
北京富诚彩色印刷有限公司印刷
*
开本：880×1230毫米　1/16　印张：20½　字数：640千字
2018年12月第一版　　2018年12月第一次印刷
定价：**198.00**元
ISBN 978-7-112-22846-1
（32823）